Jupyter

入门与实战

冯立超 编著

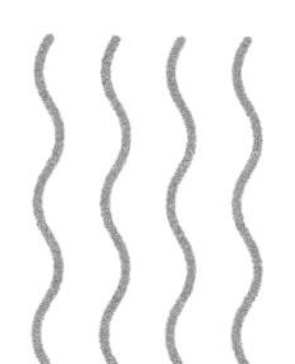

人 民 邮 电 出 版 社
北 京

图书在版编目（CIP）数据

Jupyter入门与实战 / 冯立超编著. -- 北京 : 人民邮电出版社, 2021.5(2023.2重印)
ISBN 978-7-115-55885-5

Ⅰ. ①J… Ⅱ. ①冯… Ⅲ. ①软件工具－程序设计
Ⅳ. ①TP311.561

中国版本图书馆CIP数据核字(2021)第021362号

内容提要

本书全面讲解 Jupyter 的功能、应用、体系架构、配置和部署等内容。全书共 8 章，前 4 章面向希望学习 Python、数据科学及人工智能相关知识，但尚无软件开发基础的读者，以零起点的方式讲述 Jupyter 的功能与操作，并以 Jupyter Notebook 为工具，讲述 Python 的基础知识，以及使用 Python 开展数据科学工作的入门内容；后 4 章深入讲述 Jupyter 的高级应用、配置、管理，以及 JupyterLab 和 JupyterHub 等相关内容。本书尽量涵盖 Jupyter 各方面的内容，致力于成为一本 Jupyter 完全手册。

本书适合 Jupyter 及 Python 初学者阅读学习，也适合 Python 程序员，有 Jupyter 使用基础的软件开发人员、数据科学及人工智能的从业人员，配置和部署 Jupyter 系统的 IT 管理员阅读。

◆ 编　　著　冯立超
　责任编辑　王峰松
　责任印制　王　郁　焦志炜
◆ 人民邮电出版社出版发行　　北京市丰台区成寿寺路 11 号
　邮编　100164　　电子邮件　315@ptpress.com.cn
　网址　https://www.ptpress.com.cn
　北京七彩京通数码快印有限公司印刷
◆ 开本：800×1000　1/16
　印张：15.75　　　　2021 年 5 月第 1 版
　字数：309 千字　　　2023 年 2 月北京第 5 次印刷

定价：79.80 元

读者服务热线：(010)81055410　印装质量热线：(010)81055316
反盗版热线：(010)81055315
广告经营许可证：京东市监广登字 20170147 号

前言

Jupyter Notebook 是在数据科学和机器学习领域非常流行的开发环境，被誉为每个数据科学家都应该掌握的工具。作为 Web 界面的交互式集成开发环境，我们无须离开 Jupyter Notebook 环境，就可以编写程序、运行代码、查看输出及可视化数据结果，还可以在其中编排文本内容、编写和显示复杂的数学公式等。

本书将全面讲述 Jupyter Notebook 的功能及应用。同时，我们将以 Jupyter Notebook 为工具，讲述 Python 的基础知识，并侧重讲述在 Jupyter Notebook 中使用 Python 开展数据科学工作的相关内容。

本书前 4 章针对初学者，全面讲述 Jupyter Notebook 的基本操作和 Python 的基础知识，让初学者能够轻松进入数据科学和机器学习领域，内容包括 Jupyter 入门、Jupyter Notebook 操作详解、使用 Jupyter 学习 Python、通过 Jupyter 开启数据科学之路。

后 4 章针对程序员、人工智能及机器学习专业人员或 IT 管理员，深入讲述 Jupyter 的体系架构、高级特性、多语言支持等知识，让专业读者深入掌握 Jupyter，使 Jupyter 真正成为数据科学家的利器，内容包括 Jupyter Notebook 高级应用，配置和管理 Jupyter、JupyterLab、JupyterHub。

本书提供部分示例代码供读者学习和测试，读者可以在异步社区网站下载。

在本书撰写过程中，人民邮电出版社的编辑给予了大力支持，并在内容架构、语言表述、排版风格等方面做了大量的工作。此外，冯思茗通读了书稿，对行文表述提出了许多建议，并测试了所有代码。在此一并致谢。

读者如有任何问题，可以通过电子邮箱 Hiweb@Outlook.com 与作者联系，也可以关注微信公众号 HiMarathon 和作者一起探讨。

冯立超

2020 年 10 月

资源与支持

本书由异步社区出品，社区（https://www.epubit.com/）为您提供相关资源和后续服务。

配套资源

本书提供如下资源：

- 部分示例代码；
- 书中彩图。

要获得以上配套资源，请在异步社区本书页面中点击 配套资源，跳转到下载界面，按提示进行操作即可。注意：为保证购书读者的权益，该操作会给出相关提示，要求输入提取码进行验证。

如果您是教师，希望获得教学配套资源，请在社区本书页面中直接联系本书的责任编辑。

提交勘误

作者和编辑尽最大努力来确保书中内容的准确性，但难免会存在疏漏。欢迎您将发现的问题反馈给我们，帮助我们提升图书的质量。

当您发现错误时，请登录异步社区，按书名搜索，进入本书页面，点击“提交勘误”，输入勘误信息，点击“提交”按钮即可。本书的作者和编辑会对您提交的勘误进行审核，确认并接受后，您将获赠异步社区的 100 积分。积分可用于在异步社区兑换优惠券、样书或奖品。

扫码关注本书

扫描下方二维码，您将会在异步社区微信服务号中看到本书信息及相关的服务提示。

与我们联系

我们的联系邮箱是 contact@epubit.com.cn。

如果您对本书有任何疑问或建议，请您发邮件给我们，并请在邮件标题中注明本书书名，以便我们更高效地做出反馈。

如果您有兴趣出版图书、录制教学视频，或者参与图书翻译、技术审校等工作，可以发邮件给我们；有意出版图书的作者也可以到异步社区在线投稿（直接访问 www.epubit.com/ selfpublish/submission 即可）。

如果您来自学校、培训机构或企业，想批量购买本书或异步社区出版的其他图书，也可以发邮件给我们。

如果您在网上发现有针对异步社区出品图书的各种形式的盗版行为，包括对图书全部或部分内容的非授权传播，请您将怀疑有侵权行为的链接发邮件给我们。您的这一举动是对作者权益的保护，也是我们持续为您提供有价值的内容的动力之源。

关于异步社区和异步图书

“异步社区”是人民邮电出版社旗下 IT 专业图书社区，致力于出版精品 IT 图书和相关学习产品，为作译者提供优质出版服务。异步社区创办于 2015 年 8 月，提供大量精品 IT 图书和电子书，以及高品质技术文章和视频课程。更多详情请访问异步社区官网 https://www.epubit.com。

“异步图书”是由异步社区编辑团队策划出版的精品 IT 专业图书的品牌，依托于人民邮电出版社数十年的计算机图书出版积累和专业编辑团队，相关图书在封面上印有异步图书的 LOGO。异步图书的出版领域包括软件开发、大数据、人工智能、软件测试、前端、网络技术等。

异步社区

微信服务号

目录

第 1 章 Jupyter 入门

本章讲述 Jupyter Notebook 的概念、安装过程与基本操作，让读者初步熟悉 Jupyter Notebook 的使用方法，并通过简单示例让读者快速体验 Jupyter Notebook 及 Python 的功能。

建议读者按书中的步骤动手操作，但不必拘泥于细节，也不必为不懂的概念所困扰。读者若遇到任何问题，可以多操作两遍，也可以暂时跳过问题，继续学习后续内容。待学完第 3 章再回顾这些问题时，多数都会迎刃而解。

1.1 Jupyter 简介

Jupyter Notebook 是在数据科学和机器学习领域中非常流行和实用的开发环境，被誉为每个数据科学家都应该掌握的工具。

Jupyter Notebook 是 Web 界面的交互式集成开发环境。在该环境中，我们可以编写程序、运行代码、查看输出和可视化数据结果，还可以在其中编排文本内容、编写和查看复杂的数学公式等。在 Jupyter 官网首页，通过图示非常好地展示了 Jupyter Notebook 的功能效果。

如图 1-1 所示，其下层页面展示了 Jupyter Notebook 排好版的文本与可执行代码同在一页的效果，上层页面则优美地展示了洛伦茨微分方程的公式、描述、Python 代码，以及运行代码后所显示的实时参数调整控件及其曲线图形效果。

Jupyter Notebook 起源于一个 Python 交互式开发环境项目 IPython Notebook。该项目的目标是为 Python 提供一个强大的 REPL 交互式开发环境，即“读取用户输入-执行代码-输出结果-循环上述操作”（Read-Eval-Print Loop，REPL）的交互式开发环境。

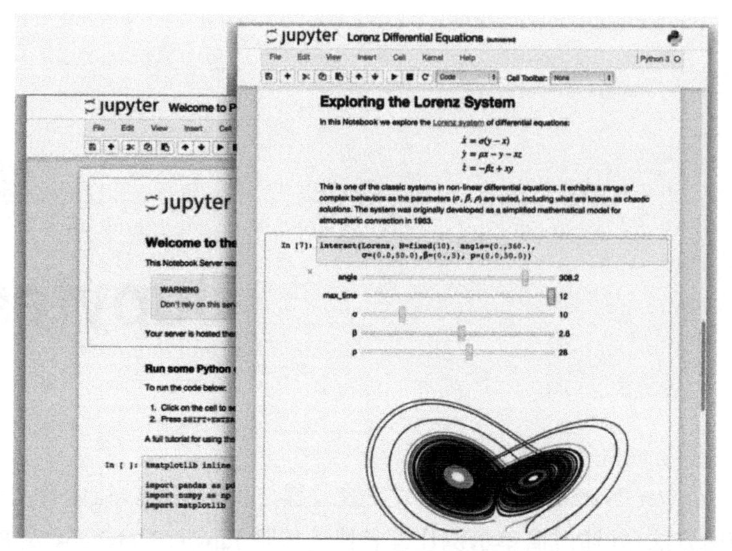

图 1-1

IPython Notebook 非常成功地实现了交互式开发环境以及强大的文档功能。后来，项目组把 IPython 和 Python 解释器剥离，实现了对多种语言的支持，将之命名为 Jupyter。

目前 Jupyter 已经成为支持 40 余种语言的非常成功的交互式集成开发工具。

本书的目标就是以 Jupyter 为工具和媒介，带领所有对数据科学或软件开发感兴趣的读者，避开各种晦涩的专业术语，快速掌握相关知识。通过对 Jupyter 的轻松学习和动手练习，读者可掌握 Python 基础知识，并掌握机器学习与人工智能的基本概念，为进一步学习软件开发或数据科学知识奠定基础。

同时，本书对 Jupyter 系统本身进行全面、详细的讲述，是深入使用和配置、部署 Jupyter 的完全手册。

在本书中，我们提到的术语 Jupyter，是指整个 Jupyter 交互式开发环境体系。而 Jupyter Notebook 则是指 Jupyter 交互式开发环境的 Web 界面，也指某一个具体的 Notebook。而一个 Notebook 就是一个包含可执行代码、各种文本与公式以及可视化结果的文档。读者目前不必拘泥于这些概念与术语的区别及其关系，我们将在学习过程中不断明晰这些内容，并将在第 6 章进行详细辨析。

1.2 快速安装 Jupyter

我们可以使用多种方式在 Windows、macOS 或 Linux 上安装 Jupyter。为了让读者快速上手，本节我们将介绍通过安装 Anaconda 来完成 Jupyter 的安装。

1.2.1 基本概念

在使用 Anaconda 安装 Jupyter 之前，我们有必要简单介绍一下 Python、Anaconda、Jupyter 之间的关系及其基本概念。

Python 是当前非常流行的一种软件开发语言，广泛应用于各个领域。Python 得以流行，当然有诸多原因。其中之一就是 Python 拥有数量庞大、功能完善的标准库和第三方库。Python 对于不同的业务需求，都有对应的库可供引用，从而大大降低了各领域专业人员的开发工作量和开发工作的技术难度。

由于这些库十分纷繁芜杂，对这些库的管理和维护变得非常复杂。特别是对于非软件开发人员，他们往往会将大量时间消耗在对各种库和包的管理与排错中。

Anaconda 则专注于对数量众多、版本及依赖关系繁杂的 Python 库的管理，是数据科学领域最实用的工具之一。Anaconda 作为功能强大的 Python 及 R 语言的包管理器和环境管理器，有 1500 多个开源包。使用开源的 Anaconda，是在 Windows、macOS 或 Linux 上展开基于 Python 及 R 语言的数据科学和机器学习工作最有效的方法之一。

而 Jupyter 则是包含在 Anaconda 中并默认安装的工具之一。通过安装 Anaconda，不仅安装好了 Jupyter，还为我们进行各种学习演练配置好了基本环境，大量的演练都可以直接上手。

1.2.2 安装 Jupyter

请通过如下步骤，在 Windows 上安装 Anaconda。下面这几个步骤，我们将用较简洁的方式完成 Jupyter 的安装。

（1）进入 Anaconda 官网中安装包下载页面。

（2）选择 Python 3.7 下的 64-Bit Graphical Installer，开始下载 Anaconda 安装包，如图 1-2 所示。

（3）安装包下载完成后，双击安装包文件 Anaconda3-2020.02-Windows-x86_64.exe，开始安装 Anaconda，安装界面如图 1-3 所示。

图 1-2

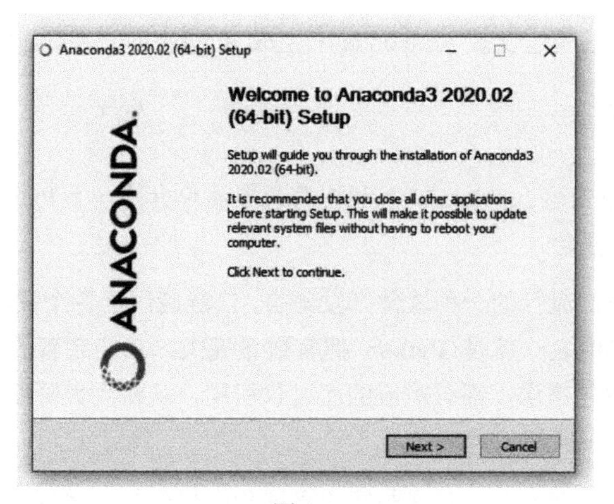

图 1-3

（4）安装过程中，在各步骤中可以使用默认设置，以便快捷地完成安装，过程如图 1-4 所示。

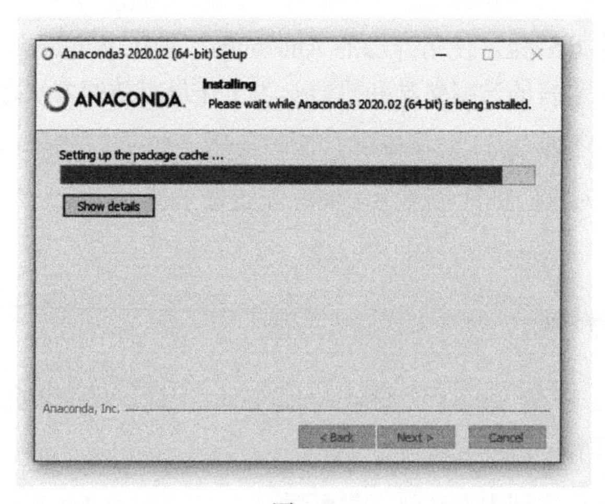

图 1-4

提示

需要说明的是，作者一贯主张安装任何软件时都应该认真阅读安装过程中每一个界面的内容，充分了解和理解安装过程中的各个选项及其含义，并做出自己正确的选择。软件使用过程中出现的许多问题往往源于安装过程中的默认设置或随意选择。但对于初次接触者，不必拘泥于细节，建议以最快的方式得到直观结果。

（5）安装完成后，在开始菜单中即可看到 Anaconda 相关的应用，包括 **Anaconda Navigator**、**Anaconda Prompt**、**Jupyter Notebook**、**Spyder** 等，如图 1-5 所示。

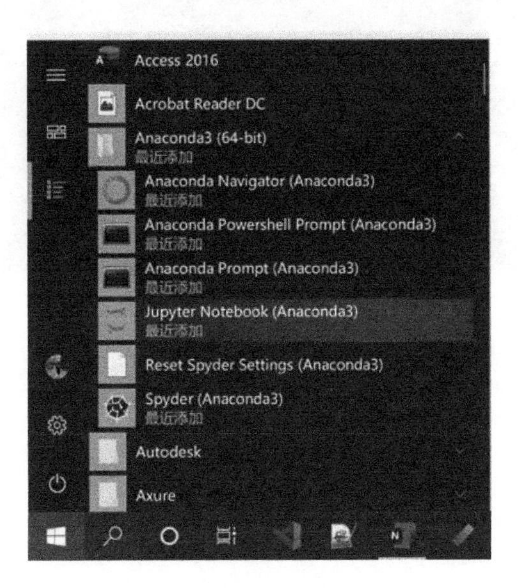

图 1-5

通过上述步骤，我们完成了 Anaconda 个人版的默认安装，并安装好了 Jupyter 环境。在 1.3 节中我们将使用安装好的 Jupyter 学习其基本操作。

1.3 Jupyter Notebook 快速上手

本节我们将通过简单的案例操作，使读者初步熟悉 Jupyter Notebook。请通过如下步骤了解 Jupyter Notebook 的使用方法。

（1）在 Windows 的开始菜单中，单击 **Jupyter Notebook (Anaconda3)**，打开 Jupyter Notebook。

（2）此时会弹出一个命令提示符窗口，用以启动 Jupyter Notebook，如图 1-6 所示。请在使用 Jupyter Notebook 的过程中不要关闭此窗口。

（3）弹出命令提示符窗口后，系统会自动使用默认浏览器打开 Jupyter 主页，如图 1-7 所示。

```
Jupyter Notebook (anaconda3)
[I 05:37:59.516 NotebookApp] JupyterLab extension loaded from C:\Users\HiFrank\anaconda3\lib\site-packages\jupyterlab
[I 05:37:59.516 NotebookApp] JupyterLab application directory is C:\Users\HiFrank\anaconda3\share\jupyter\lab
[I 05:37:59.532 NotebookApp] Serving notebooks from local directory: C:\Users\HiFrank
[I 05:37:59.532 NotebookApp] The Jupyter Notebook is running at:
[I 05:37:59.532 NotebookApp] http://localhost:8888/?token=c7a56a612856055ddceda9a4/fcd6909b340b006735a3672
[I 05:37:59.532 NotebookApp]  or http://127.0.0.1:8888/?token=c7a56a612856055ddceda9a47fcd6909b340b006735a3672
[I 05:37:59.532 NotebookApp] Use Control-C to stop this server and shut down all kernels (twice to skip confirmation).

[C 05:37:59.548 NotebookApp]

    To access the notebook, open this file in a browser:
        file:///C:/Users/HiFrank/AppData/Roaming/jupyter/runtime/nbserver-4132-open.html
    Or copy and paste one of these URLs:
        http://localhost:8888/?token=c7a56a612856055ddceda9a47fcd6909b340b006735a3672
     or http://127.0.0.1:8888/?token=c7a56a612856055ddceda9a47fcd6909b340b006735a3672
```

图 1-6

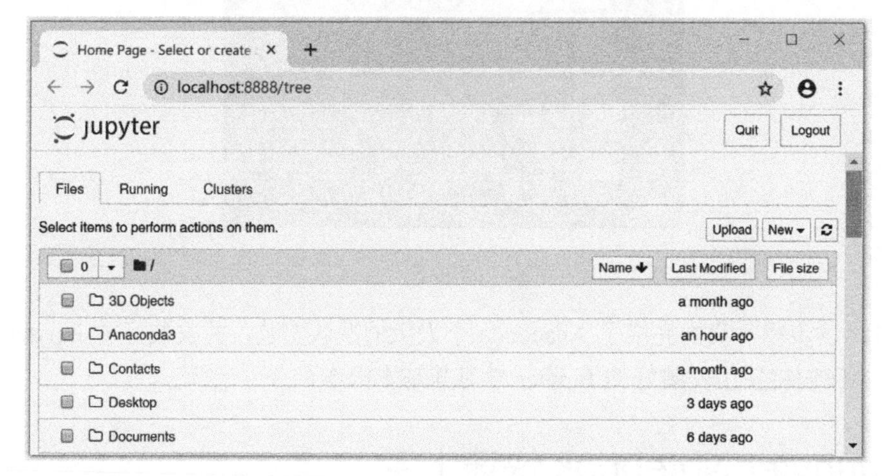

图 1-7

提示

Jupyter 主页（即 Jupyter Notebook 仪表板）文件列表中显示的内容，是用户配置文件默认路径下的文件夹和文件。

如果希望改变工作路径，例如想让测试代码都放在 D:\Python 下，则可依次单击**开始菜单→Anaconda3(64-bit)→Anaconda Prompt (Anaconda3)**打开 Anaconda Prompt 命令提示符窗口，启动 Jupyter Notebook。在命令行中输入指定的路径，如“CD D:\Python”，将当前目录变更到你期望的位置。然后输入 `Jupyter Notebook`，此时打开的 Jupyter Notebook 的当前工作路径，即你所期望的位置。

细心的读者可能会注意到，Jupyter Notebook 仪表板的统一资源定位符（Uniform Resource Locator，URL）为 http://localhost:8888/tree。这表示启动 Jupyter Notebook 时，实际上是启动了一个本地的后端服务。所以，Jupyter 是一个完整的体系，后端是本地 Jupyter 服务，前端则是浏览器界面的 Jupyter Notebook。而此前打开的命令提示符窗口运行的正是这个后台服务，所以不能关闭。

（4）单击 **New→Python 3**，创建一个新的 Notebook，如图 1-8 所示。

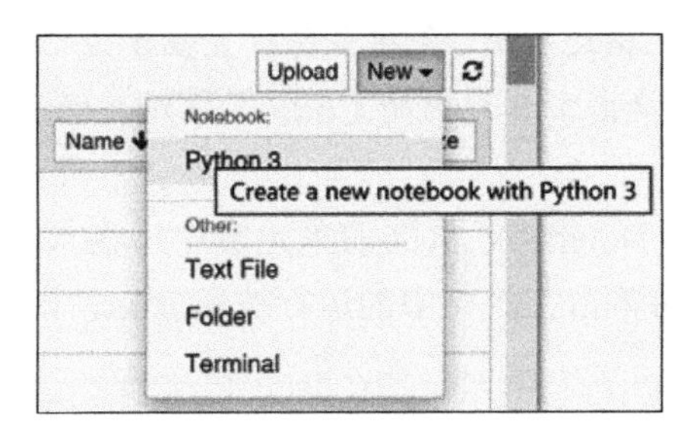

图 1-8

（5）此时浏览器会打开一个新的 Notebook 页面，如图 1-9 所示。这就是你的第一个 Jupyter Notebook。

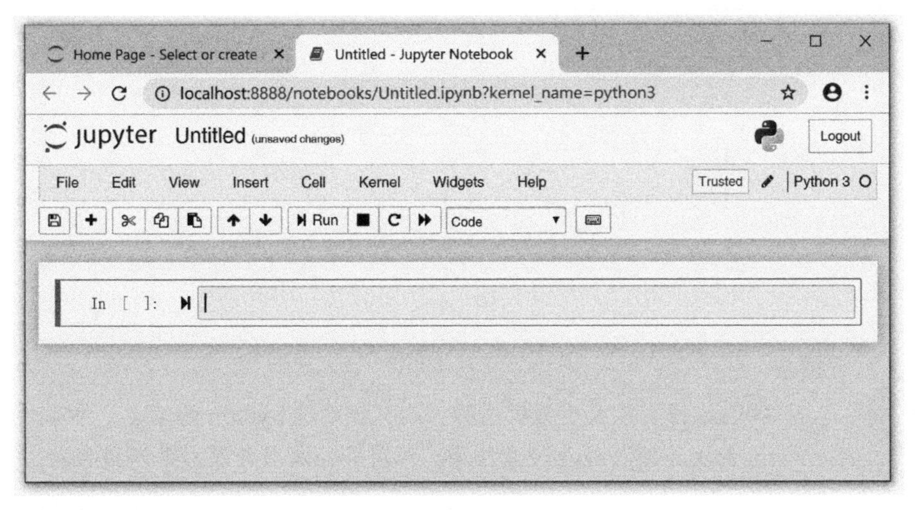

图 1-9

对于 Jupyter Notebook 页面中各部分的含义与功能后文会进行讲述，本节先通过简单操作使读者熟悉其基本功能。

Notebook中基本的组成单位是单元格（Cell）。单元格是Notebook中输入文本或代码的容器。图1-9中的页面，Jupyter以绿色框单元格表示当前正在编辑的单元格。

提示

单元格有以下两种主要类型。

（1）Code类型，即单元格中包含的是可被内核（kernel）引擎执行的程序代码。代码的输出将显示在本单元格下方。

（2）Markdown类型，即单元格中包含的是Markdown格式的文本内容。该单元格运行时，会在当前位置显示经格式化渲染后的内容。我们可以通过单击工具栏中的**Code**下拉列表框改变单元格类型。

（6）在图1-10所示的Notebook页面的单元格中，输入一行Python代码：`print('Hello World!')`，然后单击工具栏中的运行按钮**Run**，即可看到其执行效果。

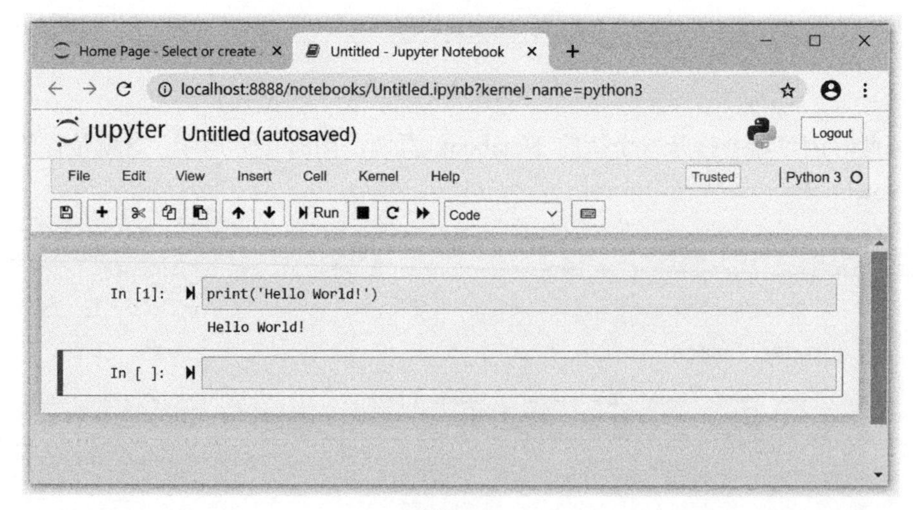

图1-10

提示

Python语言是大小写敏感的。没有接触过Python的读者，要注意`print`的大小写，还要注意括号、单引号、双引号等应是半角字符。

可以看到输出结果`Hello World!`显示在该单元格下方，同时在其下方出现一个新的单元格。

这就是你的第一个 Python 程序，向你的新世界问好！

下面我们再练习编写几行代码，体验使用 Jupyter Notebook 进行 Python 编程的高效、快捷。

（7）在 Notebook 新的单元格中，输入如下代码：

```
1 import numpy as np
2 import matplotlib.pyplot as plt
3 x = np.arange(-10,10,0.1)
4 y = x**2
5 plt.plot(x,y)
```

（8）运行代码，我们画出了抛物线 $y = x^2$ 的图形，如图 1-11 所示。

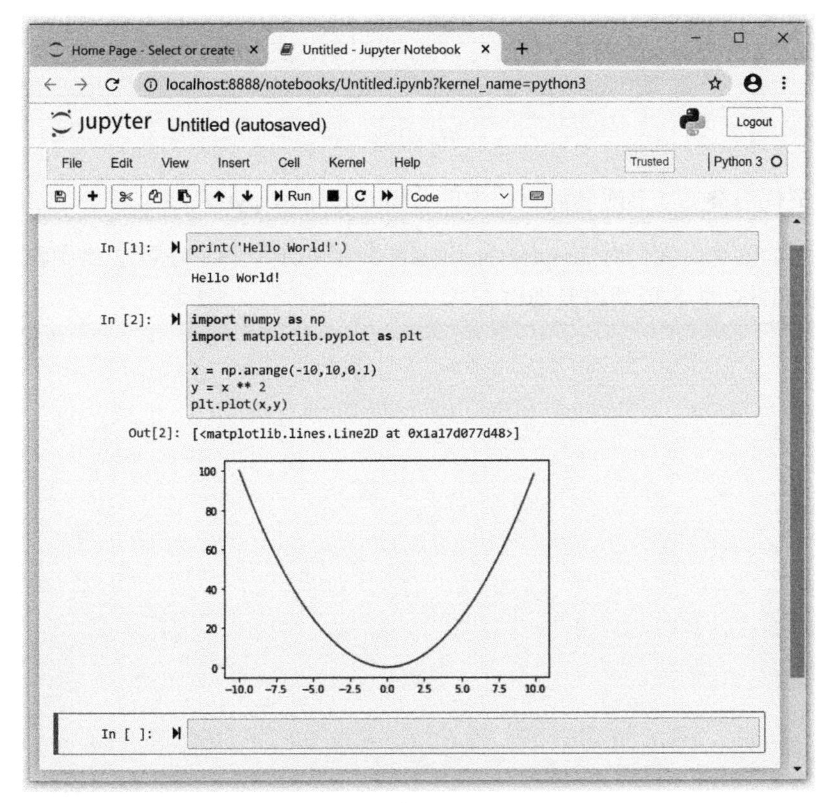

图 1-11

（9）我们再增加两行代码，如图 1-12 所示，画出“微笑曲线”。

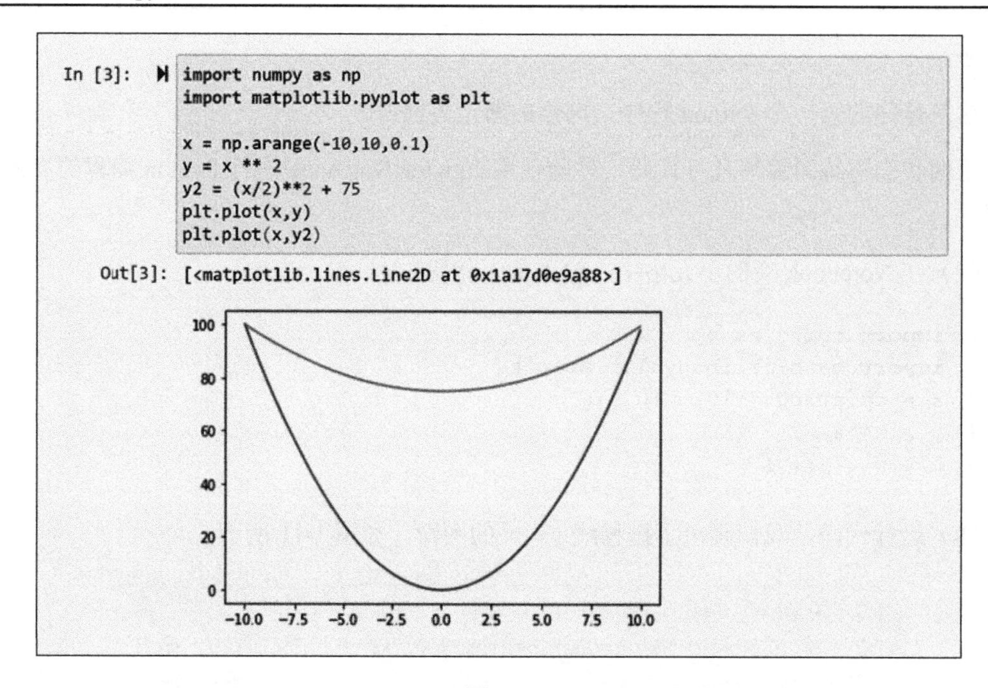

图 1-12

本节示例代码参见本书配套源代码中的 SmilingCurve.ipynb 文档。

通过上面的演练，我们对 Jupyter Notebook 有了初步了解。在第 2 章中我们将详细介绍 Jupyter Notebook 的各项功能及操作。

第 2 章 Jupyter Notebook 操作详解

通过第 1 章的学习，我们对 Jupyter Notebook 已经有了初步的认识。本章将在此基础上详细讲述 Jupyter Notebook 的各项功能及操作，并讲述 Markdown 及 LaTeX 的基础知识。

本章是对 Jupyter Notebook 基本功能的详细讲解，没有涉及 Jupyter Notebook 的高级应用和底层技术，旨在让不同专业、不同基础的读者都可以熟练使用 Jupyter Notebook。

2.1 Jupyter Notebook 仪表板

Jupyter 主页被称作 Jupyter Notebook 仪表板，其作用类似于大家熟悉的资源管理器，用于管理 Jupyter Notebook。本节我们讲述 Jupyter Notebook 仪表板的各项功能及操作。

运行 Jupyter Notebook 时，会在默认浏览器中打开 Jupyter Notebook 仪表板，其页面如图 2-1 所示。

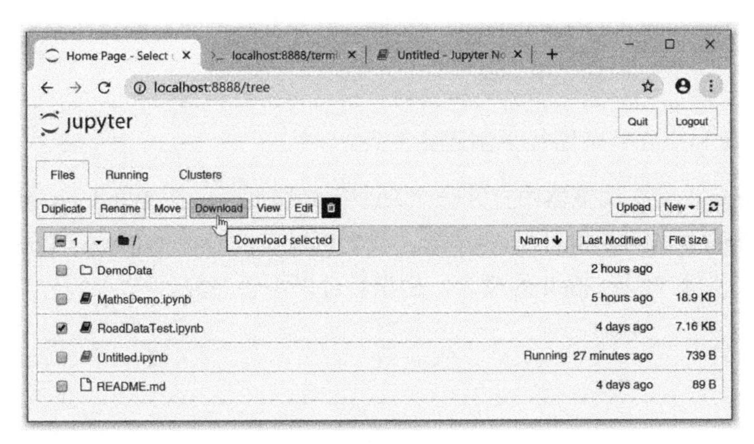

图 2-1

2.1.1　Files 页

Files 页用于管理 Jupyter 工作路径下的文件和文件夹，如图 2-1 所示。

在该页的文件列表中，用不同的图标和颜色显示文件夹以及不同类型的文档及其状态。其中绿色图标表示的是正在运行的 Jupyter Notebook 文件。

当我们选中一个文件或文件夹时，工具栏中将显示可对该文件或文件夹进行操作的按钮，如复制、重命名、移动、下载、查看、编辑、删除等按钮。

通过 Files 页右端的 **New** 下拉列表框，可以新建基于多种开发语言的 Notebook，或者创建文本文件、文件夹、终端等，如图 2-2 所示。

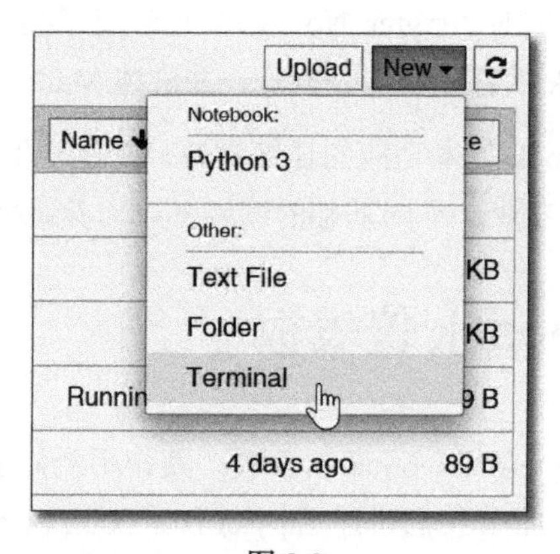

图 2-2

单击 **Python 3** 可以新建基于 Python 3 的 Notebook。目前，我们只安装了 Python 3，所以只能新建基于 Python 3.x 的 Notebook。安装其他开发语言的方法将在第 6 章讲述。

单击 **Text File** 可以创建文本文件。

单击 **Folder** 可以在当前路径下创建文件夹。

单击 **Terminal** 将在浏览器中打开一个命令行终端页面。在 Windows 操作系统中，打开的是一个 Windows PowerShell 命令终端。我们可以在此运行 Windows PowerShell 命令，如图 2-3 所示。关于 PowerShell 的概念，初学者可以不予深究。

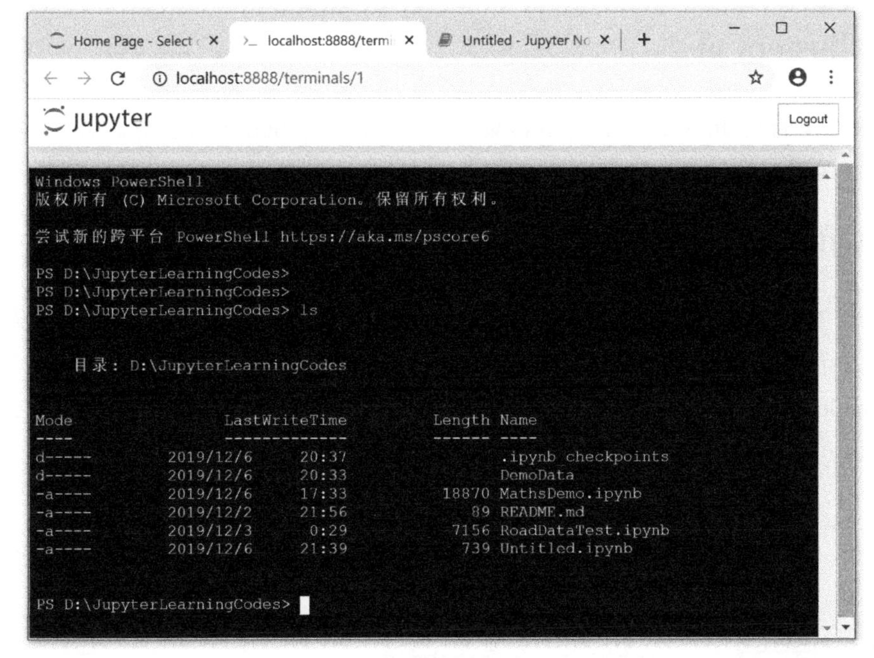

图 2-3

2.1.2 Running 页

Running 页显示当前正在运行的 Jupyter 进程，如图 2-4 所示。

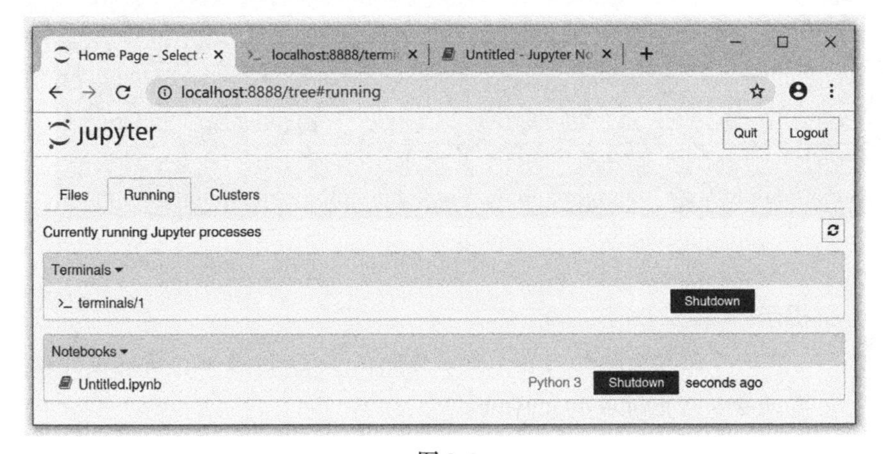

图 2-4

从图 2-4 中我们可以看到，当前正在运行的进程包括一个 Terminals 进程和一个 Python 3 Notebooks 进程。在该页面可以查看这些正在运行的进程，也可以根据需要关闭进程。

2.1.3 Clusters 页

Clusters 页管理 Jupyter 并行计算群集，用于处理 IPython 并行计算。关于并行计算的架构配置涉及的内容较多，本书不进行专门讨论。

2.1.4 Quit 按钮及 Logout 按钮

Jupyter Notebook 仪表板右上角的 **Quit** 按钮用于关闭 Jupyter。单击 **Quit** 按钮将停止 Jupyter 后台服务，并关闭 Jupyter Notebook。我们可以在 Anaconda 命令提示符窗口看到 Kernel Shutdown 的提示，同时浏览器中弹出“Server stopped”的提示窗口，如图 2-5 所示。

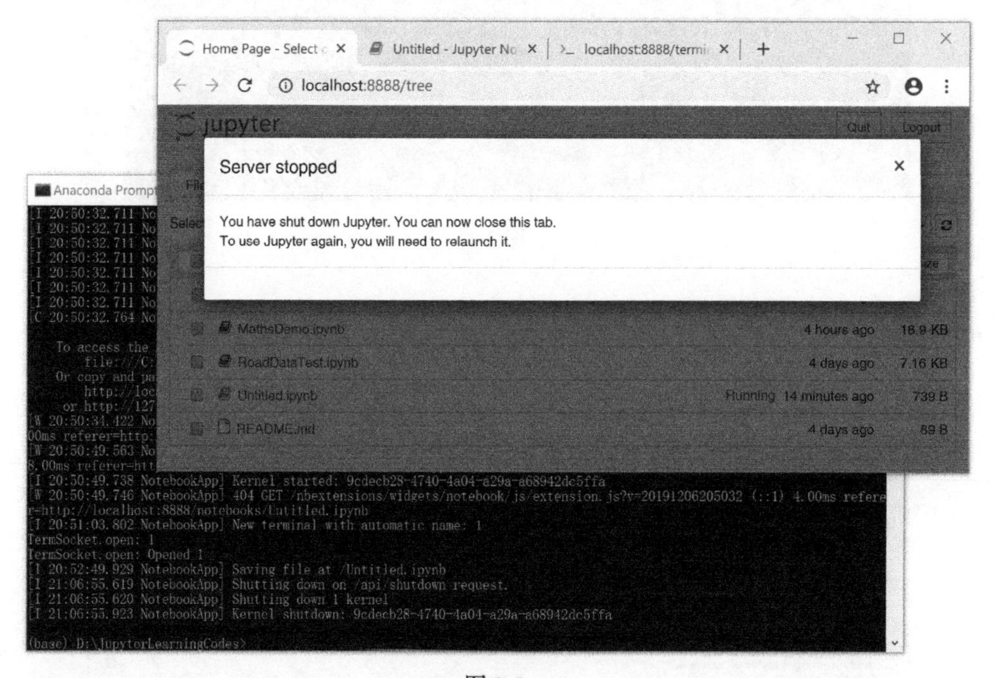

图 2-5

提示

为了继续后面的内容，如果你测试了 Quit 按钮，请通过开始菜单或命令行重新启动 Jupyter。

单击 Jupyter Notebook 仪表板右上角的 **Logout** 按钮，将注销当前的登录账户，但不停止后台服务。注销后如果要重新进入 Jupyter 任何一个页面，需要输入口令，如图 2-6 所示。

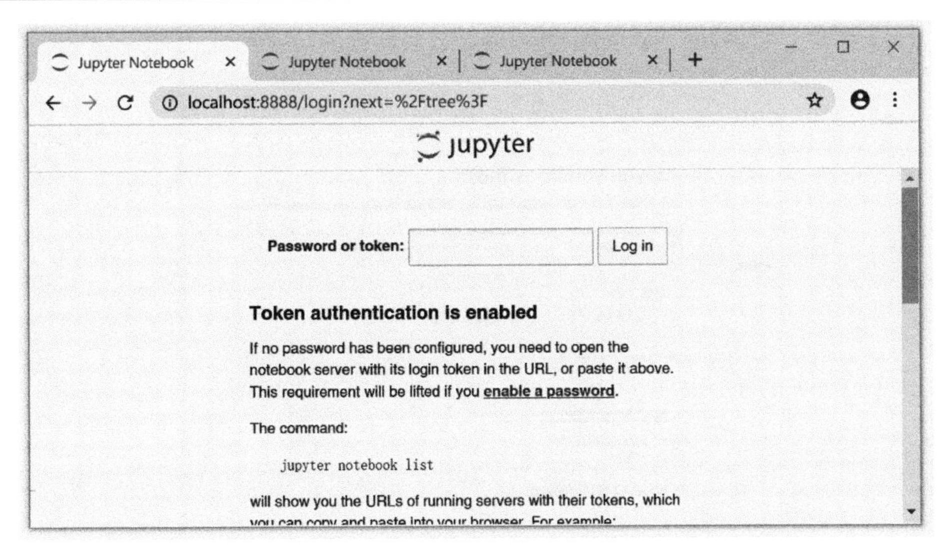

图 2-6

如果不是通过开始菜单或命令行启动 Jupyter Notebook，即不是自动从默认浏览器打开 Jupyter Notebook，而是在计算机上的其他浏览器中输入其 URL（如 http://localhost:8888/tree），同样会进入此登录页面。

由此可见，Jupyter 提供了验证安全机制。关于如何配置验证及口令，会在第 6 章介绍。

2.2 Notebook

本节讲述 Notebook 的概念，以及 Notebook 的内容及其操作。

2.2.1 什么是 Notebook

通过前面的演练，我们对 Jupyter Notebook 有了较多的感性认知。

Jupyter 是一个交互式集成开发环境。Jupyter 后端以 Web 应用程序服务器的方式，提供代码运行及前端展示功能。而一个 Notebook 是一个包含可执行代码、各种文本与公式以及可视化结果的文档。这种交互式开发与富文本的统一，正是 Jupyter Notebook 最突出的特点之一。

图 2-7 所示为一个包括了排版文本、公式、代码以及代码运行可视化结果的 Jupyter Notebook 示例。读者可以在下载的源代码中查看该 Notebook 文档，文档名为 JupyterNotebookDemo.ipynb。

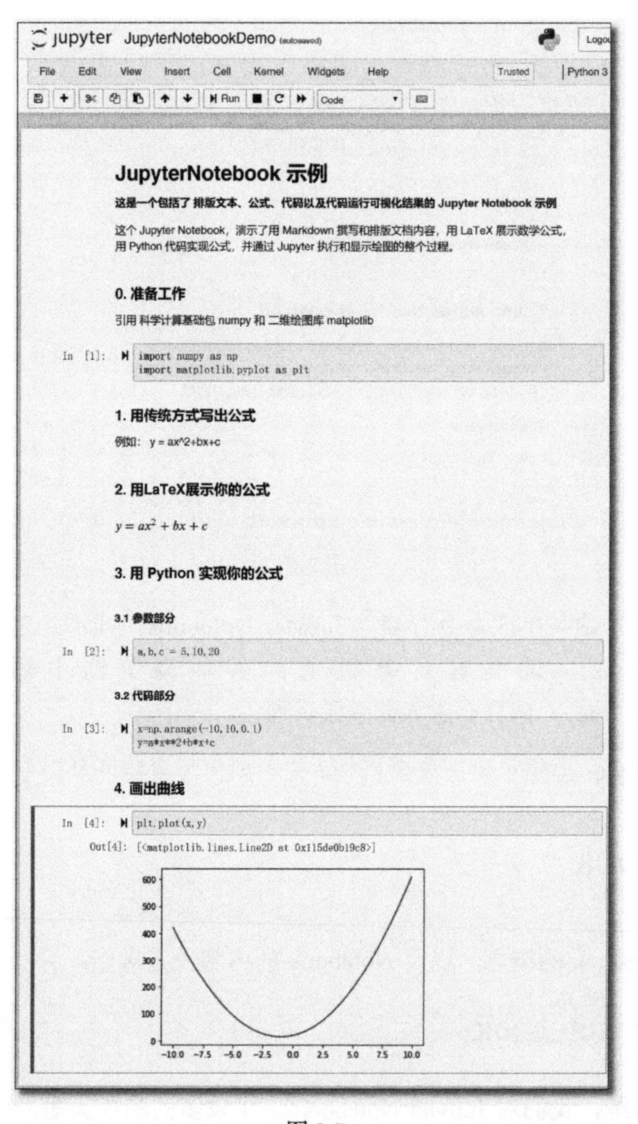

图 2-7

2.2.2 Jupyter Notebook 文件

每一个 Notebook 都可以被保存为一个扩展名为.ipynb 的文件。如果读者下载了本书第 1 章的“微笑曲线”案例资源，会看到其文件名为 SmilingCurve.ipynb。

该文件是一个 JSON 格式的纯文本文件，包含 Notebook 页面的所有内容，例如每一个单元格的内容、单元格的运行结果、变量状态信息以及文档基本信息等。

我们通过如下案例简要了解一下.ipynb 文件。

新建一个 Notebook，其内容如图 2-8 所示。

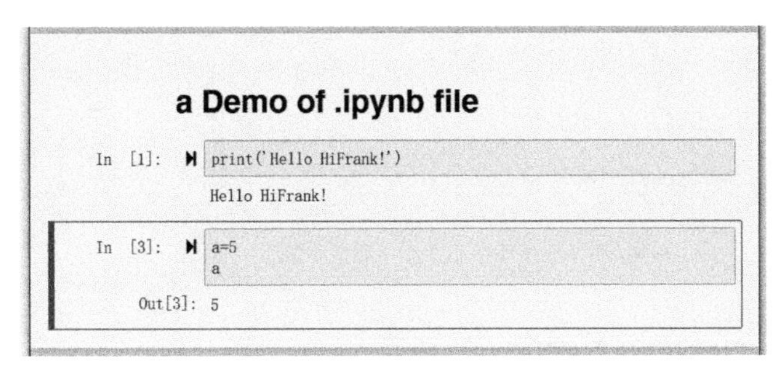

图 2-8

将该 Notebook 保存为 Untitled.ipynb 文件后，在 Jupyter Notebook 仪表板中选中此文件，单击 **Edit**，如图 2-9 所示。

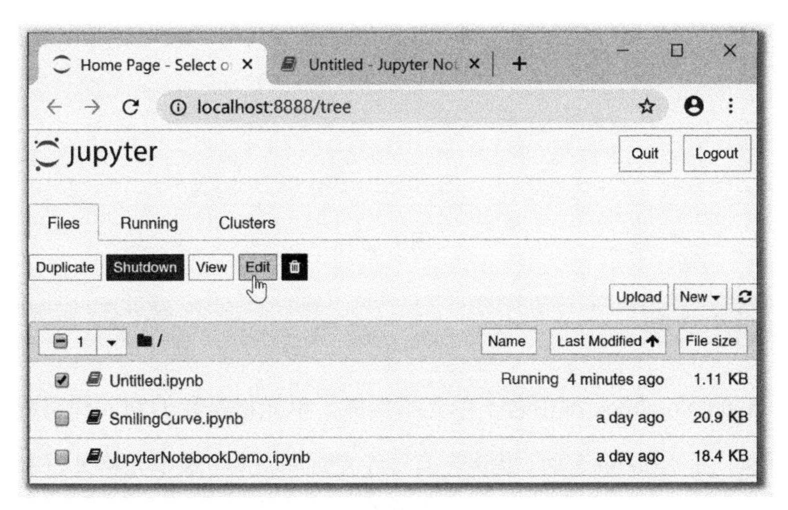

图 2-9

此时会打开一个新的浏览器页面显示此文件的源代码，如图 2-10 所示。

该文件主要包括以下两部分：

- `cells` 部分，包括每一个单元格的类型和内容，如果有输出，也会包括其输出结果；
- `metadata` 部分，是该文件的元数据，包括其内核的语言信息、语言版本等内容。

目前我们不展开分析此文件，有兴趣的读者可以自行探究。

```
{
 "cells": [
  {
   "cell_type": "markdown",
   "metadata": {},
   "source": [
    "# a Demo of .ipynb file"
   ]
  },
  {
   "cell_type": "code",
   "execution_count": 1,
   "metadata": {},
   "outputs": [
    {
     "name": "stdout",
     "output_type": "stream",
     "text": [
      "Hello HiFrank!\n"
     ]
    }
   ],
   "source": [
    "print('Hello HiFrank!')"
   ]
  },
```

图 2-10

2.2.3 单元格类型

每一个 Jupyter Notebook 都由若干单元格构成，单元格是我们输入代码或文本的区域。

当我们新建一个 Notebook 时，默认会有一个空的单元格，该单元格外围有一个绿色框。我们可以在该单元格中输入代码，并可单击 **Run** 运行该单元格中的内容。

根据输入内容的不同，单元格有如下几种类型。

- Code：代码类型。可以在代码类型的单元格中输入程序代码，这些代码将被内核运行，并输出结果。
- Markdown：Markdown 类型。Markdown 是一种轻量级标记语言，可用简洁的语法进行排版。在 Markdown 类型的单元格中输入文字，当运行该单元格时，该单元格中的内容将按照 Markdown 的排版标记进行渲染显示。Markdown 类型的单元格中也可以用 LaTeX 显示数学公式。关于 Markdown 及 LaTeX 我们将在 2.4 节介绍。

- Raw NBConvert：原始类型。该类型的单元格中的内容在运行时不做任何处理或转换。我们可以用该类型显示 Markdown 或 LaTeX 的原始形式。
- Heading：标题类型。该类型目前已被弃用，由 Markdown 代替。

图 2-11 展示了在 3 种不同类型的单元格中输入内容以及运行后的结果。我们可以看到，Code 类型的单元格中的代码被执行，并将结果显示在该单元格下方；Markdown 类型的单元格中的内容按排版标记渲染显示；而 Raw NBConvert 类型的单元格没有做任何处理。

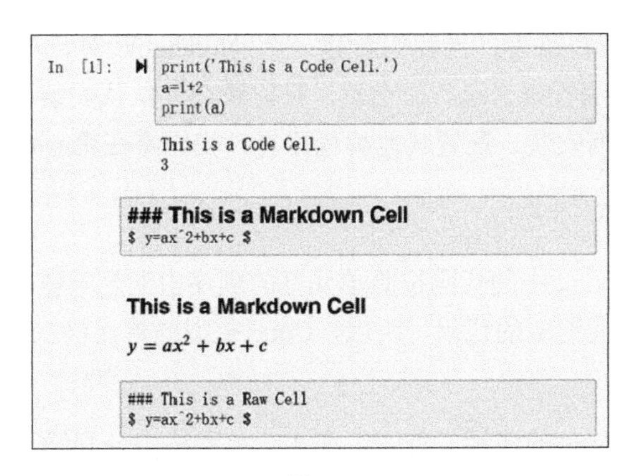

图 2-11

有关单元格的更多操作，我们将在 2.2.4 节介绍。

2.2.4 编辑模式与命令模式

Jupyter Notebook 有以下两种不同的键盘输入模式。

- 编辑模式：当一个单元格为编辑模式时，可以在该单元格中输入代码或文本，此时当前单元格的外围有一个绿色框。单击单元格的内部输入区域，即可进入编辑模式。
- 命令模式：在命令模式下，键盘操作将作为 Notebook 的命令及其快捷方式。单击单元格外侧区域，即可进入命令模式，此时当前单元格的外围有一个蓝色框。

在编辑模式下，我们可以在单元格中输入内容；而在命令模式下，键盘操作则被赋予了特定的功能。

例如，在编辑模式下，我们按键盘上的 **M** 键，将会在该单元格中光标位置输入字母 **M**；而在命令模式下，按 **M** 键则会将该单元格变为 Markdown 类型，按 **Y** 键则会将该单元格变为 Code 类型。

关于命令模式下的各种命令的相关内容，参见 2.3.8 节。

2.2.5 内核

内核是执行 Notebook 代码的计算引擎。每一个 Notebook 的后台都运行着一个内核。当我们执行 Notebook 中的代码时，代码在内核中执行，并将执行结果返回给单元格进行显示。

一个 Notebook 中的所有单元格的代码都在该 Notebook 的同一个内核中执行。所以，Notebook 中所有单元格中的代码，可以看作一个脚本文件或一个程序。

Jupyter 支持多种编程语言，当我们新建一个 Notebook 时，可以选择编程语言，该 Notebook 的内核将以此编程语言运行。当然，目前我们只默认安装了 Python，尚不能选择其他编程语言。关于如何安装、配置其他编程语言，我们将在第 6 章讲述。

1. 代码的执行顺序

一般情况下，Notebook 中的代码按照单元格的顺序由上至下依次执行。不过，我们也可以单独执行某一个单元格中的代码。所以，Code 类型的单元格左侧的[ ]中的编号，才表示真正的执行顺序。

我们可以进行一个简单的演示。首先，在 3 个单元格中分别输入图 2-12 所示的代码。注意，还没有运行时，单元格左侧的[ ]内无编号。

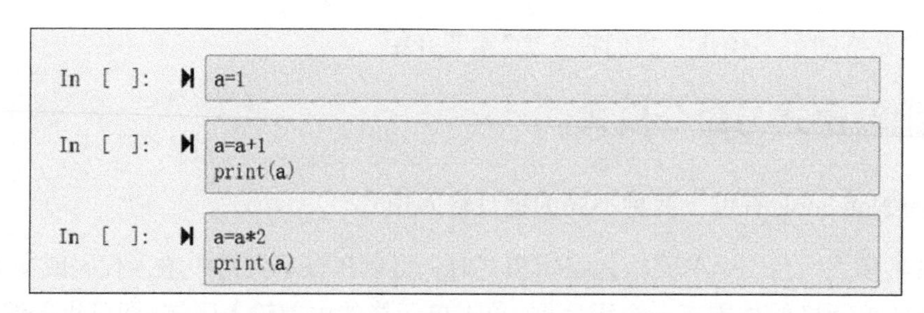

图 2-12

单击 **Cell→Run All**，其结果如图 2-13 所示。此结果符合我们的预期，且每个单元格左侧显示了其执行顺序的编号。

我们选中第 2 个单元格，单击工具栏中的 **Run**，可以看到，a 的结果为 5。这是因为此前已经执行了第 3 个单元格中的代码，当时内核中 a 的值为 4。再次执行第 2 个单元格中的代码后，a 的值变为 5。

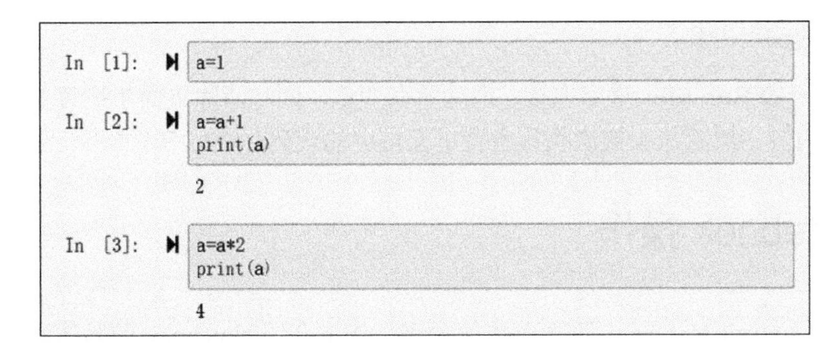

图 2-13

同时可以看到，第 2 个单元格左侧[ ]内的编号变为 4，表示此单元格为第 4 个执行顺序的单元格，如图 2-14 所示。

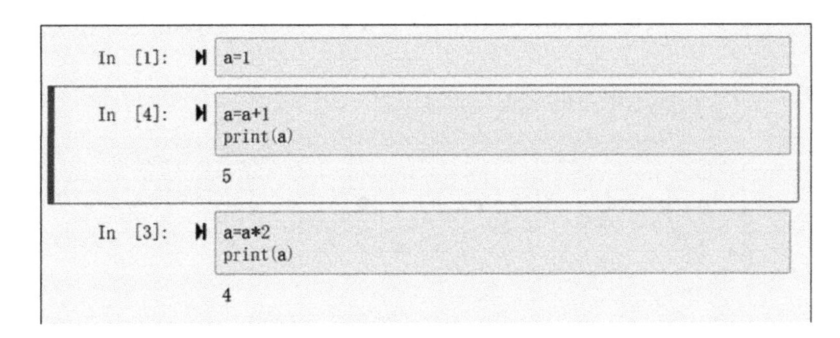

图 2-14

大家可以在不同单元格进行测试，进一步理解其含义。

提示

由上述内容可知，单元格左侧[ ]内的编号是随着具体执行情况而变化的。但在本书中，为了便于讲解、表述，将直接使用此编号表示某个单元格。例如，单元格 4，即表示图 2-14 中显示为 In [4]的单元格，特此说明。

2. Kernel 菜单

我们可以通过 **Kernel** 菜单对内核进行重启，并可以选择如下具体命令。

- **Restart**：重启内核，清除所有变量。
- **Restart & Clear Output**：重启内核，清除所有变量，同时清除页面中所有单元格下方的输出内容。

- **Restart & Run All**：重启内核，清除所有变量，同时清除页面中所有单元格下方的输出内容，然后从头依次执行所有单元格中的代码。

2.3 Notebook 操作

本节按照 Jupyter Notebook 页面菜单的顺序，依次介绍 Notebook 的具体操作。我们将略去显而易见的功能，只讲述 Jupyter Notebook 的特定功能或概念。

2.3.1 File 菜单

File 菜单用于管理 Jupyter Notebook 中的当前文件。**File** 菜单如图 2-15 所示。

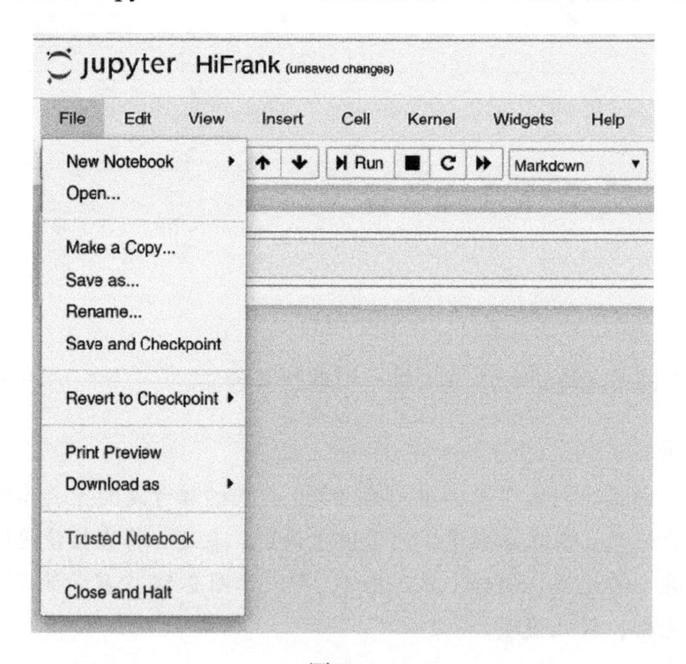

图 2-15

1. New Notebook

New Notebook 的功能和 Jupyter Notebook 仪表板的 **New** 下拉列表框的功能一样，用于创建一个新的 Notebook 文件。在目前默认安装的情况下，可以创建 Python 3 的 Notebook。

2. Open

Open 用于打开一个现有的 Notebook 文件。但是，如前文所述，Jupyter Notebook 只能管理其启动路径下的文件、文件夹以及子文件夹下的文件，而不能随意打开本机任意位置的文件。

所以，单击 **Open** 后，并没有弹出一个打开文件的对话框，而是返回了 Jupyter Notebook 仪表板，使我们可以选择需要打开的文件。

3. Make a Copy、Save as 和 Rename

Make a Copy 用于创建当前文件的一个副本，并在当前浏览器的新页面中打开该副本。其作用与在 Jupyter Notebook 仪表板选中一个文件，然后单击工具栏中的 **Duplicate** 的作用类似。但单击 Duplicate 只创建副本而不打开该副本。

Save as 用于将当前文件另存为一个新的副本。

Rename 用于重命名当前文件。

需要注意的是，我们也可以在 Notebook 页面顶端的 Jupyter 图标后面直接单击该文件名来修改文件名，其作用和 Rename 的一致。

我们也可以在 Jupyter Notebook 仪表板中选中一个文件，单击工具栏的 **Rename** 对其重命名。但 Jupyter Notebook 仪表板中显示为绿色图标的（正在运行的）Notebook，则不能在 Jupyter Notebook 仪表板中重命名，而需要在打开它的 Notebook 页面顶端进行重命名操作。

4. Save and Checkpoint 和 Revert to Checkpoint

Jupyter 提供了 Checkpoint 功能。当我们新建一个 Notebook 时，Jupyter 会同时为该 Notebook 文件创建一个 Checkpoint 文件。该文件位于 Notebook 所在文件夹中一个名为.ipynb_checkpoints 的隐藏子文件夹中，文件名为[NotebookName]-checkpoint.ipynb。默认情况下，Jupyter 每隔 120 秒自动保存一次 Checkpoint 文件，但不会影响正在使用的 Notebook 文件。

在我们单击 Notebook 页面工具栏的保存按钮、使用 **Ctrl+S** 快捷键，或者单击 **File** 菜单的 **Save and Checkpoint** 时，该 Notebook 文件和 Checkpoint 文件都会被保存。

所以，Checkpoint 文件为我们提供了一个保障机制，即一旦我们对 Notebook 进行了误操作，就可以通过 **Revert to Checkpoint** 来恢复 Checkpoint 的内容。

5. Print Preview 和 Download as

Print Preview 提供了打印预览功能。单击 **Print Preview**，Jupyter 将运行当前 Notebook，然后将运行后的页面转换为.html 文件并在浏览器中显示。

Download as 为我们提供了多种下载/另存方式。有些格式在默认安装中就可以使用，有些格式则需要更多设置才能使用。下面我们简要介绍每种格式的基本概念。（对于默认不能使用的格式，本节暂不展开讲解，将在第5章介绍。）

- **AsciiDoc(.asciidoc)**：一种轻量级的文本文件标记语言，用于编写格式化文档、文章、书籍等。其功能比 Markdown 全面，但语法比 Markdown 复杂。
- **HTML(.html)**：静态页面格式。单击 **Print Preview** 即使用 HTML 格式展示页面预览。
- **LaTeX(.tex)**：一种高质量的排版系统，可以生成复杂表格和数学公式，常用于生成高印刷质量的科技类文档。我们将在 2.4 节专门介绍 Markdown 和 LaTeX。
- **Markdown(.md)**：一种轻量级的文本文件标记语言，用于编写格式化文档。我们将在 2.4 节专门介绍。
- **Notebook(.ipynb)**：Notebook 文件。下载的文件将依然保存为.ipynb 格式。
- **PDF via LaTeX(.pdf)**：基于 LaTeX 的 PDF 格式。默认情况下，该功能会报错，我们将在第5章讲述如何配置该功能。
- **reST(.rst)**：reStructuredText 文件，即“重新构建的文本”，是一种轻量级的标记语言。它也是 Python 编程语言的 Docutils 项目的一部分，类似于 Java 的 Javadoc 或 Perl 的 POD 项目。
- **Python(.py)**：Python 的标准源文件格式。将文件另存为 Python 文件时，Code 类型单元格中的代码作为 Python 源程序的代码，Markdown 类型及 Raw NBConvert 类型的单元格中的内容则作为注释保存。

提示

下载 Python 格式的文件时，浏览器会出现“此类型的文件可能损害你的计算机”的安全提示，这是因为你正在下载可执行代码，浏览器认为其有可能存在安全风险。选择保留即可。

- **Reveal.js slides(.slides.html)**：可以将一个 Notebook 另存为一个基于 HTML 的幻灯片文件。我们在 2.3.3 节中将提供一个简单的演示案例。

6. Trusted Notebook 和 Trust Notebook

为了防止来源不明的恶意代码被执行，Jupyter 提供了针对 Notebook 文件的安全机制。

当我们新建、执行或保存一个 Notebook 文件时，Jupyter 会计算该文件的签名，并将签名保存在系统中。当我们打开一个 Notebook 文件时，Jupyter 会验证该签名。如果签名匹配，则该文件是可信的 Notebook；否则，是不可信的。不被信任的文件中的 JavaScript 及 HTML 输出将不被显示，以防止恶意代码执行。

对于在本机 Jupyter 中新建或进行编辑等操作的 Notebook 文件，因为签名一致，所以都是可信的。其 Notebook 页面右上角会显示 **Trusted** 提示，其 **File** 菜单中显示为灰色的 **Trusted Notebook**。

如果是其他来源的 Notebook 文件，由于本机 Jupyter 的签名数据库中没有此文件的签名，因此该文件是不可信的。其 Notebook 页面右上角会显示 **Not Trusted**，其 **File** 菜单中显示为 **Trust Notebook**。如果要确认该文件是安全、可靠的，可以单击 **Trust Notebook**，将其变为可信的。

读者可以尝试用其他文本编辑工具对此前用过的某个 Notebook 文件稍加修改，然后用 Jupyter Notebook 打开，即可了解上述概念。因为该文件是用其他工具修改的，Jupyter 中曾保存的签名并未随之修改，所以该文件会被认为来源不明，且不可信，如图 2-16 所示。

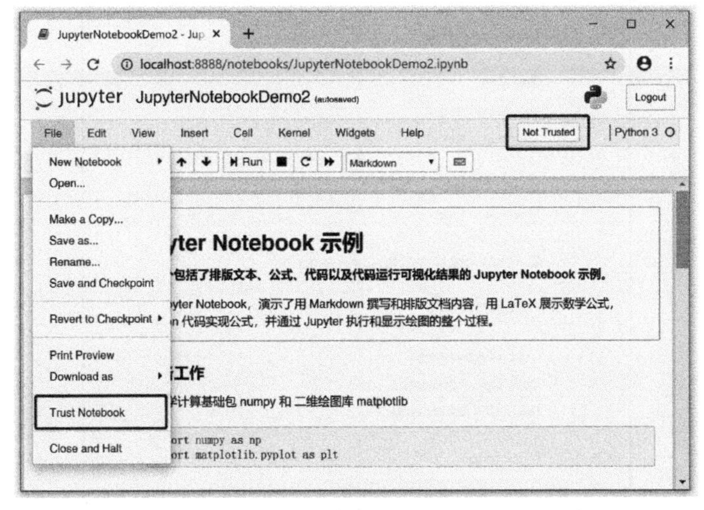

图 2-16

7. Close and Halt

Close and Halt 用于关闭当前 Notebook 的内核，并关闭该 Notebook 的浏览器窗口。

提示

如果我们直接单击该 Notebook 的浏览器窗口的关闭按钮，将会关闭该 Notebook 页面，但是其内核还在继续运行。我们可以在 Jupyter Notebook 仪表板看到此 Notebook 的图标依然是绿色的，且其状态为 Running。

如果在 Jupyter Notebook 仪表板选中该 Notebook，并单击工具栏中的 **Shutdown** 按钮，会关闭此 Notebook 的内核，但其窗口并未关闭。此时虽然可以继续输入代码，但无法执行。

2.3.2　Edit 菜单

Edit 菜单中的各项命令用于编辑 Notebook 中的单元格。**Edit** 菜单如图 2-17 所示。

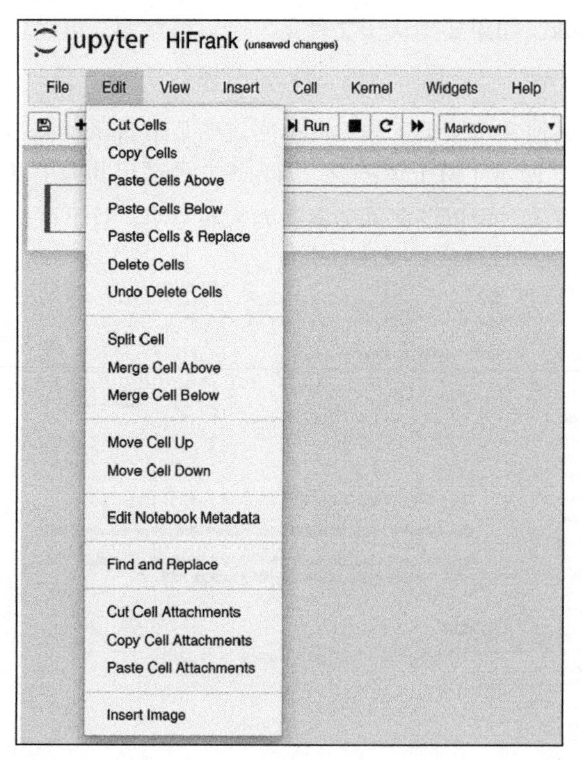

图 2-17

1．基本编辑命令

Edit 菜单中的各项命令是指对一个或若干单元格进行操作，而不是指编辑单元格中的内容。

Edit 菜单中的 Cut Cells、Copy Cells、Paste Cells Above/Below、Delete Cells、Undo Delete Cells、Move Cell Up/Down、Find and Replace 等命令，其含义及作用很明确，在此不必赘述。下面主要讲述几个特定的命令。

2. Split Cell 和 Merge Cell Above/Below

Split Cell 可以用于从光标位置将一个单元格拆分为两个。

Merge Cell Above 和 **Merge Cell Below** 则可以用于将当前单元格与其上或其下的单元格合并为一个单元格。

在 Jupyter Notebook 中，我们建议将作用不同的代码分别放在不同的单元格中，以便更清晰地展示代码功能或进行调试。利用 Split Cell 和 Merge Cell Above/Below 可以很方便地调整单元格的拆分与合并。

3. Edit Notebook Metadata

2.2.2 节中简要讲述了 Notebook 文件.ipynb 的格式及内容。其中，metadata 部分是该文件的元数据，包括其内核的语言信息、语言版本等内容。

Edit Notebook Metadata 用于编辑 Notebook 的元数据。单击 Edit Notebook Metadata 后打开的页面如图 2-18 所示。

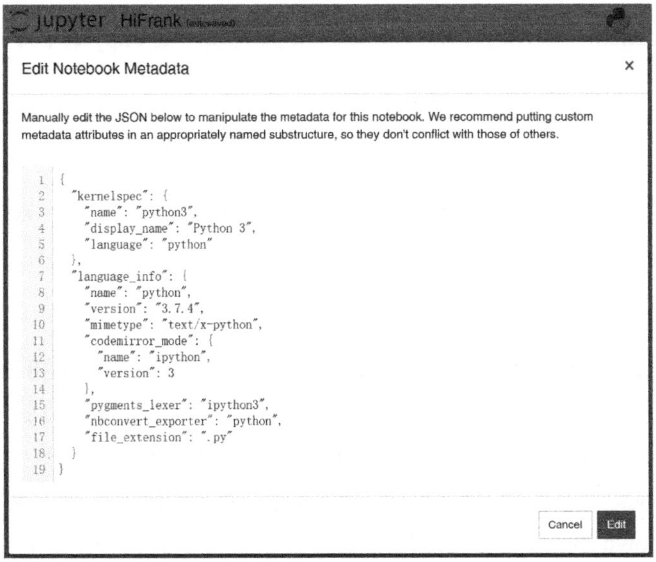

Edit Notebook Metadata

Manually edit the JSON below to manipulate the metadata for this notebook. We recommend putting custom metadata attributes in an appropriately named substructure, so they don't conflict with those of others.

```
{
  "kernelspec": {
    "name": "python3",
    "display_name": "Python 3",
    "language": "python"
  },
  "language_info": {
    "name": "python",
    "version": "3.7.4",
    "mimetype": "text/x-python",
    "codemirror_mode": {
      "name": "ipython",
      "version": 3
    },
    "pygments_lexer": "ipython3",
    "nbconvert_exporter": "python",
    "file_extension": ".py"
  }
}
```

Cancel Edit

图 2-18

4. 单元格附件

对于一个 Markdown 类型的单元格，可以使用 **Insert Image** 或者通过鼠标拖曳的方式在单元格中插入图片，此图片将作为该单元格的附件。

而 Cut Cell Attachments、Copy Cell Attachments、Paste Cell Attachments 等命令则用于对该附件进行剪切、复制及粘贴等相关操作。

2.3.3 View 菜单

View 菜单用于管理 Notebook 及单元格页面。**View** 菜单如图 2-19 所示。

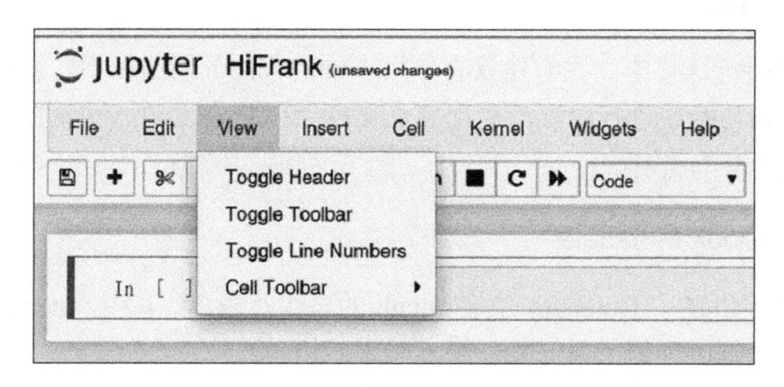

图 2-19

下面逐一介绍 **View** 菜单中各命令的具体功能。

- **Toggle Header**：控制是否显示 Notebook 页面顶端的 Jupyter 图标。
- **Toggle Toolbar**：控制是否显示工具栏。
- **Toggle Line Numbers**：控制在单元格中是否显示代码的行号。
- **Cell Toolbar**：控制是否在每个单元格的右上角显示工具栏，从而方便对本单元格进行相应的操作，包括如下几种形式。
  - ◆ **Edit Metadata**：可以编辑当前单元格的元数据。
  - ◆ **Raw Cell Format**：用于控制是否在 Raw NBConvert 类型的单元格的右上角显示 **Raw NBConvert Format** 工具。借助该工具，用户可通过下拉列表框选择当前单元格的渲染格式。当一个单元格为 Raw NBConvert 类型时，如果运行 Notebook，该单元格的内容不会被进行任何处理。我们可以用该类型显示 Markdown 或 LaTeX 的原始形式。但是当用 Nbconvert 工具进行处理时，则会根据该单元格中内容的具体格式进行处理、渲染。关于 Nbconvert 更深入的内容参见 5.4 节。

- **Slide Type**：当我们将一个 Notebook 做成幻灯片时，单元格上的 **Slide Type** 工具可以用于设置该单元格为幻灯片的页面、子页面、片段或注释等。这些选项决定了幻灯片的显示方式，如图 2-20 所示。

图 2-20

在对每一个单元格设置了其幻灯片页面类型后，通过单击 **File→Download as →Reveal.js slides(.slides.html)**可以保存此幻灯片文件。然后可以用浏览器打开该幻灯片文件并进行演示操作，如图 2-21 所示。

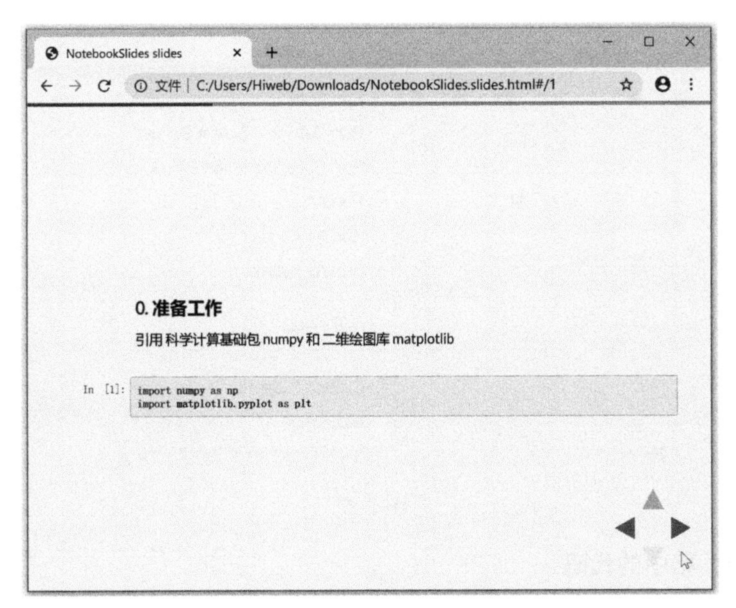

图 2-21

2.3.4 Insert 菜单

Insert 菜单可以用于在当前单元格的上方或下方插入新的单元格。**Insert** 菜单如图 2-22 所示。

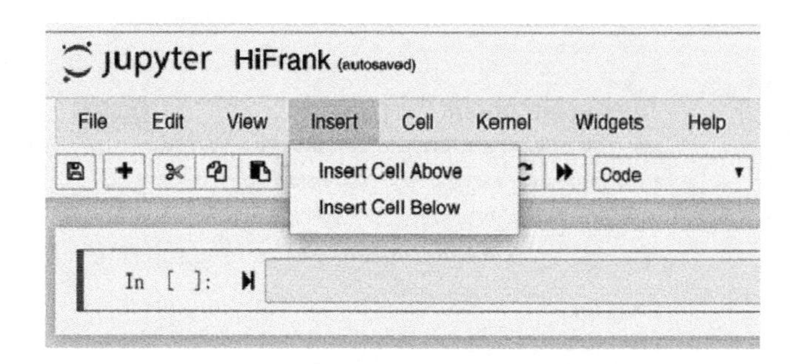

图 2-22

2.3.5 Cell 菜单

Cell 菜单用于控制单元格中代码的运行或设置单元格的类型。**Cell** 菜单如图 2-23 所示。

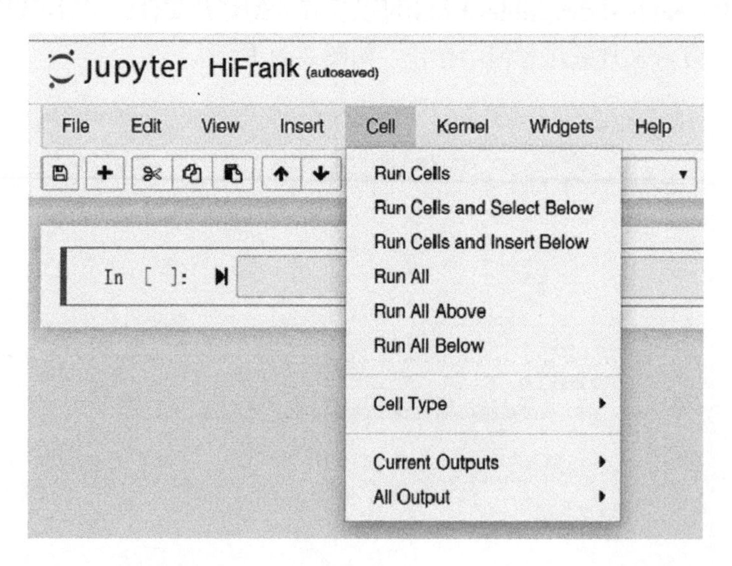

图 2-23

1. 运行单元格中的代码

Cell 菜单下有多个运行单元格中的代码的命令，其概念简述如下。

- **Run Cells**：运行选中的若干单元格中的代码。

提示

可以按住 **Shift** 键选中连续的多个单元格，这些选中的单元格中的代码将依次运行。选中的多个单元格以淡灰蓝色背景表示。

- **Run Cells and Select Below**：运行选中的若干单元格中的代码，然后选中下一个单元格。
- **Run Cells and Insert Below**：运行选中的若干单元格中的代码，然后在其下插入一个空白单元格。
- **Run All**：运行本 Notebook 中的所有单元格中的代码。
- **Run All Above**：依次运行选中的单元格之上的所有单元格中的代码，不包括当前选中的单元格。

提示

当按住 **Shift** 键选中多个单元格时，依然只有一个单元格为当前单元格。选中的多个单元格其背景为淡灰蓝色，而当前单元格则以蓝色框表示。

- **Run All Below**：依次运行当前单元格及其下的所有单元格中的代码，包括当前单元格。

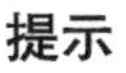

提示

我们在 2.2.5 节曾讲到，在 Jupyter 环境中，一个 Notebook 中的所有单元格中的代码运行在同一个内核中。通过 **Cells** 菜单中的多种 Run 命令，可以运行指定的若干单元格中的代码。在这种情况下，请关注每个单元格前面[ ]中的编号，这是单元格的执行顺序，执行顺序会影响各变量的当前状态以及运行结果。

2. Cell Type

Cell Type 用于设置单元格的类型，包括 Code、Markdown、Raw NBConvert 等类型，此处不赘述。

3. Current Outputs 和 All Output

Current Outputs 和 **All Output** 用于设置当前单元格或本 Notebook 中所有单元格的输出显示。

- **Toggle**：用于折叠隐藏单元格的输出，或展开显示单元格的输出。
- **Toggle Scrolling**：对于幅面较大的输出，可切换为对输出内容完整显示，或带滚动条显示。
- **Clear**：清除单元格的输出。

2.3.6 Kernel 菜单

当我们在 Jupyter 中打开一个 Notebook 时，就为此 Notebook 启动了一个运行引擎，即内核（Kernel），每一个 Notebook 都运行在一个内核中。

Kernel 菜单用于对本 Notebook 的内核进行操作。**Kernel** 菜单如图 2-24 所示。

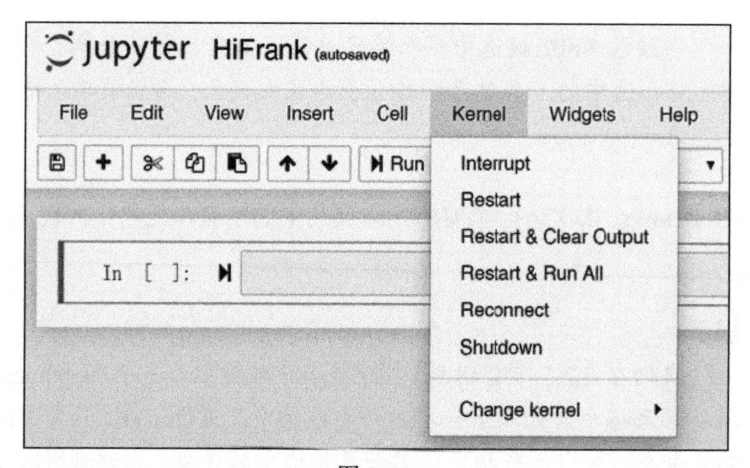

图 2-24

下面逐一介绍 **Kernel** 菜单中各命令的具体功能。

- **Interrupt**：中止代码的运行。当某个单元格中的代码正在运行时，该单元格前面显示为 **In [*]**。有时由于代码错误或其他原因，该单元格长时间处于运行状态，此时我们可以通过 **Interrupt** 中止代码的运行。
- **Restart**：将重启内核。该命令一般用于在 Notebook 运行故障或误操作的情况下，重新开始运行该 Notebook。

- **Restart & Clear Output**：重启内核并清空 Notebook 页面的输出。
- **Restart & Run All**：重启内核并重新运行所有单元格中的代码。
- **Reconnect**：重新连接到断开的内核。
- **Shutdown**：Jupyter Notebook 的内核是后台运行的，关闭浏览器并不会关闭该内核。我们可以通过 **Shutdown** 关闭该内核，也可以在 Jupyter Notebook 仪表板中选中 Notebook，通过工具栏的 **Shutdown** 关闭该 Notebook 的内核。
- **Change kernel**：安装多种编程语言后，我们可以通过 **Change kernel** 切换语言。

2.3.7 Widgets 菜单

Widget 是 Jupyter Notebook 中用于用户交互的小控件，例如，我们可以在 Notebook 中创建滑动条、按钮、文本框、复选框、颜色选择器或者日期选择器等。

如下代码可以简单演示 Widget 的功能：

```
 1  import ipywidgets as widgets
 2
 3  a = widgets.IntSlider()   # 整型滑动条
 4  display(a)
 5  print(a.value)
 6
 7  pcolor = widgets.ColorPicker()   # 颜色选择器
 8  display(pcolor)
 9  print(pcolor.value)
10
11  pdate = widgets.DatePicker()   # 日期选择器
12  display(pdate)
13  print(pdate.value)
```

上述代码运行之后的效果如图 2-25 所示。

Jupyter Notebook 提供了大量的 Widget。关于如何使用 Widget，以及如何使用 Widget 写出实时交互的 Notebook 代码，我们将在 5.2 节中详细介绍。

Notebook 的 **Widgets** 菜单用于设置当保存 Notebook 文件时是否保存 Widget 及其状态信息。**Widgets** 菜单如图 2-26 所示。

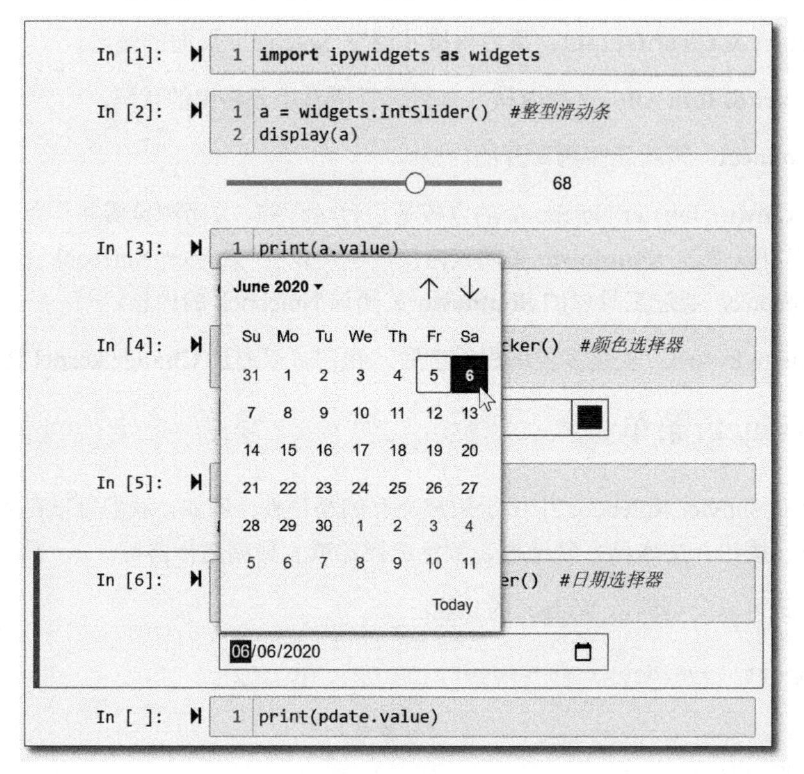

图 2-25

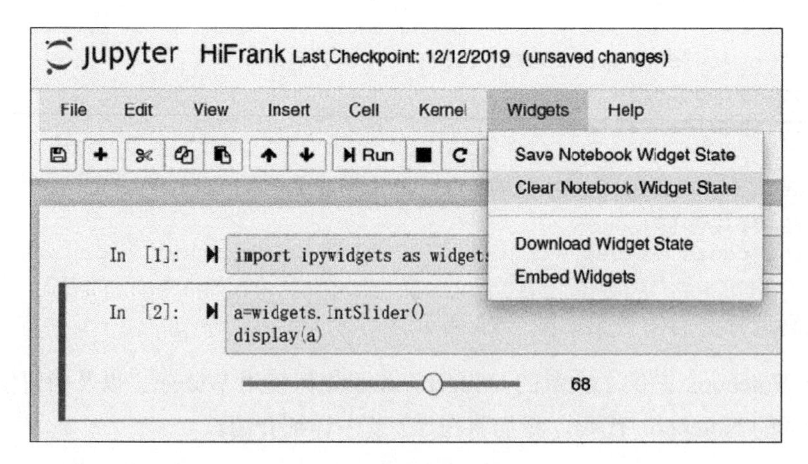

图 2-26

下面逐一介绍 **Widgets** 菜单中各命令的具体功能。

- **Save Notebook Widget State：** 保存 Notebook 的同时保存该 Notebook 中 Widget 的状态信息。

- **Clear Notebook Widget State**：清除 Notebook 文件中 Widget 的状态信息。
- **Download Widget State**：以 JSON 文件的格式下载该 Notebook 中的 Widget 的状态信息。
- **Embed Widgets**：嵌入 Widget。单击 Embed Widgets 将弹出一个对话框，提供嵌入此 Widget 的 JavaScript 脚本的 HTML 代码，可以将代码复制到剪贴板中，以便用于其他项目。

2.3.8 快捷方式

Jupyter Notebook 提供了丰富的快捷方式，可以极大地提高我们编辑和运行 Notebook 的效率。

单击 **Help→Keyboard Shortcuts** 可以打开快捷键对话框，显示所有的快捷键信息，如图 2-27 所示。

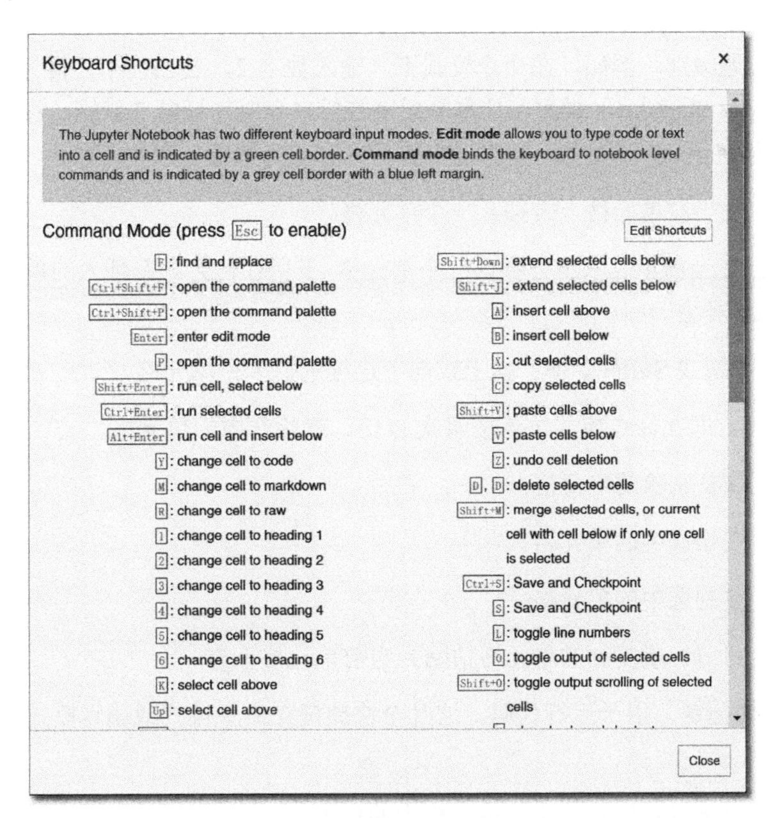

图 2-27

我们在 2.2.4 节曾讲到，Jupyter Notebook 有两种不同的键盘输入模式：编辑模式和命令模式。单击一个单元格的内部输入区域，则该单元格进入编辑模式。单击一个单元格的外侧区域，则该单元格进入命令模式。

我们也可以利用键盘在这两种模式之间切换：按 **Esc** 键进入命令模式，按 **Enter** 键进入编辑模式。

编辑模式下的快捷键，和我们平常使用的编辑软件所常用的快捷键一样，可以进行文本复制、粘贴、剪切、撤销，将光标定位到行首或行尾等操作，此处不赘述。

命令模式下的常用快捷键如下。

- **M** 键：将当前单元格改为 Markdown 类型。
- **Y** 键：将当前单元格改为 Code 类型。
- **R** 键：将当前单元格改为 Raw NBConvert 类型。
- **1～6** 键：将当前单元格改为 Markdown 类型，并将首行内容设置为输入的数字所指定的标题级别。例如，在命令模式下，输入数字 **2**，若当前单元格为 Code 类型，则它变为 Markdown 类型，且本单元格首行内容变为标题 2 级别。若当前单元格本身已为 Markdown 类型，则直接将首行内容变为标题 2 级别。
- **A** 键：在当前单元格上方插入一个单元格。
- **B** 键：在当前单元格下方插入一个单元格。（用任何方式新插入的单元格，均默认为 Code 类型。）
- **Shift+↑** 键或 **Shift+↓** 键：向上或向下连续选择多个单元格。
- **D, D** 键：即在命令模式下连按两次 D 键，删除选中的单元格。
- **Z** 键：恢复删除的单元格。
- **X** 键：剪切选中的单元格。
- **C** 键：复制选中的单元格。
- **V** 键：将剪切或复制的单元格粘贴到当前单元格下方。

如下几个快捷键，用于运行代码。这几个快捷键在命令模式或编辑模式下都可以直接使用。

- **Ctrl+Enter** 键：运行选中的单元格中的代码。

- **Shift+Enter** 键：运行选中的单元格中的代码，然后选中下一个单元格。
- **Alt+Enter** 键：运行选中的单元格中的代码，然后在其下方插入一个新的单元格。

提示

请大家学会组合使用多个快捷键，以提高工作效率。例如，如果你正在编辑当前单元格中的代码，希望在其下方添加一个新单元格继续输入代码，则应如此操作：按 **Esc** 键进入命令模式→按 **B** 键在当前单元格下方插入新单元格→按 **Enter** 键让当前新单元格进入编辑模式。

再如，你正在往一个单元格中写代码，此时希望在此单元格上方加入 Markdown 类型的注释，然后返回该单元格继续写代码并测试效果，则操作过程为：按 **Esc** 键进入命令模式→按 **A** 键在当前单元格上方插入新单元格→按 **M** 键将新单元格切换到 Markdown 类型→按 **Enter** 键让该单元格进入编辑模式；输入注释文字→按 **Esc** 键进入命令模式→按 **J** 或**↓**键选择下方的单元格→按 **Enter** 键让该单元格进入编辑模式并继续写代码；写完本单元格中的代码后按 **Alt+Enter** 键运行本单元格中的代码，如无问题，则在其下方新建的单元格中继续写入新的代码。

2.4 Markdown 及数学公式

Jupyter Notebook 的一个重要特点是可以在一个 Notebook 页面中同时包括可执行代码和排版良好的文本内容。所谓排版良好的文本内容，就是通过 Markdown 类型的单元格实现的。

本节讲述 Markdown 的语法，并介绍使用 LaTeX 进行公式排版的基本知识。

2.4.1 Markdown

Markdown 是一种轻量级的标记语言，通过简单的纯文本的标记语法，可以编写具有排版格式的文档。

Markdown 不像 Microsoft Word 那样功能强大而复杂，也不像 HTML 一样有复杂的语法，而是通过简洁的标记符号代替复杂排版操作，实现常用的文档格式排版功能。使用

Markdown，用户可以专注于内容而不是排版。

按照 Markdown 创造者约翰·格鲁伯（John Gruber）的描述，Markdown 作为一种实现从 Web 文本到 HTML 的转换工具，能让我们使用易读且易写的纯文本格式进行写作。

我们可以使用纯文本编辑器编写 Markdown 格式的文档，并将其保存为.md 格式的文档。我们也可以使用一些专门的 Markdown 编辑工具，实现所见即所得的效果。

本书介绍的所有与 Markdown 相关的演示都在 Jupyter Notebook 的 Markdown 类型的单元格中操作。在 Notebook 中执行一个 Markdown 类型的单元格中的内容，则该单元格的内容将按照 Markdown 中的排版标记进行渲染显示。

1．标题

Markdown 通过在文字前面加“#”来表示标题。一个“#”表示一级标题，两个“#”表示二级标题，最多到六级标题。注意在“#”与文字之间必须留有一个空格，示例如图 2-28 所示。

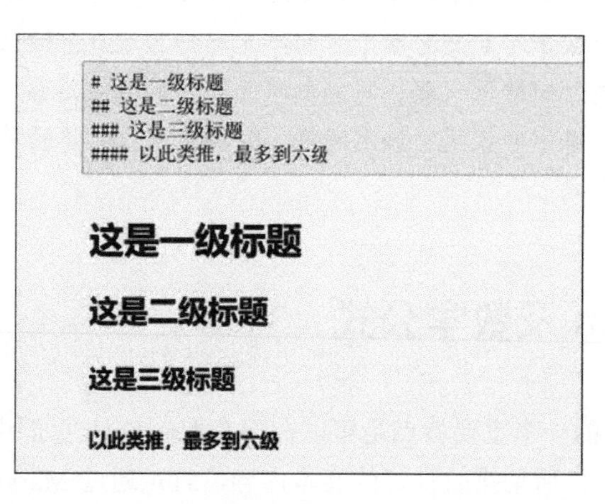

图 2-28

Markdown 标记标题的另一种方法是在一行文字的下一行输入若干“=”，表示该行文字为一级标题；在一行文字的下一行输入若干“-”，则表示该行文字为二级标题。但此方法在实践中较少使用。

2．段落

Markdown 使用一个空行来划分段落。空行是一个比较宽泛的概念，可以是只按一次 Enter 键的一行，也可以是包括空格、Tab 键等不可见字符的一行。

需要注意的是，如果像日常书写一样只按一次 Enter 键来分段，则在显示时会被处理为连续的一个段落。所以，我们一般按两次 Enter 键来分段。当然，你也可以在段尾输入两个空格来实现分段。

3．分割线

Markdown 使用 3 个或 3 个以上的“-”或“*”实现分割线的效果，示例如图 2-29 所示。

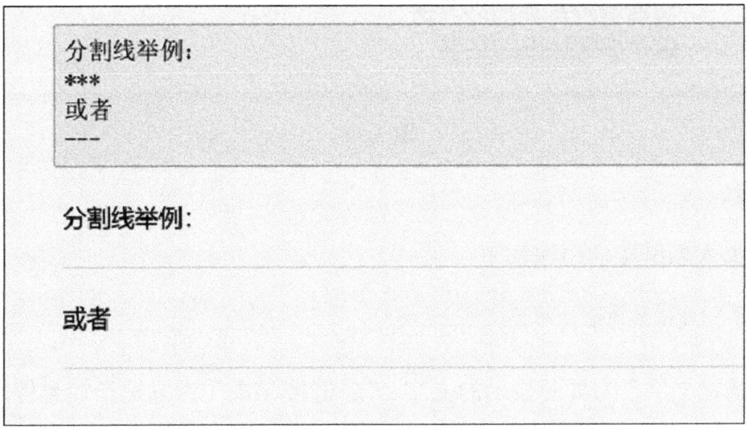

```
分割线举例：
***
或者
---
```

分割线举例：

或者

图 2-29

注意，由于在一行文字下方输入若干“-”，表示该行文字为二级标题，所以，如果要使用“-”表示分割线，则应该多空一行。

4．字体

在 Markdown 中是不能直接指定字体和字号的，这里的“字体”其实是指字体加粗、斜体等显示效果。

- 加粗：要加粗的文字两边分别用“**”标记。
- 斜体：要倾斜的文字两边分别用“*”标记。
- 斜体且加粗：要倾斜且加粗的文字两边分别用“***”标记。
- 加删除线：要加删除线的文字两边分别用“~~”标记。

示例如图 2-30 所示。

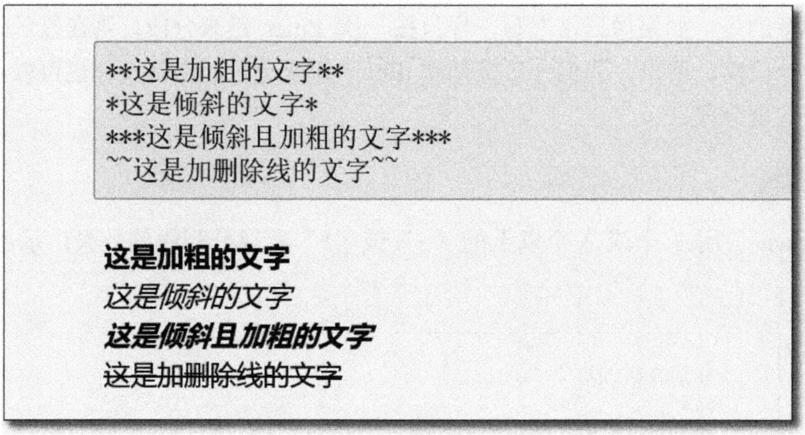

```
**这是加粗的文字**
*这是倾斜的文字*
***这是倾斜且加粗的文字***
~~这是加删除线的文字~~
```

这是加粗的文字

这是倾斜的文字

这是倾斜且加粗的文字

~~这是加删除线的文字~~

图 2-30

5. 超链接

在文档中加入超链接的语法如下：

```
[超链接文字](超链接地址 "超链接 Titile")
```

其中“超链接文字”为页面显示的文字。“超链接 Title”为鼠标指针悬停时显示的提示文字，“超链接 Title”可以不写。

如果希望显示的超链接文字内容就是其地址，则可以简便地使用“< >”表示超链接：

```
<超链接地址>
```

标准的 URL 超链接格式、简便格式以及链接到 Email 地址的格式等示例如图 2-31 所示。

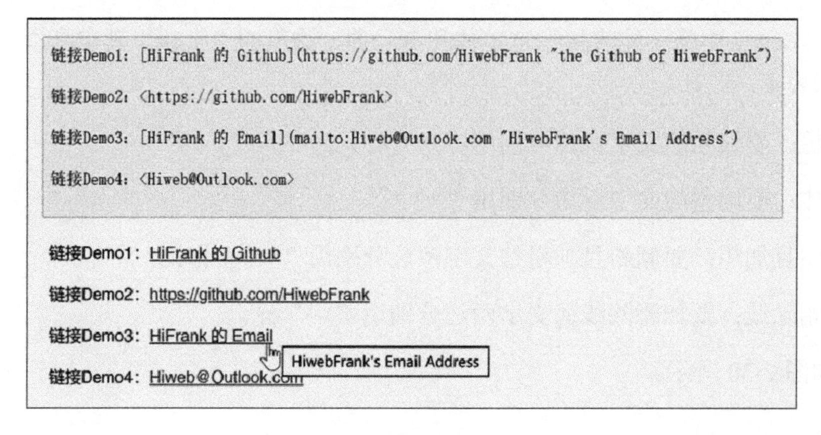

图 2-31

6. 图片

在文档中插入图片的语法如下：

```
![图片 alt](图片地址 "图片 Title")
```

其中，“图片 alt”为当无法正常显示图片时，在图片位置所显示的文字信息。“图片 Title”为鼠标指针悬停到图片上时显示的提示文字，“图片 Title”可以不写。

示例如图 2-32 所示。

图 2-32

在 Jupyter Notebook 中，也可以直接将本地图片拖曳到一个 Markdown 类型的单元格中。此图片将作为该单元格的附件存在，并以 Markdown 格式显示，如图 2-33 所示。

图 2-33

我们还可以通过 Notebook 的 Edit 菜单的 Cut Cell Attachments、Copy Cell Attachments、Paste Cell Attachments 以及 Insert Image 等命令对图片进行相关操作。

7. 块引用

在文字前加上“>”表示块引用，可实现类似于回复邮件时引用原邮件的效果，可以使用多个“>”实现嵌套引用，示例如图 2-34 所示。

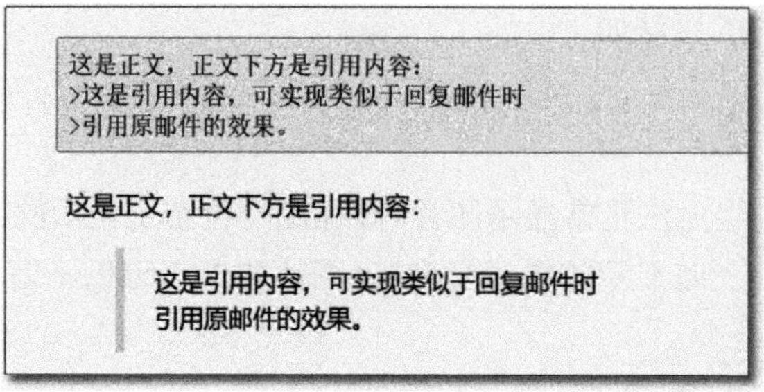

这是正文，正文下方是引用内容：
>这是引用内容，可实现类似于回复邮件时
>引用原邮件的效果。
这是正文，正文下方是引用内容：
这是引用内容，可实现类似于回复邮件时
引用原邮件的效果。

图 2-34

8．列表

在 Markdown 中，可以在一行文字前使用“-”“+”“*”这 3 种符号中的任意一种将该行标记为无序列表。还可以在一行文字前以数字及一个“.”开头，将该行标记为有序列表。如果需要在列表中嵌套子级列表，则输入下一级内容时，相较上一级缩进 3 个空格即可。示例如图 2-35 所示。

- 这个问题
- 那个问题
- 这个方面
- 那个方面
- 还有问题
---
1. 问题一
- 一方面
- 另一方面
2. 问题二
3. 问题三
这个问题
那个问题
这个方面
那个方面
还有问题
1. 问题一
一方面
另一方面
2. 问题二
3. 问题三

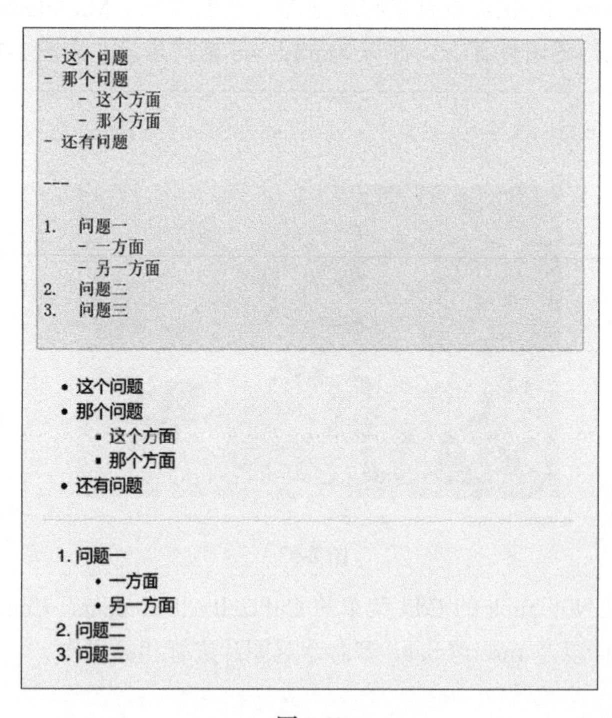

图 2-35

提示

当用数字加“.”的方式构建有序列表时，输入的数字不必连续或有序。因为 Markdown 进行渲染时，会自动将数字从 1 开始递增显示。

9. 表格

Markdown 中插入表格的语法为用“|”表示列，第一行为表头，第二行用“-”区分表头和内容，以后各行为内容：

```
列名 | 列名 | 列名
:-   | :-:  | -:
内容 | 内容 | 内容
内容 | 内容 | 内容
```

其中，第二行每列用一个“-”即可，“:-”表示本列左对齐，“-:”表示本列右对齐，“:-:”表示本列居中对齐。示例如图 2-36 所示。

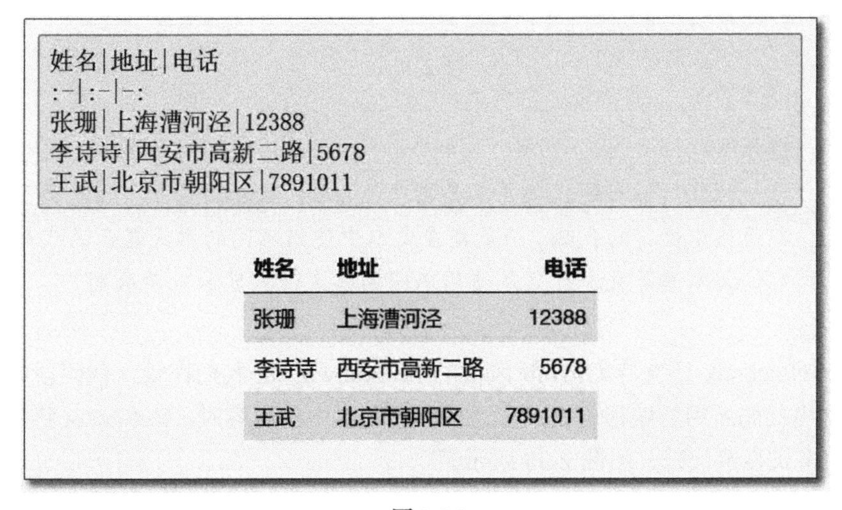

```
姓名|地址|电话
:-|:-|-:
张珊|上海漕河泾|12388
李诗诗|西安市高新二路|5678
王武|北京市朝阳区|7891011
```

姓名	地址	电话
张珊	上海漕河泾	12388
李诗诗	西安市高新二路	5678
王武	北京市朝阳区	7891011

图 2-36

10. 代码

如果要在文本中插入一段代码，则在代码段的前后各用“```”标识，也可以在行首用 4 个空格或按一次 Tab 键表示。如果要在一行文字内包含代码，则将代码前后用“`”标识。示例如图 2-37 所示。

以下代码是`matplotlib.pyplot`的简单演示：
```
import numpy as np
import matplotlib.pyplot as plt
x=np.arange(-10,10,0.1)
y=x**2
plt.plot(x,y)
```
以上是一段代码示例。

以下代码是 `matplotlib.pyplot` 的简单演示：

```
import numpy as np
import matplotlib.pyplot as plt
x=np.arange(-10,10,0.1)
y=x**2
plt.plot(x,y)
```

以上是一段代码示例。

图 2-37

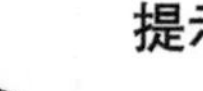

提示

此处所插入的代码并不是指在 Jupyter Notebook 的 Code 类型的单元格中运行的代码，而是指在文本中使用不同的格式显示的代码内容。其本质是文本，只是使用不同的格式进行显示以示区别。

Jupyter Notebook 还支持 GitHub 风格的 Markdown。当我们在输入代码段时，可以在“```”后指出代码所用的编程语言。在运行该单元格中的内容时，Notebook 将使用该编程语言友好的格式显示代码，如图 2-38 所示。

提示

此处所说的运行该单元格中的内容是指使用该单元格中的 Markdown 标记来渲染显示该单元格的内容，而不是指运行代码。

````
```python
print("Hello World")
```

```javascript
console.log("Hello World")
```
````

```
print("Hello World")

console.log("Hello World")
```

图 2-38

11．使用 HTML 标记

在 Markdown 中，也可以直接使用 HTML 标记实现更复杂的排版标记。

例如，可以使用
进行换行，或使用<kbd>标记键盘符号等，示例如图 2-39 所示。

```
使用 <kbd>Ctrl</kbd>-<kbd>Enter</kbd> 运行当前单元格的内容。<br><br>
下标：2<sub>3</sub> <br>
上标：2<sup>3</sup>
```

使用 Ctrl-Enter 运行当前单元格的内容。

下标：2_3

上标：2^3

图 2-39

12．转义

Markdown 中使用了许多字符来表示特定的含义。如果我们确实需要显示这些字符，则需要在这些字符前面加“\”来将其转义为普通字符。

Markdown 中可转义的字符有“\”（反斜杠）、“`”（反单引号）、“*”（星号）、“#”（井号）、“_”（下划线）、“-”（减号）、“+”（加号）、“.”（点号）、“!”（感叹号）、“{}”（花括号）、“[]”（方括号）、“()”（圆括号）。转义字符示例如图 2-40 所示。

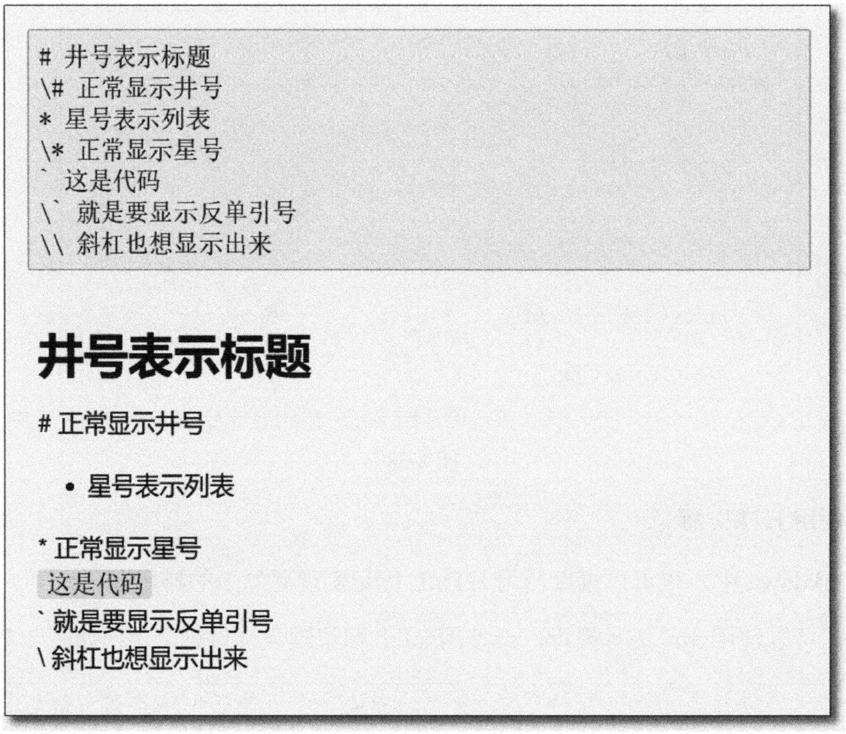

```
# 井号表示标题
\# 正常显示井号
* 星号表示列表
\* 正常显示星号
` 这是代码
\` 就是要显示反单引号
\\ 斜杠也想显示出来
```

井号表示标题

正常显示井号

• 星号表示列表

* 正常显示星号
这是代码
` 就是要显示反单引号
\ 斜杠也想显示出来

图 2-40

本节示例代码参见本书配套源代码中的 MarkdownDemo.ipynb 文档。

2.4.2 数学公式

在 Jupyter Notebook 的 Markdown 类型的单元格中，我们不仅可以编辑 Markdown 标记的文本内容，还可以编写各种复杂的公式。这些公式使用 LaTeX 的语法进行编辑，并通过 MathJax 进行渲染显示。

LaTeX 是一套高质量的排版系统，可用于各种专业发行物的排版，特别是长篇科技文档的排版。LaTeX 本身非常复杂、完善，Jupyter Notebook 对其提供了部分支持。本节仅对其中有关数学公式的内容进行基本讲述。

MathJax 是一个针对数学公式的 JavaScript 渲染引擎，使用它可以在浏览器中“完美”地显示数学公式。

Jupyter Notebook 的 Markdown 解析器支持 MathJax，所以嵌入 Markdown 文本中的 LaTeX 公式可以被很好地渲染显示。

提示

本部分内容讲述的是如何在 Jupyter Notebook 中编辑和显示数学公式，这是 Jupyter Notebook 的一个重要特色，可以便于我们撰写专业的文章，以及制作专业的可交互的数据科学演示报告。

但是，如果你是软件开发的初学者，则需要明白这些内容与软件开发无关，与让计算机按公式执行运算无关。本节内容不是在教你编程，而是在讲一种排版方法。

1．基本概念

在使用 LaTeX 编写公式时，有两种模式：行内模式（inline mode）和展示模式（display mode）。行内模式是指将公式随文排在普通文字行内，而展示模式是指将公式独立成行且居中显示。

用行内模式需在公式两端分别用“$”标识，用展示模式需在公式两端分别用“$$”标识。“$”或“$$”之间的内容，将作为公式进行渲染显示。

LaTeX 的行内模式和展示模式示例如图 2-41 所示，其中贝叶斯公式的编写采用了行内模式，而柯西-施瓦茨不等式的编写采用了展示模式。

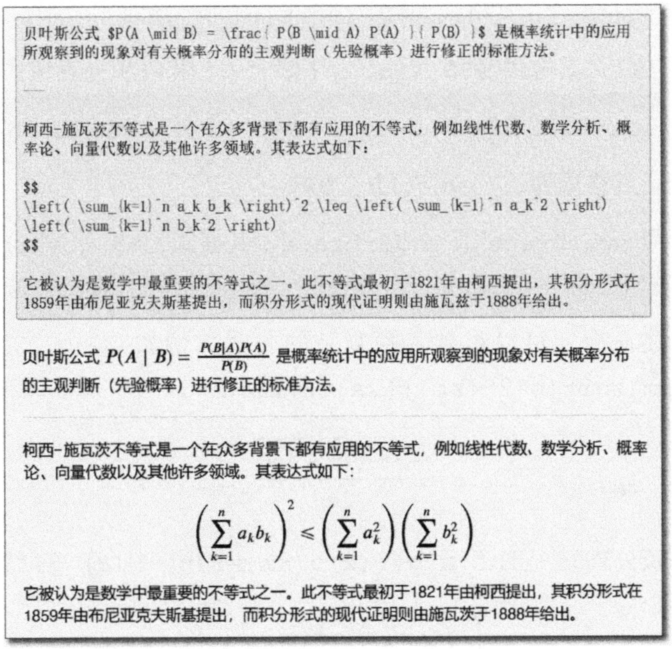

```
贝叶斯公式 $P(A \mid B) = \frac{ P(B \mid A) P(A) }{ P(B) }$ 是概率统计中的应用所观察到的现象对有关概率分布的主观判断（先验概率）进行修正的标准方法。

---

柯西-施瓦茨不等式是一个在众多背景下都有应用的不等式，例如线性代数、数学分析、概率论、向量代数以及其他许多领域。其表达式如下：

$$
\left( \sum_{k=1}^n a_k b_k \right)^2 \leq \left( \sum_{k=1}^n a_k^2 \right)
\left( \sum_{k=1}^n b_k^2 \right)
$$

它被认为是数学中最重要的不等式之一。此不等式最初于1821年由柯西提出，其积分形式在1859年由布尼亚克夫斯基提出，而积分形式的现代证明则由施瓦兹于1888年给出。
```

贝叶斯公式 $P(A \mid B) = \frac{P(B|A)P(A)}{P(B)}$ 是概率统计中的应用所观察到的现象对有关概率分布的主观判断（先验概率）进行修正的标准方法。

柯西-施瓦茨不等式是一个在众多背景下都有应用的不等式，例如线性代数、数学分析、概率论、向量代数以及其他许多领域。其表达式如下：

$$\left(\sum_{k=1}^n a_k b_k \right)^2 \leq \left(\sum_{k=1}^n a_k^2 \right) \left(\sum_{k=1}^n b_k^2 \right)$$

它被认为是数学中最重要的不等式之一。此不等式最初于1821年由柯西提出，其积分形式在1859年由布尼亚克夫斯基提出，而积分形式的现代证明则由施瓦茨于1888年给出。

图 2-41

2. 上标和下标

在 LaTeX 的公式语法中，上标用“^”表示，下标用“_”表示，例如 x^2，表示为`$$ x^2 $$`。

如果上标或下标中包括多个字符，需要将之用“`{}`”标识，否则只会将最近的一个字符作为上标或下标。例如，`$ e^2x $`和`$ e^{2x} $`，以及`$ x_2i $`和`$ x_{2i} $`分别显示为

e^2x 和 e^{2x}，以及 x_2i 和 x_{2i}

3. 命令

在 LaTeX 中，特定的符号通过命令来编写，命令以一个“`\`”开始，随后是命令名及参数。例如，开平方的表达式`$$ \sqrt{x} $$`显示为

$$\sqrt{x}$$

下面介绍几个常用的命令：

- 分式 `frac`，其格式为`$$ \frac{分子}{分母} $$`；
- 开平方 `sqrt`，其格式为`$$ \sqrt{x} $$`；
- 开 *n* 次方 `sqrt[n]`，其格式为`$$ \sqrt[n]{x} $$`；
- 积分运算 `int`，其格式为`$$ \int_{下限}^{上限}{积分表达式} $$`；
- 求和运算 `sum`，其格式为`$$ \sum_{下界}^{上界}{表达式} $$`；
- 向量 `vec`，其格式为`$$ \vec{AB} $$`；
- 水平花括号 `overbrace` 或 `underbrace`，其格式为`$$ \overbrace{花括号下的表达式}^{上标} $$`或`$$ \underbrace{花括号上的表达式}_{下标} $$`。

综合使用上述命令，可以得到各种复杂的公式。例如，一元二次方程求根公式`$$ \frac{-b\pm\sqrt{b^2-4ac}}{2a} $$`显示为

$$\frac{-b\pm\sqrt{b^2-4ac}}{2a}$$

牛顿-莱布尼茨公式`$$ \int_a^b{f(x)d(x)}=F(b)-F(a) $$`显示为：

$$\int_a^b f(x)d(x)=F(b)-F(a)$$

4. 符号

常用的希腊字母符号的表示方式为`\alpha`、`\beta`、`\gamma`、`\pi`以及`\phi`等。若首字母大写，即`\Gamma`、`\Pi`、`\Phi`，则表示大写的希腊字母，但注意大写的“alpha”和“beta”直接用字母A和B表示，而不是`\Alpha`、`\Beta`。例如，

\alpha, \beta, \gamma, \pi, \phi 显示为$\alpha, \beta, \gamma, \pi, \phi$

A, B, \Gamma, \Pi, \Phi 显示为 A, B, Γ, Π, Φ

三角函数的表示方式为`\sin`、`\cos`、`\tan`、`\cot`等。例如，`$$ \sin(kx-\omega t) $$`显示为

$$\sin(kx-\omega t)$$

相乘、正负、并集、交集符号的表示方式为`\times`、`\pm`、`\cup`、`\cap`。例如，`$$ \times, \pm, \cup, \cap $$`显示为

$$\times, \pm, \cup, \cap$$

关系运算符的表示方式为`\leq`、`\geq`、`\approx`、`\neq`。例如，`$$ \leq, \geq, \approx, \neq $$`显示为

$$\leqslant, \geqslant, \approx, \neq$$

无穷大符号∞的表示方式为`\infty`。

5. 括号

圆括号、方括号可以直接使用，花括号因为已有特殊意义，所以需要转义才能显示，即写为`\{`和`\}`。例如，`$$ (xy), [xy], \{xy\} $$`显示为

$$(xy),[xy],\{xy\}$$

但是，这样简单使用括号，括号的高度是没有弹性的。例如，`$$ (\sum_{k=1}^n a_k b_k)^2 $$`显示为

$$(\sum_{k=1}^n a_k b_k)^2$$

可以看到，上面公式左右两侧的圆括号太短，如果希望圆括号的高度能够拉长以涵盖整个公式，则应使用`\left(`和`\right)`，上述公式则写为`$$ \left( \sum_{k=1}^n` a_k b_k \right)^2 $$，其显示结果如下：

$$\left(\sum_{k=1}^{n} a_k b_k\right)^2$$

6．分段函数

当一个函数有多段时，用\begin{cases}和\end{cases}表示，例如，阶乘的表示方式如图 2-42 所示。

```
$$
n!=\begin{cases}
1,&n=0\\n\times(n-1)!,&n>0
\end{cases}
$$
```

$$n! = \begin{cases} 1, & n=0 \\ n\times(n-1)!, & n>0 \end{cases}$$

图 2-42

图 2-42 所示的语法中，\begin{cases}和\end{cases}之间是若干分段表达式，分段表达式之间用“\\”分开，表示换行到新的 case。其中“&”则表示条件 n = 0 和条件 n > 0 以“&”后的 n 垂直对齐。

7．转义字符

LaTeX 中使用一些符号表达特定的意义，如“{}”“\”“_”“$”“^”等。如果确实需要显示这些符号，则需要在这些符号前加“\”进行转义。

8．等式对齐

多个公式纵向并排显示时，中间用“\\”断开，此时，这些公式是居中对齐的。

我们可以使用 begin{align}和 end{align}进行标记，此时，这两个标记之间的公式将右对齐。

如果在 begin{align}和 end{align}之间的每一行公式中的特定字符前加一个“&”，则这些公式将以“&”后的字符垂直对齐。一般在每个公式的“=”前加一个“&”，写作“&=”，则这些公式将以“=”的位置垂直对齐。

例如，在图 2-43 所示的麦克斯韦方程组中，4 个公式以“=”的位置垂直对齐。

```
麦克斯韦方程组：
$$
\begin{align}
\nabla \times \vec{\mathbf{B}} -\, \frac1c\, \frac{\partial\vec{\mathbf{E}}}{\partial t} & = \frac{4\pi}{c}\vec{\mathbf{j}} \\
\nabla \cdot \vec{\mathbf{E}} & = 4 \pi \rho \\
\nabla \times \vec{\mathbf{E}}\, +\, \frac1c\, \frac{\partial\vec{\mathbf{B}}}{\partial t} & = \vec{\mathbf{0}} \\
\nabla \cdot \vec{\mathbf{B}} & = 0
\end{align}
$$
```

$$
\begin{aligned}
\nabla \times \vec{\mathbf{B}} -\, \frac1c\, \frac{\partial\vec{\mathbf{E}}}{\partial t} & = \frac{4\pi}{c}\vec{\mathbf{j}} \\
\nabla \cdot \vec{\mathbf{E}} & = 4 \pi \rho \\
\nabla \times \vec{\mathbf{E}}\, +\, \frac1c\, \frac{\partial\vec{\mathbf{B}}}{\partial t} & = \vec{\mathbf{0}} \\
\nabla \cdot \vec{\mathbf{B}} & = 0
\end{aligned}
$$

图 2-43

本节用比较大的篇幅讲述了使用 LaTeX 编写公式的知识，有关代码参见本书配套源代码中的 LaTeXMathExpDemo.ipynb 文档。

这些内容可能比较繁杂，且与软件编程无关，只是用于生成排版良好的文档。所以，读者不必拘泥于（或记住）本节的细节内容，甚至可以跳过本节，直接进入第 3 章的学习。

第3章
使用 Jupyter 学习 Python

通过前两章的学习，我们已经掌握了 Jupyter Notebook 的基本应用知识，可以用 Jupyter Notebook 编写包括可执行代码与完美编排的文本的 Notebook。但是，作为交互式开发工具，Jupyter Notebook 的核心功能当然还是运行程序。

本章将面向没有软件开发基础的读者，以 Jupyter Notebook 为工具，介绍 Python 编程的基本知识，带领读者进入软件开发之门，为深入学习 Python 及其他开发语言奠定基础。

已经掌握 Python 相关知识的读者可以跳过本章内容，转至本书后续章节进一步深入学习 Jupyter 高级应用知识。已经掌握其他编程语言的读者则可以通过浏览本章内容，快速了解和上手 Python。

3.1 Python 简述

Python 是 1989 年圣诞节期间由吉多·范罗苏姆（Guido van Rossum）设计的一门用于教学和编写自动化脚本的语言。由于具有简洁、优雅的风格，其逐步被程序员、工程师、研究人员等广泛使用，特别是在数据分析、机器学习快速发展的今天，Python 的优势进一步得以展现，成为当今最受欢迎的程序设计语言之一。

Python 因具有简洁、优雅的风格，让初学者非常容易入门。但简洁并不意味着简单，Python 设计得非常完善，可以用于编写非常复杂的程序。同时，建立于 Python 之上的各专业领域的工具形成了强大的生态系统，使得 Python 能够满足各种复杂和专业的业务需求。

Python 是一门高级语言，用简洁的代码就可以实现强大的功能，从这个角度讲，Python 的效率非常高。Python 又是一门“胶水语言”，也就是说，各个领域有众多由其他编程语言编写的、实现各种功能的包和模块，可以直接用 Python 方便地调用，从而高效地实现我们所需的功能。所以 Python 初学者不必掌握太深的计算机知识，就可以很快使用 Python 解决自己专业领域的问题。

提示

我们说一门编程语言高级或低级，指的是这门编程语言处理业务的抽象级别。高级语言是用接近自然语言或数学公式的语句来告知计算机做什么，而不用过多考虑计算机的机器系统；而低级语言，例如汇编语言，则需要关注计算机的细节，例如 CPU、内存、磁盘等。

举一个生活中的例子来说明高级语言和低级语言的概念。

例如，你想让你的女儿帮你到书架上拿一本书，像 Python 这样的高级语言，其风格就像你说："请把书柜中的《Jupyter 入门与实战》帮我拿来。"

像 C#、Java 这样的高级语言，其风格就像你说："请到书房，在第二个书柜，把第二层左侧的《Jupyter 入门与实战》帮我拿来。"

而像 C++这样的较低级的高级语言，其风格就像你说："请左转去书房，到右边的第二个书柜处，打开书柜左侧的门，注意别把头碰了，拿出第二层、第三本书脊上写着《Jupyter 入门与实战》的书，确认是这本别拿错，然后关闭书柜门……"

而汇编语言作为低级语言，其风格就像你说："请迈左脚再迈右脚，十步之后，进入书房……"

Python 语法简洁，开发效率高，初学者非常容易上手。但是，要真正掌握 Python，编写出高质量的软件，则需要大量的知识和经验积累。有一个网络词汇叫作"Pythonic"，可以翻译成"很 Python"，指的是你的编程思想、风格、习惯用法等，都要符合 Python 特性，而不是对其他语言的简单移植。

3.1.1 Python 编程举例

下面我们通过一个简单的小游戏，初步认识 Python 及其运行方式。

这个游戏的过程是：计算机随机生成 1～100 的某一个数，请你猜出这个数。每猜一次，计算机会提示你猜的数是大了还是小了，直到猜中为止。

打开 Jupyter Notebook，新建一个 Notebook，在第一个单元格中输入如下代码：

```
1  import random
2
3  answer = random.randint(1,100)
4  counter = 0
5
6  while True:
7      counter += 1
8      n = int(input('Guess:'))
9      if n > answer:
10         print('Too Big.')
11     elif n < answer:
12         print('Too Small.')
13     else:
14         print('Yes!')
15         break
16
17 print('You Guessed %d Times'% counter)
18
19 if counter > 7:
20     print('Eeee! So many times!')
```

下面是这段代码的大致执行过程。

（1）随机生成一个 1～100 的数，存到变量 answer 中。同时用变量 counter 来记录你猜数的次数。

（2）接下来是一个循环，请你输入一个数，存到变量 n 中。然后将 n 的值与 answer 比较，并给出你猜的数是大了还是小了的提示，直至猜对为止。每猜一次 counter 加 1。

（3）猜对后，由 break 语句结束循环。然后显示你猜了多少次才猜中 answer 中的数。一般来说应该在 7 次以内猜中。如果超过 7 次，将显示猜的次数过多的提示。

请在 Jupyter Notebook 中运行这段代码，看看你需要猜多少次才能猜中。

提示

在做上述游戏测试之前，首先要保证代码能够被正确执行。作为初学者，请亲自动手认真敲代码，并运行代码与排错，而不要只读不动手，否则你不会有收获。

如果你运行上面的代码出错，可能的原因有以下几个。

（1）有字母、标点符号敲错了或缺失了。注意，上例中所有的字母及标点符号都应该是英文半角的，例如()、'等都不能出错。

（2）Python 是区分大小写的，例如 print 不能写成 Print。

（3）Python 以空格缩进区分代码块，每一行前面的空格都是有意义的。敲入上面的代码时，请注意缩进，每次缩进按惯例为 4 个空格。

练习编写上述代码的目的是让大家大致了解 Python 的代码格式，并熟悉 Python 编程操作。对于其具体含义，不必深究，后续内容将会讲到。

3.1.2 运行 Python 代码

我们可以通过多种方式来运行 Python 代码。本节介绍几种常用的方式，帮助读者理解 Python 代码的运行环境。

1. 在 Jupyter Notebook 中运行 Python 代码

我们可以使用多种方式运行 Python 代码，对于本书的读者，最方便的方式之一就是在 Jupyter Notebook 中运行。

在 Jupyter Notebook 环境中，新建一个 Notebook，在 Code 类型的单元格中输入代码，单击工具栏的 **Run**，或者通过快捷键 Ctrl+Enter，即可运行这些代码。

在 Jupyter Notebook 中运行代码的界面如图 3-1 所示。

```
In [1]:
 1  import random
 2
 3  answer = random.randint(1,100)
 4  counter = 0
 5
 6  while True:
 7      counter += 1
 8      n = int(input('Guess:'))
 9      if n > answer:
10          print('Too Big.')
11      elif n < answer:
12          print('Too Small.')
13      else:
14          print('Yes!')
15          break
16
17  print('You Guessed %d Times'% counter)
18
19  if counter > 7:
20      print('Eeee! So many times!')

Guess:50
Too Small.
Guess:75
Too Big.
Guess:63
Too Small.
Guess:70
Too Small.
Guess:73
Yes!
You Guessed 5 Times
```

图 3-1

我们可以将该 Notebook 保存为.ipynb 文件，这样以后就可以直接打开使用。

上述示例代码参见本书配套源代码中的 GuessMe.ipynb 文档。

2. 在交互环境中运行 Python 代码

前面介绍了在 Jupyter Notebook 中运行 Python 代码的过程。为了让读者更深入和更直接地了解 Python，下面会介绍一下 Python 基本的交互环境的使用方法，并通过排错示例帮助读者了解其基本的语法特点和常见错误。

在我们安装 Python 后，就同时安装了 Python 解释器，其负责运行 Python 代码。

提示

Python 是一门解释性语言。我们编写的程序代码在执行的时候，会被逐行地解释成计算机能够理解的机器码，然后被计算机执行。

和解释性语言对应的是编译性语言，例如 C++等。用编译性语言编写的代码，需要通过编译器将其编译成机器码，生成一个文件，例如.exe 文件或.dll 文件，然后计算机执行这些编译后的文件。

通过安装 Anaconda 安装了 Python 之后，我们可以通过如下步骤打开 Python 交互环境。

（1）单击开始菜单→**Anaconda3(64-bit)→Anaconda Prompt(Anaconda3)**，打开命令提示符窗口。

（2）在命令提示符窗口中，输入 `python`，进入 Python 交互环境，如图 3-2 所示。

```
Anaconda Prompt (anaconda3) - python

(base) C:\Users\HiFrank> python
Python 3.7.6 (default, Jan  8 2020, 20:23:39) [MSC v.1916 64 bit (AMD64)]
:: Anaconda, Inc. on win32
Type "help", "copyright", "credits" or "license" for more information.
>>>
```

图 3-2

Python 交互环境的提示符为>>>。在 Python 交互环境中，我们在提示符>>>后输入代码，这些代码将被 Python 解释器解释执行。

提示

这是 Python 最基本的环境。一般来说，为了真正掌握一门语言，建议读者从基本的命令提示符窗口进行操作演练，因为其他环境往往为了提高效率或便于使用等增加了许多辅助的功能，而这些辅助的功能往往引入了许多无关的概念，导致学习者不能真正了解其本质。所以，请不要因为该界面的枯燥而跳过本部分内容。

请在 Python 交互环境中，按如下步骤输入测试代码，了解其执行效果。

（1）输入 `1+1`，然后按 Enter 键，将会显示输出结果 `2`。

（2）输入 `print('Hello,World!')`，然后按 Enter 键，将会输出字符串 `Hello,World!`。

（3）输入 `a=1`，然后按 Enter 键，可以看到没有输出，这是因为这条语句是给变量 `a` 赋值的，我们并未要求输出什么。继续输入 `b=a+1`，然后输入 `print(b)`，可以看到，显示输出结果 `2`。上述过程如图 3-3 所示。

```
Anaconda Prompt (anaconda3) - python

(base) C:\Users\HiFrank> python
Python 3.7.6 (default, Jan  8 2020, 20:23:39) [MSC v.1916 64 bit (AMD64)]
:: Anaconda, Inc. on win32
Type "help", "copyright", "credits" or "license" for more information.
>>> 1+1
2
>>> print('Hello,World!')
Hello,World!
>>> a=1
>>> b=a+1
>>> print(b)
2
>>>
```

图 3-3

请逐行输入之前曾在 Jupyter Notebook 中输入过的示例代码，进一步学习和理解 Python 交互环境的应用，其过程如图 3-4 所示。

提示

作为一名程序员，或者说一名不打算做专业程序员但是打算学点儿 Python 知识的读者，请耐心、细心地输入和执行这些代码。

```
>>>
>>> import random
>>>
>>> answer = random.randint(1,100)
>>> counter = 0
>>>
>>> while True:
...     counter += 1
...     n = int(input('Guess:'))
...     if n > answer:
...         print('Too Big.')
...     elif n < answer:
...         print('Too Small.')
...     else:
...         print('Yes!')
...         break
...
Guess:50
Too Small.
Guess:75
Too Small.
Guess:87
Too Big.
Guess:81
Too Big.
Guess:78
Too Small.
Guess:80
Yes!
>>> print('You Guessed %d Times'% counter)
You Guessed 6 Times
>>> if counter > 7:
...     print('Eeee! So many times!')
...
>>>
```

图 3-4

输入过程中可能会出错，例如图 3-5 中提示的错误，即在标准输入 File "<stdin>" 的第一行（line 1）的 while True 位置，出现了 SyntaxError: invalid syntax（语法错误：无效的语法）。这是因为 True 后面缺少冒号。

```
Anaconda Prompt (Anaconda3) - python
>>>
>>> import random
>>> answer=random.randint(1,100)
>>> counter=0
>>> while True
  File "<stdin>", line 1
    while True
             ^
SyntaxError: invalid syntax
>>>
>>>
```

图 3-5

再如，当出现图 3-6 所示的错误时，不是因为`if n > answer:`这一句出了错，而是因为上一句`n=int(input('Guess:')`少了一个右括号。

Anaconda Prompt (Anaconda3) - python

```
>>>
>>> import random
>>> answer=random.randint(1,100)
>>> counter=0
>>> while True:
...     counter+=1
...     n=int(input('Guess:')
...     if n>answer:
  File "<stdin>", line 4
    if n>answer:
              ^
SyntaxError: invalid syntax
>>>
>>>
```

图 3-6

下面我们对上述代码的输入与执行过程稍做解释，以便读者进一步了解 Python。

- 前面讲了 Python 是解释性语言，输入的代码会被逐行执行。所以，当我们输入第一行的`import random`并按 Enter 键后，该行即被执行，即导入了用于产生随机数的随机函数 **random** 包。同样，输入`answer = random.randint(1,100)`后，即随机生成了一个 1～100 的数，并存入变量`answer`中。
- 当我们输入`while True:`并按 Enter 键后，代码并未执行，而是在下一行显示了提示`...`，这是因为`while True:`后面是一个代码块，其将被作为一个整体执行。该语句最后的冒号即表明此后为代码块。
- 代码块以缩进表示，每次缩进按惯例为 4 个空格。
- 其中`if n > answer:`也是该代码块中的语句，而`if n > answer:`后面的语句是`if`条件的代码块，所以需要输入 8 个空格。
- 当我们输入代码块的所有语句，即此例中的`break`语句后，输入一行没有缩进的语句，即表明代码块输入结束。此处，在`break`后直接按 Enter 键。我们发现代码立即开始执行，并开始让我们猜数，这是因为代码块已输入完成，解释器开始执行该代码块。我们可以不断输入我们猜的数，直到猜对。
- 注意，如果我们在上述`break`语句后不按 Enter 键，而是直接输入`print('You Guessed...')`语句，则会报错。这是因为前面代码中的`n=int(input('Guess:'))`语句需要通过`input`为其输入一个值。如果没有给出值，则会报错。

通过上面的操作练习，我们了解了 Python 代码的执行过程。

Python 交互环境是最基本的执行 Python 代码的环境，也是初学者熟悉 Python 的基本环境，请初学 Python 的读者认真练习，输入上述代码，直至其完全被正确执行，以便充分理解和掌握 Python 编程的基本概念。

在完成操作后，可以输入 `exit()`，退出 Python 交互环境，回到 Windows 的命令提示符窗口。

3．使用 IPython 运行 Python 代码

IPython 是一个增强的 Python 交互环境。IPython 对基本的 Python 交互环境进行了增强，包括：

- 提示符不再是>>>，而是 `In[]`，以显示代码的行号；
- 不同类型的代码由不同颜色高亮显示，语法更清晰；
- 可以使用 Tab 键完成代码的输入，例如，如果我们需要输入 `import`，则输入前几个字母，然后按 Tab 键即可完成输入；
- 代码块自动缩进。

以上是我们可以直接看到的增强功能。其实 IPython 还有很多增强的功能，例如性能提升、支持并行计算，以及后续讲 Jupyter 时用到的许多功能等。实际上，IPython 正是 Jupyter 的 Python 内核，我们在 Jupyter 中执行 Python 代码时，都是由底层的 IPython 负责执行的。

通过如下步骤可以打开 IPython 环境。

（1）单击开始菜单→**Anaconda3(64-bit)**→**Anaconda Prompt(Anaconda3)**，打开命令提示符窗口。

（2）在命令提示符窗口中，输入 `ipython`，进入 IPython 环境。

（3）用类似前文的方法，输入示例代码，练习 IPython 的使用，如图 3-7 所示。

4．运行 Python 代码文件

使用 Python 交互环境，可以逐行输入代码并逐行解释执行。但是，我们总不能每次都这样输入代码来执行程序。我们希望代码能够被重复使用，即保存编写好的代码，以后直接调用执行。

```
IPython: C:Users/HiFrank
(base) C:\Users\HiFrank> ipython
Python 3.7.6 (default, Jan  8 2020, 20:23:39) [MSC v.1916 64 bit (AMD64)]
Type 'copyright', 'credits' or 'license' for more information
IPython 7.12.0 -- An enhanced Interactive Python. Type '?' for help.

In [1]: import random

In [2]: answer = random.randint(1,100)

In [3]: counter = 0

In [4]: while True:
   ...:     counter += 1
   ...:     n = int(input(          ))
   ...:     if n > answer:
   ...:         print(          )
   ...:     elif n < answer:
   ...:         print(            )
   ...:     else:
   ...:         print(       )
   ...:         break
   ...:
Guess:50
Too Big
Guess:25
Too Big
Guess:12
Too Small
Guess:18
Too Small
Guess:21
Too Big
Guess:20
Yes!

In [5]:
```

图 3-7

我们可以用文本编辑工具，如 Notepad++，输入代码，然后将其保存为扩展名为**.py** 的文件，将来即可被调用执行。

提示

我们不建议使用 Windows 自带的记事本工具编写代码，更不建议用 Word 等工具来编写代码，因为 Word 不是纯文本编辑器。

我们建议安装 Notepad++，它是多数程序员专用的纯文本编辑工具。

下面简要讲一下 Notepad++的使用建议。

- Notepad++是多数程序员专用的纯文本编辑器，它确保了你能完全掌控自己输入的内容，而不像某些工具那样会重新编排或加入无关内容，从而导致程序出错。你甚至可以看到输入的不可见字符，例如空格、回车符、换行符等。请通过菜单 **View→Show Symbol** 下的命令进行选择。
- 有时候我们会发现软件、文档或网页出现乱码，这是字符集设置不当导致的，建议通过菜单 **Encoding** 选择字符集，若无特殊要求，请用 **UTF-8**。

- Notepad++支持多种编程语言，它会针对不同语言的语法进行高亮显示，请在菜单 **Language** 中选择 **Python**。

请按照下述步骤保存和运行 Python 代码文件。

（1）打开 Notepad++文本编辑工具，输入示例代码，如图 3-8 所示。

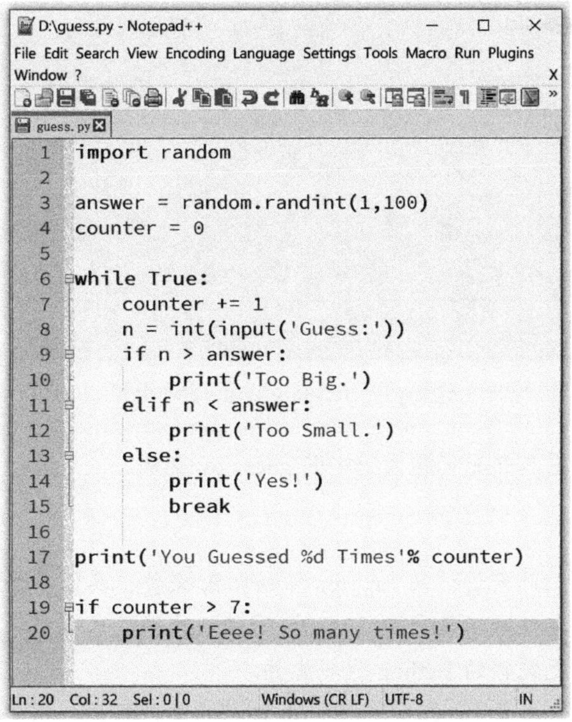

```
import random

answer = random.randint(1,100)
counter = 0

while True:
    counter += 1
    n = int(input('Guess:'))
    if n > answer:
        print('Too Big.')
    elif n < answer:
        print('Too Small.')
    else:
        print('Yes!')
        break

print('You Guessed %d Times'% counter)

if counter > 7:
    print('Eeee! So many times!')
```

图 3-8

（2）单击工具栏中的保存按钮，或单击菜单 **File→Save**，将其保存为文件。注意文件扩展名为**.py**。本例中，我们将其保存到 D:盘根目录中，文件名为 guess.py。

（3）单击开始菜单→**Anaconda3(64-bit)→Anaconda Prompt(Anaconda3)**，打开命令提示符窗口，切换到保存代码文件的路径，如 D:\。

（4）输入 `python guess.py`，即开始运行我们保存的文件中的代码，如图 3-9 所示。

实际上，我们编写的所有 Python 代码最标准的方式都是保存为**.py** 文件，这样便于执行或者被其他代码调用。

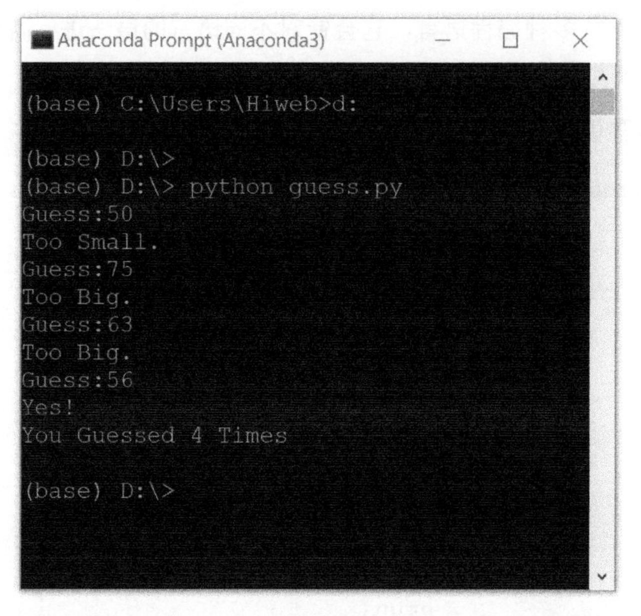

图 3-9

上述示例代码参见本书配套源代码中的 guess.py 文档。

提示

我们此前讲过的 Jupyter Notebook 文件，其保存格式是**.ipynb** 格式，该文件并不是一个 Python 源程序文件。本例中保存的 guess.py 文件才是纯粹的 Python 代码文件。

.ipynb 是 Jupyter Notebook 特有的文件格式，用 JSON 格式保存了 Notebook 中的各种内容，包括每一个单元格的内容、单元格的输出、其他元数据等。

5. 其他运行方式

基于上述内容我们了解到，可以有多种方式编辑和运行 Python 代码。这些运行方式大致可分为以下 3 类。

（1）通过交互环境（如 IPython）运行 Python 代码。此类工具还有很多，如 CPython、PyPy、Jython 等。

（2）将 Python 代码保存为.py 文件，然后调用执行，或者将其编译后执行。

（3）在集成开发环境（Integrated Development Environment，IDE）中编写、调试和运行 Python 代码。此类工具提供了图形化界面，集成了代码编写、调试、运行的各种功能，是非常实用的工具，这类工具也有很多，如 Spyder、WingIDE、PyCharm、VS Code 等。Jupyter Notebook 可以看作一种特殊的集成开发环境。

安装好 Anaconda 不仅安装了 Python，也默认安装了 Spyder。接下来我们简单认识一下 Spyder。

（1）单击开始菜单→**Anaconda3(64-bit)→Spyder(Anaconda3)**，打开 Spyder。

（2）可以看到 Spyder 是一个功能较完善的集成开发环境。其左侧的窗格可以输入代码，单击工具栏中的运行按钮可以运行代码；其右下方的窗格是 IPython 控制台，可以交互运行代码，如图 3-10 所示。

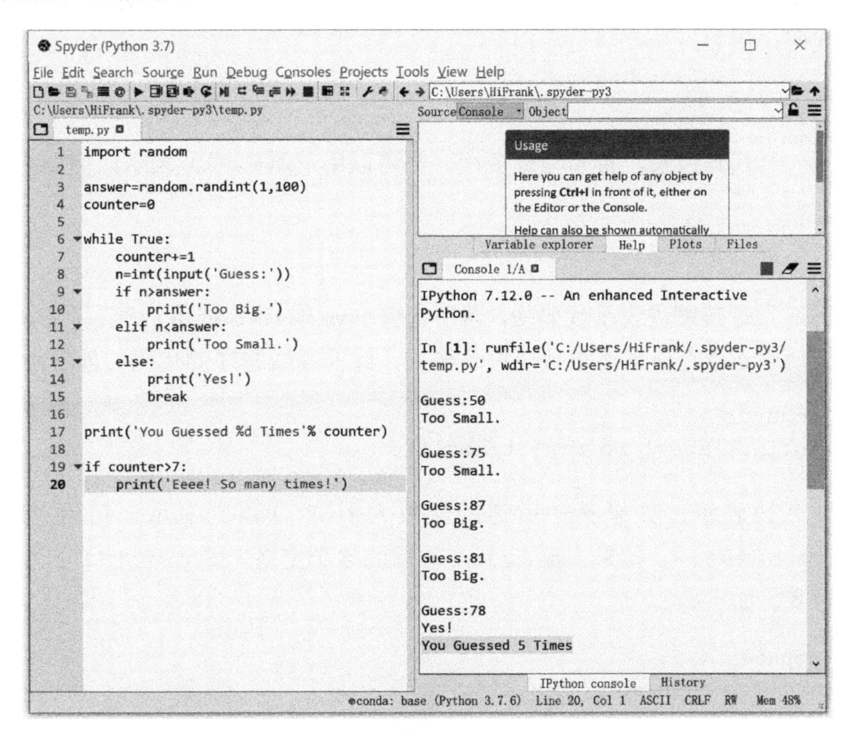

图 3-10

本节介绍了多种运行 Python 代码的方式，并通过一个例子，让读者熟悉了 Python 代码的基本特点。

下面我们将讲述 Python 语法的基础知识。在默认情况下，我们将使用 Jupyter Notebook 来运行示例代码。

3.2 Python 语法速览

在此前的内容中，我们已经接触了一些 Python 代码。本节针对初学者或者具有其他编程语言基础的程序员，简要列出 Python 语法的基本特点。

- Python 是大小写敏感的。所以，初学者应该注意不要把 `print()` 写成 `Print()`，也不要把 `True` 写成 `true` 等。
- Python 直接以换行表示语句的结尾，而不像 Java 或 C#等以分号（`;`）表示语句的结尾。
- 可以将多条语句写在同一行，中间用分号隔开；也可理解为用分号表示结束其前面的代码，例如：

```
a = 5; b = 6
```

- 如果一行代码过长，希望写成多行，则可以用反斜杠（\）表示，例如：

```
x = 1 + 2 + 3 + 4 + \
5 + 6 + 7 + 8
```

- Python 用行首缩进表示代码块，而不是像 Java 或 C#那样用`{}`表示代码块。按惯例我们使用 4 个空格来缩进代码块。例如，此前猜数程序的代码的最后两行：

```
if counter > 7:
    print('Eeee! So many times!')
```

上述代码表示：如果猜中所需的次数大于 7 次，则显示一句话“`Eeee! So many times!`”。如果去掉 `print()` 前的 4 个空格，即 `print()` 与上面的 `if` 语句对齐，如下：

```
if counter > 7:
print('Eeee! So many times!')
```

则无论猜几次，“`Eeee! So many times!`”这句话都会被显示，因为 `print()` 不再是 `if` 条件下的代码块。上述代码的含义变为：当 `if` 条件满足时不做任何操作，然后继续执行 `print()` 语句。

- 行首的空格用于表示代码块，这一点意义重大。但行内的空格是没有意义的，在行内使用空格往往只是为了增加代码的可读性。例如将 x=1 写成 `x = 1` 会更易读。

- Python 中的注释用#表示。#后的内容为注释，Python 解释器会忽略注释而不予执行。Python 没有支持多行注释的语法，类似 C 语言的/* ... */多行注释方式在 Python 中不支持。注释示例如下：

```
# 随机产生一个数存入 answer
answer = random.randint(1,100)
counter = 0  # 猜的次数，初始值为 0
```

提示

Python 编程语言和 Markdown 没有任何关系。不要把 Python 中使用#表示注释与 Markdown 用#表示标题产生任何关联。

Python 是一门编程语言，用于编写代码。这些代码被解释器解释为计算机识别的指令然后执行，以实现我们需要的功能。为了让他人能够看懂我们编写的代码，或者让我们事后能够理解当初的思路，需要在代码中加一些注释。一个标准的 Python 程序保存为一个**.py** 文件。而 Markdown 是一种标记语言，用于告诉计算机按照我们标记的形式来显示文字，实现排版效果。一个标准的 Markdown 文档保存为一个**.md** 文件。

二者是通过 Jupyter Notebook 联系起来的。也就是说，在一个 Notebook 中，有多个单元格，有的单元格用来写程序代码，例如 Python 语句，这些单元格即 Code 类型的单元格；有的单元格用 Markdown 来写文字，即 Markdown 类型的单元格。当我们运行一个 Jupyter Notebook 时，Jupyter 负责分析处理这些单元格：对于 Code 类型的单元格，交给后端的 IPython 解释器解释运行其内容并返回结果给 Notebook；而对于 Markdown 类型的单元格，则会按照 Markdown 标记对文字进行渲染显示，得到我们期望的排版效果。一个混合了 Python 代码（或其他编程语言代码）与 Markdown 文本的 Notebook，保存为一个**.ipynb** 文件。

当我们需要在 Python 代码中加入大段注释的时候，使用纯 Python 编程语言中的#就不方便了，因为这样做注释太多且没有清晰的格式，不方便阅读和理解代码。Jupyter Notebook 很好地解决了这个问题，即 Code 类型的单元格专门用于写代码，Markdown 类型的单元格用于写注释，互不干扰（对机器）又相辅相成（对人），极大地提高了可读性和效率。这正是 Jupyter Notebook 获得广泛使用的一大原因。

3.3 变量与对象

本节讲述编程语言中最基本的概念之一——变量，并通过具体代码让读者掌握 Python 中的变量的特点。

3.3.1 Python 变量的概念与特点

变量是任何一门编程语言中最基本的概念之一，以至于很难给出准确而又通俗易懂的定义。简单地说，变量就是程序中为了方便地引用内存中的值而取的名字。例如，`x = 4`，就是定义了一个变量 x，然后将值 4 赋给变量 x。更准确地说，在 Python 中，是将一个指针命名为 x，然后将这个指针指向了内存中一个存有“4”这个对象的位置。

在 Python 中，不需要像 C 语言等其他语言那样在使用变量之前先定义变量的类型，而是直接使用。例如，在 Java、C、C#等语言中，需要定义一个变量存放整数 4，语法为

```
int x;
x = 4;
```

而在 Python 中，不需要事先声明变量，可直接使用，例如，可以直接写为

```
x = 4
```

另外，在 Java、C、C#等语言中，一旦定义了该变量为整型，就只能存放整数，否则会报错，例如：

```
// 以下为 C 语言代码
int x;
x = 4;
x = "Hello!"  // 将字符串赋给整型变量 x，出错
```

但是，在 Python 中就不会报错，例如：

```
# 以下为 Python 代码
x = 4              # x 指向 4
x = "Hello!"       # x 指向字符串 "Hello!"
x = [1, 2, 3]      # x 指向一个列表
```

那么，是不是说明 Python 是无类型的呢？不是的。

Python 中的变量都是有类型的。我们可以通过 type() 查看其数据类型。图 3-11 所示是在 Jupyter Notebook 中有关数据类型的演示。

```
In [1]:   1 x = 4
          2 type(x)
   Out[1]: int

In [2]:   1 x = 'Hello!'
          2 type(x)
   Out[2]: str

In [3]:   1 x = [1, 2, 3]
          2 type(x)
   Out[3]: list
```

图 3-11

所以说，Python 是有类型的，只是类型并不是和变量名相关的。变量名只是一个指针，指向一个对象，而每一个对象，如一个整数、一个字符串、一个列表，都是有类型的。

提示

对于有其他编程语言基础的读者，请认真体会上述概念，并做一些深入研究以便深入了解 Python。对于初学者，可以暂不深究，知道变量的概念即可。

3.3.2 Python 变量的基本类型

在 Python 中，变量的基本类型如表 3-1 所示。

表 3-1

类型	类型名	示例
int	整型	x = 1
float	浮点型	x = 1.2
complex	复数	x = 1 + 2j
bool	布尔型	x = True
str	字符串	x = 'Hello'
NoneType	空值	x = None

下面对 Python 变量的基本类型加以说明。

1. 整型

整数是不带小数点的数，整型是最基本的数据类型之一。指向整数的变量是一个整型变量。

在其他编程语言中，由于存放整数的变量的字节数限制，整数一般都是固定精度的，例如整数的最大值为 $2^{32}-1$ 或 $2^{64}-1$ 等。但是，在 Python 中整数是可变精度的，即 Python 中整数的位数会根据实际需要增加。

例如，我们尝试计算一个较大的数，如 365^{365}，得到的结果如图 3-12 所示。

```
In [1]:  a = 365**365
         print(a)

         1725422776321227375598958496635738647966798343784793993856348
         1785851424023385637051897539230750359748751587755427240042339
         0904724475213129383256571734521752761522455219286852015259932
         5416766334151451989288890491714600580139596358262589850960898
         6457565923957255543797765678714347843829869957528082431092741
         6454850159603351152612899693013477557148035714888711213466147
         4985559048688379566082496647493756678799211489350885733213726
         1821531862184942073345938663849323714831847114287892217917227
         9841839305935141525868711922427005987832870174874877655533054
         4492620123172981297111394462336647971055556891651372835192462
         4024133368025559872271399563510459708557216405820031273973241
         1861803783709234259404090566362871466804004672193360913201281
         4575599834354950278239604949911499526940394708909106151962021
         6747902964266131202558364656557768253598693917005680096695862
         8105171291336507223938563485237929534987962043590670191406388
         767063617706298828125
```

图 3-12

而在其他编程语言中，上述运算则往往会提示溢出错误。

Python 中的整型变量还有一个有意思的特点就是，如果对整型变量进行除法运算得到的结果是浮点数时，则该变量将变为浮点型。

我们可以用 `type()` 查看一个变量的类型，示例如图 3-13 所示。

提示

Python 中这种灵活的数据类型处理方式，为我们编程带来了极大的方便。其背后的原理其实很简单，即 Python 中变量的本质是指针，变量中的值的数据类型发生变化，其实是指针由原来的指向整数的位置变为指向另一个浮点数的位置。

```
In [1]:  1 a = 5
         2 type(a)

Out[1]: int

In [2]:  1 a = a / 2
         2 print(a)
         3 type(a)

2.5

Out[2]: float
```

图 3-13

当然，如果确实需要整除，则可以使用整除运算符//，这样将得到整数值，如图 3-14 所示。

```
In [3]:  1 a = a // 2
         2 print(a)
         3 type(a)

2

Out[3]: int
```

图 3-14

提示

如果你正在用 Jupyter 边学边练，按图 3-12、图 3-13、图 3-14 的顺序依次操作，则 a//2 的结果可能是 1.0，而且其数据类型可能是浮点型。这是因为一个 Notebook 运行在一个内核中，在图 3-13 所示的第二个单元格中，a 的值已经变成了浮点型的 2.5。

2. 浮点型

含有整数部分和小数部分的数即浮点数。例如，2.5 就是一个浮点数。指向浮点数的变量即浮点型变量。浮点数也可以用指数方式来表示，例如，0.00025 也可以写作 2.5e−4 的形式，即 2.5×10^{-4}。

与其他编程语言一样，Python 中浮点数的精度是有限的。例如，判断 1+2 是否等于 3，结果为 True；但如果判断 0.1+0.2 是否等于 0.3，则结果为 False，如图 3-15 所示。

```
In [4]:  1 1 + 2 == 3
Out[4]: True

In [5]:  1 0.1 + 0.2 == 0.3
Out[5]: False
```

图 3-15

这是因为计算机使用有限的二进制位来存储浮点数，这就导致了不能精确地存放浮点数。

提示

初学者请注意，　== 表示逻辑运算，用于判断其左右是否相等。

我们可以通过如下方式指定一个浮点数精确到小数点后显示的位数，例如，将 0.1、0.2、0.3 显示到小数点后 18 位，其结果如图 3-16 所示。

```
In [6]:  1 print("0.1 = {0:.18f}".format(0.1))
         2 print("0.2 = {0:.18f}".format(0.2))
         3 print("0.3 = {0:.18f}".format(0.3))
         4 print("0.1 + 0.2 = {0:.18f}".format(0.1 + 0.2))

0.1 = 0.100000000000000006
0.2 = 0.200000000000000011
0.3 = 0.299999999999999989
0.1 + 0.2 = 0.300000000000000044
```

图 3-16

由此可见，Python 中浮点数并不能精确地保存为我们输入的值。`0.1+0.2` 求和的结果确实与 `0.3` 不相等。

3. 复数

复数是包含实部和虚部的数，如 1+2j。在 Python 中，复数可以直接写成 `1+2j` 的形式，也可以写成 `complex(1,2)` 的形式。Python 输出时，会用括号表示，如 `(1+2j)`。

Python 中内置了许多复数的属性和方法，可用于取复数的实部或虚部、求共轭复数、求模等，如图 3-17 所示。

```
In [1]:  1 a = 3 + 4j
         2 a

Out[1]: (3+4j)

In [2]:  1 # 取实部
         2 a.real

Out[2]: 3.0

In [3]:  1 # 取虚部
         2 a.imag

Out[3]: 4.0

In [4]:  1 # 求共轭复数
         2 a.conjugate()

Out[4]: (3-4j)

In [5]:  1 # 求复数的模
         2 abs(a)

Out[5]: 5.0
```

图 3-17

4. 布尔型

布尔型用来表示逻辑是和逻辑非。在 Python 中，布尔型的值只有两个，即 `True` 和 `False`。

布尔型一般用于比较两个值并做出判断，然后决定程序的执行。例如我们在本章开始时写的猜数游戏的代码，判断猜中所需的次数是否大于 7，并决定是否显示“Eeee! So many times!”这句话。

```
if counter > 7:
    print('Eeee! So many times!')
```

在上面的代码中，如果 `counter` 的值小于或等于 7，则 `counter>7` 的结果为 `False`，不会执行代码块中的 `print()` 语句。如果 `counter` 的值大于 7，则 `counter>7` 的结果为 `True`，`print()` 语句将被执行。

5. 字符串

字符串是由字母、数字、符号等组成的一串字符。在 Python 中，可以用单引号（' '）或双引号（" "）表示字符串。另外，我们还可以用三引号表示多行字符串。示例如图 3-18 所示。

```
In [1]:  str1 = 'Welcome to Jupyter Book'

         str2 = "by HiFrank"

         str3 = '''
         Chapter One: Introduce Jupyter
         Chapter Two: Manipulate Jupyter in Details
         Chapter Three: Learning Python use Jupyter briefly
         Chapter Four: Become a Data Scientist by Jupyter
         '''

In [2]:  print(str1 + ' ' + str2)

         Welcome to Jupyter Book by HiFrank

In [3]:  print(str3)


         Chapter One: Introduce Jupyter
         Chapter Two: Manipulate Jupyter in Details
         Chapter Three: Learning Python use Jupyter briefly
         Chapter Four: Become a Data Scientist by Jupyter
```

图 3-18

另外，字符串的 len()、upper()、lower()、capitalize()等方法可以用于返回字符串长度、进行大小写转换等操作。示例如图 3-19 所示。

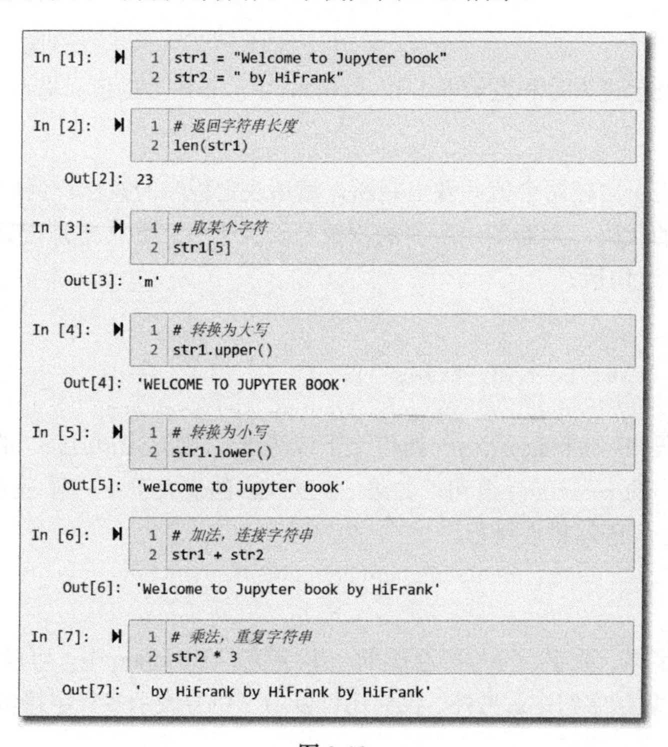

图 3-19

在 Python 中，字符串的 strip()方法可以用于删除字符串首尾的空格，而 lstrip()和 rstrip()可以用于删除字符串左侧或右侧的空格。示例如图 3-20 所示。

```
In [1]:  str1 = "     Welcome to Jupyter Book     "
         str1

Out[1]: '     Welcome to Jupyter Book     '

In [2]:  str1.strip()

Out[2]: 'Welcome to Jupyter Book'

In [3]:  str1.lstrip()

Out[3]: 'Welcome to Jupyter Book     '

In [4]:  str1.rstrip()

Out[4]: '     Welcome to Jupyter Book'
```

图 3-20

如果指定特定字符，strip()、lstrip()及 rstrip()方法则可以用于删除特定字符。示例如图 3-21 所示。

```
In [1]:  num1 = "0000000003405600"
         num1

Out[1]: '0000000003405600'

In [2]:  num1.lstrip()

Out[2]: '0000000003405600'

In [3]:  num1.lstrip('0')

Out[3]: '3405600'
```

图 3-21

与上述 strip()相对应，center()、ljust()、rjust()方法用于增加空格，达到指定长度。示例如图 3-22 所示。

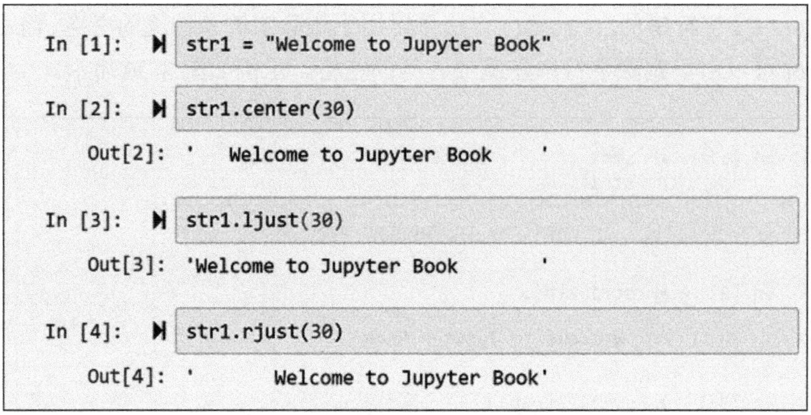

```
In [1]:  str1 = "Welcome to Jupyter Book"

In [2]:  str1.center(30)
Out[2]: '   Welcome to Jupyter Book    '

In [3]:  str1.ljust(30)
Out[3]: 'Welcome to Jupyter Book       '

In [4]:  str1.rjust(30)
Out[4]: '       Welcome to Jupyter Book'
```

图 3-22

对于存储数字的字符串，zfill()方法用于在左侧增加 0，达到指定的长度，这对处理和显示数字非常实用。示例如图 3-23 所示。

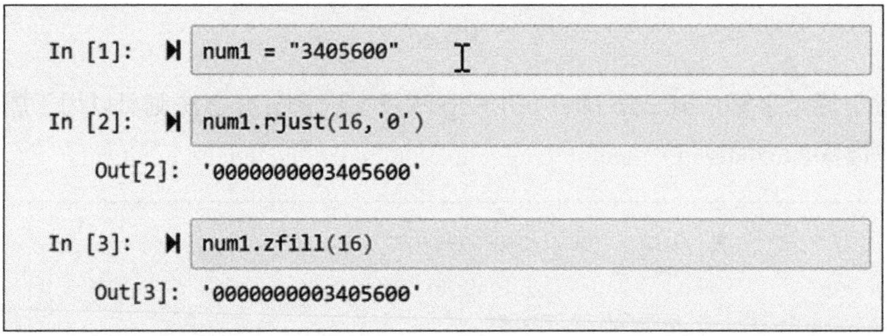

```
In [1]:  num1 = "3405600"

In [2]:  num1.rjust(16,'0')
Out[2]: '0000000003405600'

In [3]:  num1.zfill(16)
Out[3]: '0000000003405600'
```

图 3-23

在 Python 中可以使用 find()、rfind()、index()及 rindex()查找子字符串，使用 replace()替换子字符串。

find()及 index()都用于返回子字符串的位置。两者的区别在于，如果没有找到子字符串，则 find()返回-1，而 index()返回 ValueError 错误。示例如图 3-24 所示。

如果在字符串中要查找的某个子字符串出现不止一次，则 find()和 index()从左往右查找，返回第一个找到的位置，而 rfind()和 rindex()则从右往左查找。

replace()用于替换子字符串，示例如图 3-25 所示。

```
In [1]:  str1 = "Welcome to Jupyter Book"

In [2]:  str1.find('Jupyter')
Out[2]:  11

In [3]:  str1.index('Jupyter')
Out[3]:  11

In [4]:  str1.find('HiFrank')
Out[4]:  -1

In [5]:  str1.index('HiFrank')

         ---------------------------------------------------------------------------
         ValueError                                Traceback
         (most recent call last)
         <ipython-input-5-10d92da8a17c> in <module>
         ----> 1 str1.index('HiFrank')

         ValueError: substring not found
```

图 3-24

```
In [1]:  str1 = "Welcome to Jupyter Book"

In [2]:  str1.replace('Jupyter','Project')
Out[2]:  'Welcome to Project Book'
```

图 3-25

6. 空值

几乎每一门编程语言都有空值的概念，在 Python 中，空值用 `None` 表示，其数据类型为 `NoneType`。`None` 不是 `0`，`0` 是一个有意义的值。`None` 也不是空格，空格是一个特殊的字符。在编程语言中，空值一般用作函数的返回值。

3.4 内置数据结构

Python 中内置了几种功能强大的数据结构，包括列表（list）、元组（tuple）、字典（dict）、集合（set）等。下面逐一讲述。

3.4.1 列表

列表是 Python 中使用最广泛的数据结构之一，熟练使用列表可以编写出简洁、高效的代码。

1．列表的基本概念

列表是一种有序的可变的数据集合，我们可以随时添加和删除列表中的元素。Python 用在方括号中以逗号分隔的值表示列表。例如，我们用一个列表列出几个质数：

```
L = [2, 3, 5, 7]
```

列表有很多有用的属性和方法，用于访问列表的值或对列表进行操作，例如返回列表中元素的个数、追加值、连接列表、插入值、删除值等，示例如图 3-26 所示。

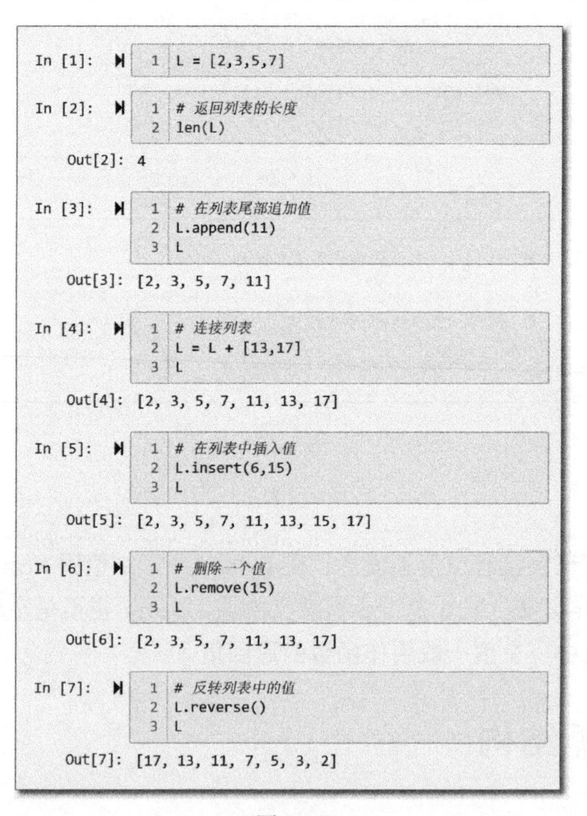

图 3-26

列表是有序的数据集合，列表中元素的序号从 0 开始。在这个示例中，`L.insert(6,15)`

的含义是在从 0 开始第 6 个元素的位置插入一个值 15。

2. 索引与切片

我们可以用索引来访问列表中的每一个元素。在 Python 中，列表的索引是从 0 开始的，如图 3-27 所示。

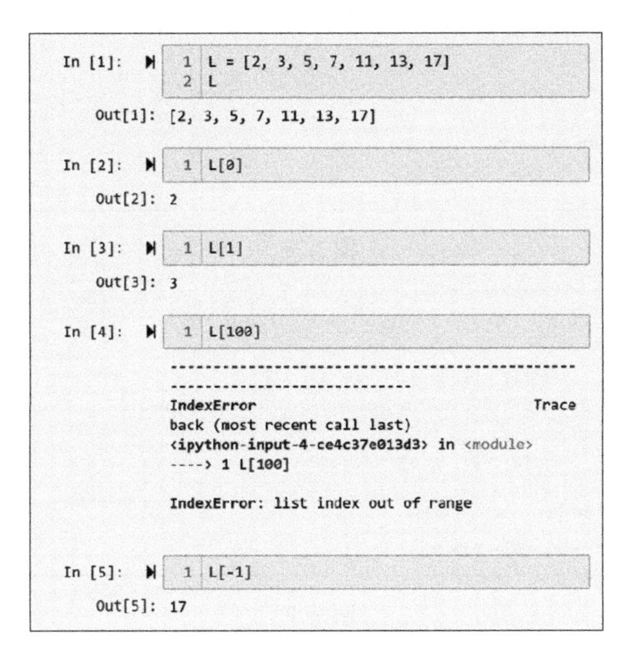

图 3-27

我们可以看到，`L[0]`返回该列表的第一个值 2，`L[1]`返回该列表的第二个值 3。

如果我们给出的索引大于列表的最大索引，则 Python 会给出“IndexError: list index out of range”（索引超出范围）的错误提示。

对于最后一个元素，可以用`-1`作为其索引，如图 3-27 所示。对于倒数第二个元素，可以用`-2`作为其索引。

索引用于访问单个值，切片（slicing）则用于以子列表（sublist）的方式访问列表中连续的多个值。切片用冒号隔开起始索引（包括该元素）和结束索引（不包括该元素）。例如，我们取`L`的前 3 个元素，则表示为`L[0:3]`，即返回`L`中索引为 0、1、2 的 3 个元素。而`L[2:5]`则表示取索引为 2～5 且包括索引为 2 但不包括索引为 5 的元素的子列表，如图 3-28 所示。

在切片中，我们可以忽略起始索引或结束索引。如果忽略起始索引，则默认索引从 0

开始。如果忽略结束索引，则默认索引到列表结束为止，如图 3-29 所示。

在切片表达式中，还可以有第 3 个参数，该参数为步长，示例如图 3-30 所示。

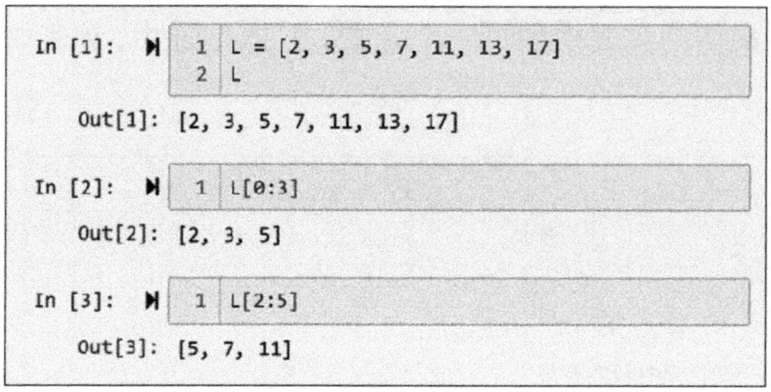

```
In [1]:  1  L = [2, 3, 5, 7, 11, 13, 17]
         2  L
Out[1]: [2, 3, 5, 7, 11, 13, 17]

In [2]:  1  L[0:3]
Out[2]: [2, 3, 5]

In [3]:  1  L[2:5]
Out[3]: [5, 7, 11]
```

图 3-28

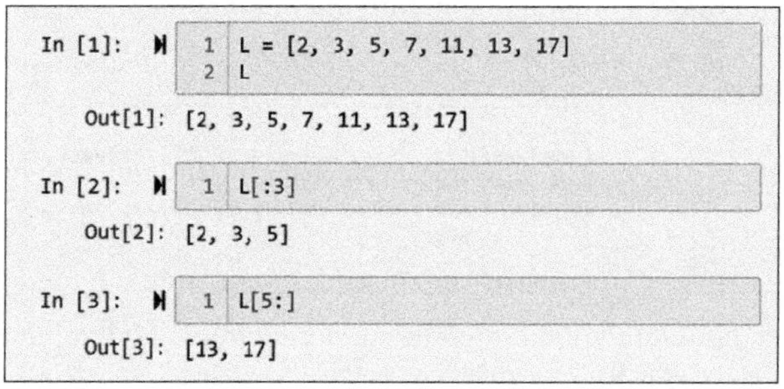

```
In [1]:  1  L = [2, 3, 5, 7, 11, 13, 17]
         2  L
Out[1]: [2, 3, 5, 7, 11, 13, 17]

In [2]:  1  L[:3]
Out[2]: [2, 3, 5]

In [3]:  1  L[5:]
Out[3]: [13, 17]
```

图 3-29

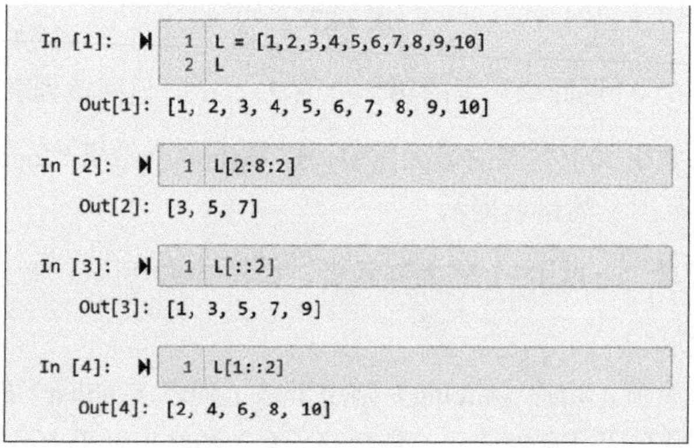

```
In [1]:  1  L = [1,2,3,4,5,6,7,8,9,10]
         2  L
Out[1]: [1, 2, 3, 4, 5, 6, 7, 8, 9, 10]

In [2]:  1  L[2:8:2]
Out[2]: [3, 5, 7]

In [3]:  1  L[::2]
Out[3]: [1, 3, 5, 7, 9]

In [4]:  1  L[1::2]
Out[4]: [2, 4, 6, 8, 10]
```

图 3-30

在这个示例中，`L[2:8:2]`表示从索引为 2 的元素开始，到索引为 8 的元素为止（不含此元素），以步长 2 读取元素，即每隔一个元素取一个值。而`L[::2]`则表示对该列表中的元素从头到尾隔一个取一个。

如果步长为-1，则会反向访问每一个元素，请自行测试。

索引和切片不仅可以用于读取列表中的元素，还可以用于对列表中的元素赋值，如图 3-31 所示。

```
In [1]:  1 L = [1,2,3,4,5,6,7,8,9,10]
         2 L
Out[1]: [1, 2, 3, 4, 5, 6, 7, 8, 9, 10]

In [2]:  1 L[3] = 100
         2 L
Out[2]: [1, 2, 3, 100, 5, 6, 7, 8, 9, 10]

In [3]:  1 L[5:8] = [200,201,202]
         2 L
Out[3]: [1, 2, 3, 100, 5, 200, 201, 202, 9, 10]
```

图 3-31

3.4.2 元组

元组与前文讲述的列表相似，但元组中的值一旦定义了就不能变更。元组用圆括号而不是方括号表示。

在列表中用到的大量的属性和方法，都可以用于元组，但不能对元组中的元素赋值，示例如图 3-32 所示。

```
In [1]:  1 T = (1,2,3,4,5,6,7,8,9,10)
         2 T
Out[1]: (1, 2, 3, 4, 5, 6, 7, 8, 9, 10)

In [2]:  1 T[2]
Out[2]: 3

In [3]:  1 T[2:5]
Out[3]: (3, 4, 5)

In [4]:  1 T[2] = 100
---------------------------------------------------------------------------
TypeError                                 Traceback (most recent call last)
<ipython-input-4-c75ce6cde9b3> in <module>
----> 1 T[2] = 100

TypeError: 'tuple' object does not support item assignment
```

图 3-32

3.4.3 字典

字典使用键-值（key-value）的方式存储数据，可以非常灵活和高效地访问数据。其表达方式为：花括号中用逗号分隔若干键值对，每一个键值对的键和值之间用冒号隔开。例如，我们可以用如下的字典存储学员的成绩：

```
Score = {'Zhang3': 98, 'Li4': 92, 'Wang5': 96}
```

我们可以用类似列表的方式访问字典中的值，但是，索引不再是从 0 开始的数字，而是字典中的键，例如 Score['Li4']。

我们可以给某一个键赋值，也可以用赋值的方式给字典中增加新的键值对，示例如图 3-33 所示。

```
In [1]:  Score = {'Zhang3':98,'Li4':92,'Wang5':96}

In [2]:  Score
Out[2]:  {'Zhang3': 98, 'Li4': 92, 'Wang5': 96}

In [3]:  Score['Li4']
Out[3]:  92

In [4]:  Score['Li4'] = 100

In [5]:  Score
Out[5]:  {'Zhang3': 98, 'Li4': 100, 'Wang5': 96}

In [6]:  Score['Zhao6']=90

In [7]:  Score
Out[7]:  {'Zhang3': 98, 'Li4': 100, 'Wang5': 96, 'Zhao6': 90}
```

图 3-33

在字典中，元素（键值对）是没有顺序概念的，因为对元素的访问是通过键，而不是通过序号。Python 的机制确保了对字典中键值对访问的高效性。

3.4.4 集合

与列表类似，集合也是值的集合，但是集合是无序的，且值是唯一的。集合用花括号表示。例如：

```
S1 = {1, 2, 3, 4, 5, 6}
S2 = {5, 6, 7, 8, 9}
```

如果你还记得交集、并集等概念，则可以对集合有深入的理解，示例如图 3-34 所示。

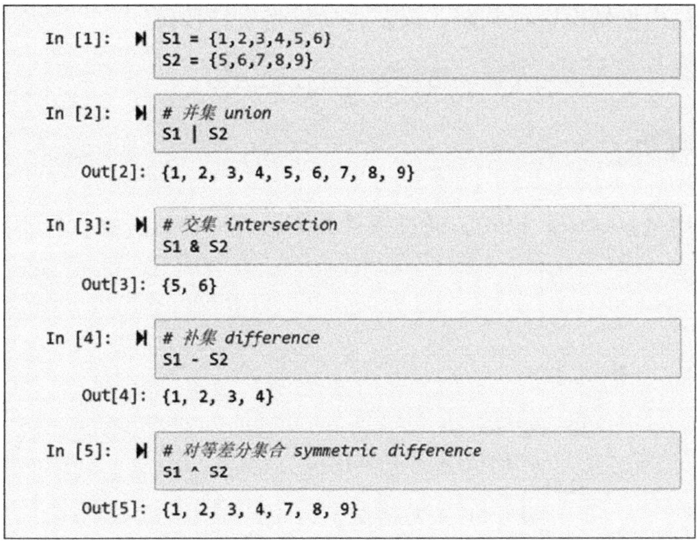

```
In [1]:  S1 = {1,2,3,4,5,6}
         S2 = {5,6,7,8,9}

In [2]:  # 并集 union
         S1 | S2

Out[2]: {1, 2, 3, 4, 5, 6, 7, 8, 9}

In [3]:  # 交集 intersection
         S1 & S2

Out[3]: {5, 6}

In [4]:  # 补集 difference
         S1 - S2

Out[4]: {1, 2, 3, 4}

In [5]:  # 对等差分集合 symmetric difference
         S1 ^ S2

Out[5]: {1, 2, 3, 4, 7, 8, 9}
```

图 3-34

3.4.5 小结

列表、元组、字典、集合是 Python 中非常重要和常用的概念。如果没有掌握这些概念，你可能根本读不懂别人写好的现成的数据科学 Python 代码。

为便于区分和记住上述概念，我们列出这几种数据结构的基本特性，如表 3-2 所示。

表 3-2

类型	举例	说明
列表	[1, 2, 3, 4, 5]	有序的、可变的、可有重复值的数据集合
元组	(1, 2, 3, 4, 5)	有序的、不可变的、可有重复值的数据集合
字典	{'Z3':100, 'L4':200, 'W5':300}	无序的、可变的、键不可重复、值可重复的键值对集合
集合	{1, 2, 3, 4, 5}	无序的、无重复值的数据集合

3.5 流程控制

流程控制是编程语言中最重要的概念之一。如果没有流程控制，程序将只会简单地从上往下执行，无法根据情况进行判断，以及自动重复执行代码。

本节将讲述条件判断语句及循环语句等流程控制语句。

3.5.1 条件判断

条件判断使用 if-else 语句。通过条件判断，程序可以选择执行不同的代码块，示例如图 3-35 所示。

```
In [1]:  x = 5

         if x%2 == 0:
             print('x 是偶数')
         else:
             print('x 是奇数')

         x 是奇数
```

图 3-35

在图 3-35 所示的代码中，x%2 表示取模，即 x 除以 2 后的余数。余数如果为 0，则 x 为偶数，否则为奇数。

注意，if 语句及 else 语句后分别有一个冒号，表示此后为代码块，而代码块的内容则通过行首的空格缩进表示。如图 3-36 和图 3-37 所示，注意最后一行代码 print(x)的位置。

在图 3-36 中，print(x)前有缩进，表示该语句与上一条语句都是 else 后的代码块中的语句，只有当 x 除以 2 的余数不为 0 时才执行。所以，当 x 是偶数时，print(x)不会被执行，故不显示 x 的值。

而在图 3-37 中，print(x)前没有缩进，则该语句不是 else 后的代码块中的一部分，将在整个 if-else 判断语句之后执行，即无论 x 是偶数还是奇数，都会显示 x 的值。

```
In [1]:  x = 6

         if x%2 == 0:
             print('x 是偶数')
         else:
             print('x 是奇数')
             print(x)

         x 是偶数
```

图 3-36

```
In [2]:  x = 6

         if x%2 == 0:
             print('x 是偶数')
         else:
             print('x 是奇数')
         print(x)

         x 是偶数
         6
```

图 3-37

当判断语句有多种条件判断时，其语法如下：

```
if 条件表达式 1:
    语句块 1

elif 条件表达式 2:
    语句块 2

elif 条件表达式 3:
    语句块 3

else:
    语句块 4
```

注意，`elif` 是 Python 中特有的语法，其他编程语言一般写为 `else if`。

3.5.2 while 循环

`while` 循环用于重复执行代码块，直到 `while` 后的条件不满足为止，示例如图 3-38 所示。

```
In [1]:  i = 0

         while i < 5:
             print(i)
             i += 1

         0
         1
         2
         3
         4
```

图 3-38

在图 3-38 所示的代码中，i 的初始值为 0。当 i 小于 5 时，显示 i 的值，然后将 i 的值加 1。此部分代码循环执行，直到不满足 i 小于 5 的条件为止。

3.5.3 for 循环

for 循环用于重复执行代码块，示例如图 3-39 所示。

```
In [1]:  for N in [2,3,4,5,6]:
             print(N)

         2
         3
         4
         5
         6
```

图 3-39

在这个示例中，使用 for 循环，用 N 逐一遍历 in 后的列表中的各元素，并执行后面的代码块。

在 for 循环中，在 in 后可以是任何一种可遍历的序列，例如一个列表、一个元组、一个字符串等。

在 for 循环中，我们经常会用到 range() 函数。range() 函数用于生成整数序列，图 3-40 演示了 range() 函数的用法。

```
In [1]:  for N in range(10):
             print(N, end=' ')

         0 1 2 3 4 5 6 7 8 9

In [2]:  for N in range(5,10):
             print(N, end=' ')

         5 6 7 8 9

In [3]:  for N in range(0,10,2):
             print(N, end=' ')

         0 2 4 6 8
```

图 3-40

提示

在这个示例的语句 print(N, end=' ') 中，end=' ' 表示输出 N 的值后以空格结尾，而不是以回车符结尾，这是为了节省篇幅。否则，输出将如图 3-39 所示。

从本质上讲，for 语句的 in 后可以是任何一种迭代器，关于迭代器与生成器，本书暂不探讨。

在上述示例中，range(10)表示从 0 开始到 10，不包括 10；range(5,10)表示从 5 开始到 10，不包括 10；range(0,10,2)表示从 0 开始到 10，不包括 10，以步长为 2 取值。

3.5.4 break 及 continue 语句

break 语句用于跳出整个循环，不再执行循环。而 continue 语句用于跳过本次循环的后续语句，开始下一轮循环。

再回顾一下本章开始时的猜数游戏，代码如下：

```
1  import random
2
3  answer = random.randint(1,100)
4  counter = 0
5
6  while True:
7      counter += 1
```

```
 8          n = int(input('Guess:'))
 9          if n > answer:
10              print('Too Big.')
11          elif n < answer:
12              print('Too Small.')
13          else:
14              print('Yes!')
15              break
16
17      print('You Guessed %d Times'% counter)
18
19      if counter > 7:
20          print('Eeee! So many times!')
```

可以看到，while 循环的条件为 True，即该循环条件始终满足，将会一直循环下去。但在 while 后的代码块中，当猜中数后，会执行 print('Yes!')语句和 break 语句。break 语句使该 while 循环结束。

3.6 函数

通过前面的讲解，读者应该已经可以编写出简单的为实现某项功能的程序代码。那么，如何让这些代码可以被重复使用？如何提高代码的可读性和可维护性？方法之一便是使用函数。函数就是组织在一起的、可以被其他代码调用的、实现特定功能的一段代码。

3.6.1 使用函数

其实 Python 本身内置了许多函数，我们此前也已经使用过很多函数。例如，print()就是一个函数。我们在前文中曾用到的 range()、len()、input()、type()等都是 Python 内置的函数。

我们以 print()为例，简要介绍函数的特点及用法。例如，在 print('Welcome')中，print 为函数名，'Welcome'为函数的参数。

一个函数可以有多个参数。例如，图 3-40 中的 print(N, end=' ')就有两个参数，其中，第一个参数 N 是需要显示的内容，第二个参数 end=' '则表示显示内容后以空格结尾。

print()函数还有一个很有用的参数是 sep，它指定了 print()的多个输出之间的连接字符或字符串。例如 print(1,2,3,sep='--')，指定输出的 3 个数字之间以“--”连接，如图 3-41 所示。

```
In [1]:  print(1,2,3)

         1 2 3

In [2]:  print(1,2,3,sep='--')

         1--2--3
```

图 3-41

上面我们以 print()为例简单演示了函数的特点，下面我们来定义函数。

3.6.2 定义函数

在 Python 中，用关键字 def 定义函数，其语法为

```
def 函数名(参数名):
    代码块
    return 返回值
```

例如，我们定义一个求某数的 n 次方的函数，示例如图 3-42 所示。

```
In [1]:  def power(a,n):
             x = a ** n
             return x

In [2]:  p = power(3,2)
         print(p)

         9

In [3]:  p = power(6,8)
         print(p)

         1679616
```

图 3-42

在图 3-42 的这个示例中，单元格 1 中的代码定义了一个函数，函数名为 power，其有两个参数，底数 a 和指数 n。在函数体中求出 a 的 n 次方，并返回该结果。单元格 2 中的代码则是调用该函数 power()，并把参数值 3 和 2 分别传递给函数的参数 a 和 n，返回值赋给变量 p，然后把 p 的值显示出来。

我们定义了函数 power()后，就可以多次调用该函数了。单元格 3 中的代码是对该函

数的另一次调用。

上面的例子是为了说明函数的定义与调用，但写法不够“Python”。Python 的风格更讲究简洁、优雅，对于图 3-42 所示的代码，更简洁的写法如图 3-43 所示。

```
In [1]:  def power(a,n):
             return a ** n

In [2]:  print(power(3,2))

         9

In [3]:  print(power(6,8))

         1679616
```

图 3-43

当然，像求某数的 n 次方这样简单的操作，完全不必要写成函数，这里仅是作为概念演示。

为了进一步理解函数的概念和用法，下面再以斐波那契数列（Fibonacci sequence）的函数定义做进一步说明。

斐波那契数列的定义可简要表述为：第一项和第二项的值均为 1，其后每一项的值为其前两项的值之和。其函数定义及调用如图 3-44 所示。

```
In [1]:  def fib(N):
             F = []
             a,b = 0, 1
             while len(F) < N :
                 a, b = b, a + b
                 F.append(a)
             return F

In [2]:  fib(10)

Out[2]:  [1, 1, 2, 3, 5, 8, 13, 21, 34, 55]

In [3]:  fib(15)

Out[3]:  [1, 1, 2, 3, 5, 8, 13, 21, 34, 55, 89, 144, 233, 377, 610]
```

图 3-44

如果你有其他编程语言的开发经验，则可以感受到上述 Python 代码的简洁性。例如“a,b = b,a+b”这样的写法，以及简单地返回列表的值等，都非常简洁明了。

请读者认真输入和运行上述代码，理解和体会 Python 的概念和风格。

3.6.3 默认参数值

在某些情况下，我们可能需要以默认参数值调用函数。例如，图 3-42 中关于求某数的 n 次方的函数，我们希望默认情况下为求平方。也就是说，如果不提供 n 的值，则默认 n 为 2，其函数定义写法如图 3-45 所示。

```
In [1]:  def power(a,n=2):
             return a ** n

In [2]:  power(3,2)
Out[2]:  9

In [3]:  power(3)
Out[3]:  9

In [4]:  power(3,4)
Out[4]:  81
```

图 3-45

在这个示例中，定义函数时，指定了 n 的默认值为 2。在调用该函数时，如果指定了参数 n 的值，则按指定值为准；如果没有给出参数 n 的值，则以默认值 2 作为 n 的值。

3.6.4 不定长参数

在某些情况下，我们在定义函数时可能不知道需要传递的参数的个数。在这种情况下，我们可以使用*args 和**kwargs 的方式来传递所有参数。其中，“*”表示将未命名参数以元组的形式传入；“**”表示将命名参数以字典的形式传入，示例如图 3-46 所示。

```
In [1]:  def demo1(*args, **kwargs):
             print(args)
             print(kwargs)

In [2]:  demo1(1,2,3,4,a=5,b=6,c=7)

         (1, 2, 3, 4)
         {'a': 5, 'b': 6, 'c': 7}
```

图 3-46

在这个示例中，所有的未命名参数值 1、2、3、4 组成一个元组，传递给了参数 args；所有命名参数 a、b、c 的值 5、6、7 组成一个字典，传递给了参数 kwargs。

提示

*args 及**kwargs 并不是 Python 的关键字，只是惯例写法而已。

有了“*”和“**”这样的不定长参数传递方式，函数就可以处理任何形式和数量的参数了。

3.6.5 匿名函数

在 Python 中，如果一个函数的函数体非常简单，我们可以使用 lambda 来创建匿名函数。例如，前文的求某数的 n 次方的函数，可以这样定义：

```
power = lambda a, n: a**n
```

匿名函数的定义和调用如图 3-47 所示。

```
In [1]:  power = lambda a,n : a**n

In [2]:  power(3,4)

Out[2]:  81
```

图 3-47

3.7 模块与包

Python 通过模块和包来处理代码和功能复用，本节讲述模块与包的概念及应用。

3.7.1 模块与包的基本概念

1. 模块

前面我们讲过，函数可以实现代码的复用，并提高代码的可读性和可维护性。

那么，我们可以考虑将某类业务场景的多个函数放在一个文件里，在此后的编程中，直接调用这个文件中的函数即可。在 Python 中，可以将多个函数保存在一个**.py** 文件中，这个文件就是一个模块。

例如，我们可以将前面的求某数的 n 次方的函数、求斐波那契数列的函数等，保存在一个 Python 文件 myMath.py 中，此 myMath.py 即一个模块，如图 3-48 所示。

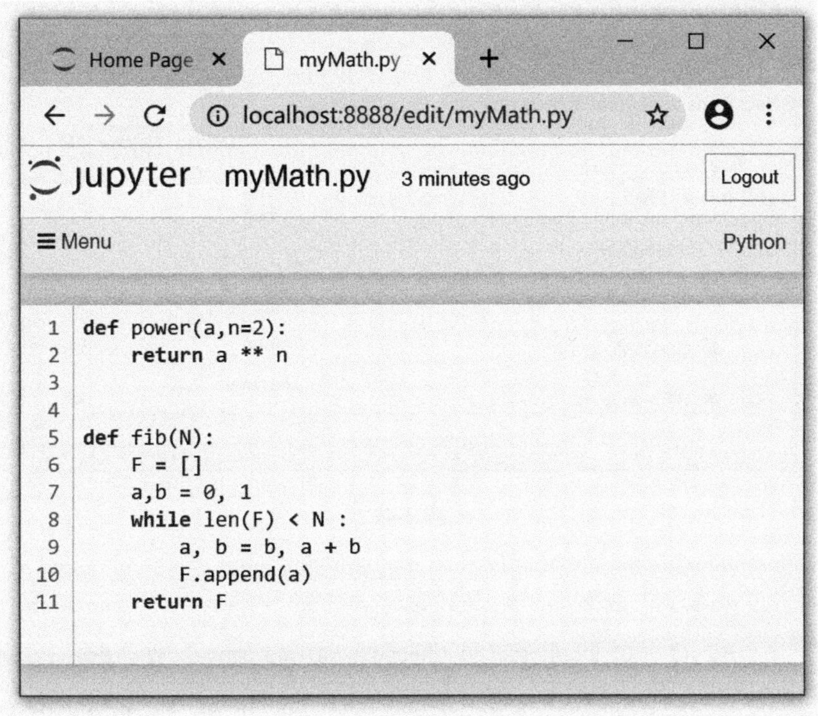

```
def power(a,n=2):
    return a ** n


def fib(N):
    F = []
    a,b = 0, 1
    while len(F) < N :
        a, b = b, a + b
        F.append(a)
    return F
```

图 3-48

提示

一个模块是一个规范的 Python 代码文件，而不是一个 Jupyter Notebook 文件。所以，建议用 Notepad++等纯文本编辑工具编写模块。也可以用 Jupyter 来编写，但我们在 Jupyter Notebook 仪表板中新建文件时，应该新建一个纯文本文件 Text File，如图 3-49 所示。

当我们保存了一个模块以后，就可以在程序的其他地方调用它了。

如图 3-50 所示，我们先通过 import 语句导入该模块中的函数，然后即可调用这些函数。

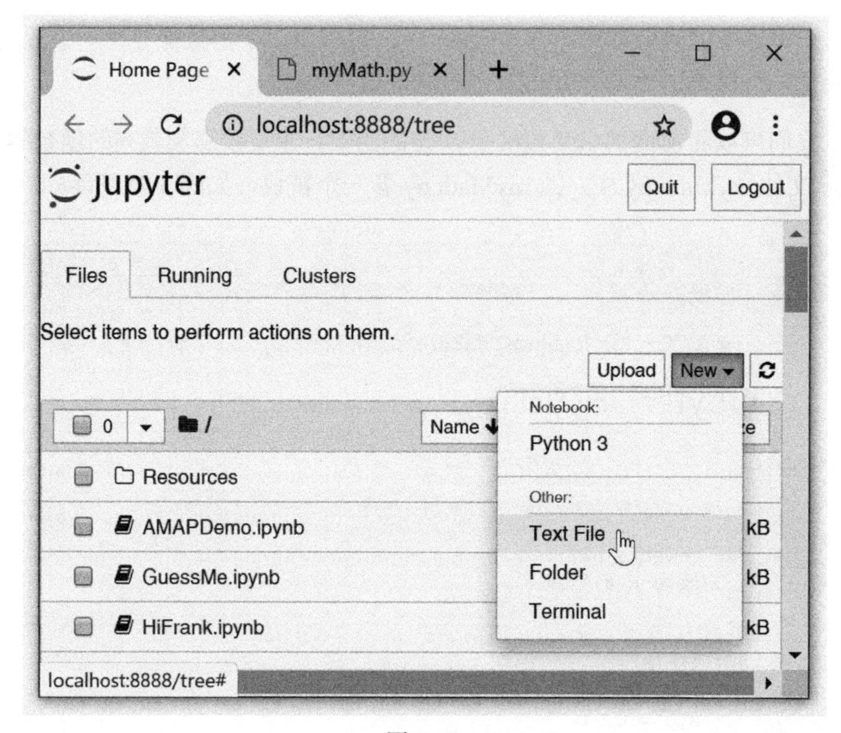
Home Page
myMath.py
localhost:8888/tree
jupyter
Quit
Logout
Files
Running
Clusters
Select items to perform actions on them.
Upload
New
0
/
Name
Notebook:
Python 3
Other:
Text File
Folder
Terminal
Resources
AMAPDemo.ipynb
GuessMe.ipynb
HiFrank.ipynb
kB
localhost:8888/tree#

图 3-49

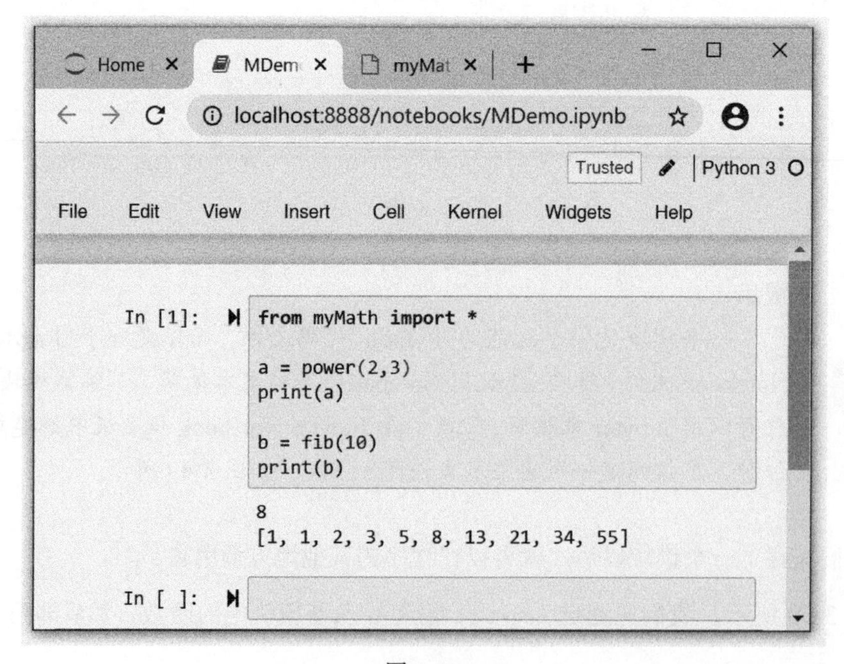
Home
MDem
myMat
localhost:8888/notebooks/MDemo.ipynb
Trusted
Python 3
File
Edit
View
Insert
Cell
Kernel
Widgets
Help
In [1]:
from myMath import *

a = power(2,3)
print(a)

b = fib(10)
print(b)
8
[1, 1, 2, 3, 5, 8, 13, 21, 34, 55]
In [ ]:

图 3-50

2. 导入和使用模块

可以用多种方式导入模块，下面结合示例讲解。

（1）显式导入模块。

例如：`import myMath`

这种方式将导入模块 myMath，模块名“myMath”将作为模块中的函数的命名空间（namespace），用于函数调用，如图 3-51 所示。

```
In [1]:  import myMath

         a = myMath.power(2,3)
         print(a)

         b = myMath.fib(10)
         print(b)

         8
         [1, 1, 2, 3, 5, 8, 13, 21, 34, 55]
```

图 3-51

（2）使用别名显式导入模块。

例如：`import myMath as mm`

对于模块名较长且将被多次引用的模块，我们可以在导入时为模块赋予别名。这样在代码中引用模块中的函数时，该别名将作为模块中函数的命名空间，如图 3-52 所示。

```
In [1]:  import myMath as mm

         a = mm.power(2,3)
         print(a)

         b = mm.fib(10)
         print(b)

         8
         [1, 1, 2, 3, 5, 8, 13, 21, 34, 55]
```

图 3-52

（3）显式导入模块内容。

例如：`from myMath import power, fib`

使用这种方式，可以导入模块中指定的函数。这些函数可以被直接调用，而不需要命名空间作为前缀。

（4）隐式导入模块内容。

例如：`from myMath import *`

使用这种方式，将导入模块中的所有内容，且不使用特定的命名空间，示例如图 3-50 所示。

3. 包

Python 中使用目录结构（文件夹）来组织模块，这些组织在一起的模块被称为包。

当然，不是任何一个目录结构都是一个包。在 Python 中，每个包目录中必须包括一个名为 **__init__.py** 的文件。注意文件名中“init”两端为双下划线。该 **__init__.py** 文件可以为空，也可以有代码。如果有代码，这些代码以包名作为其模块名。

例如，某公司可以将某业务的所有模块都组织到一个包中，如图 3-53 所示。

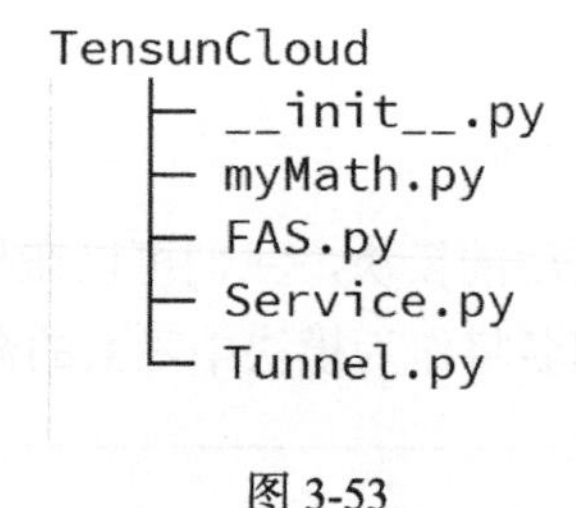

图 3-53

在这个例子中，包名为 TensunCloud，其下包括 myMath、FAS、Service、Tunnel 等多个模块，每个模块中都包括了一些函数。

3.7.2 从 Python 标准库导入模块

Python 标准库中内置了大量有用的模块，其清单请参见 Python 官网。Python 标准库中的模块都可以通过 `import` 语句直接导入。

图 3-54 给出了几个使用 Python 标准库的示例。

```
In [1]:  # 操作系统工具
         import os
         os.getcwd()  # 返回当前路径

Out[1]: 'D:\\JupyterLearningCodes'

In [2]:  # 数学工具
         import math
         math.cos(math.pi / 4)  # 余弦函数及 π

Out[2]: 0.7071067811865476

In [3]:  # 随机数生成工具
         import random
         random.randint(1,100)  # 生成 1 ～ 100 的一个随机数

Out[3]: 89

In [4]:  # 日期和时间
         import datetime
         datetime.datetime.now()

Out[4]: datetime.datetime(2020, 1, 27, 23, 25, 39, 969428)

In [5]:  # 哈希算法
         import hashlib
         sha1 = hashlib.sha1()
         # 计算一个字符串的 sha1 值
         sha1.update('Welcome to Jupyter Book by HiFrank'.encode('utf-8'))
         print(sha1.hexdigest())

         abac12e8baedfed6e09d1537a29a9c1e7df3dcf4

In [6]:  # URL操作
         from urllib import request
         with request.urlopen('https://www.bai**.com/') as f:   # 读取bai**网页内容
             data = f.read()
             print('Data:', data.decode('utf-8'))

         Data: <html>
         <head>
                 <script>
                         location.replace(location.href.replace("https://","htt
         p://"));
                 </script>
         </head>
         <body>
                 <noscript><meta http-equiv="refresh" content="0;url=http://www.bai*
         *.com/"></noscript>
         </body>
         </html>
```

图 3-54

3.7.3 导入第三方模块

除了内建的标准库之外，Python 还有大量的第三方库。特别是在数据科学领域，甚至形成了第三方库的生态。

我们可以像使用标准库一样用 `import` 导入这些库。但是，我们首先需要安装所需的第三方库。

一般来说，第三方库都会在 Python 包索引（Python Package Index，PyPI）上进行注册，Python 提供了一个命令工具 pip 来安装第三方库。该工具将到 PyPI 上获取包并安装到本机。

例如，第三方库 qrcode 包括生成二维码的工具，我们可以通过命令 `pip install qrcode` 安装该库，如图 3-55 所示。

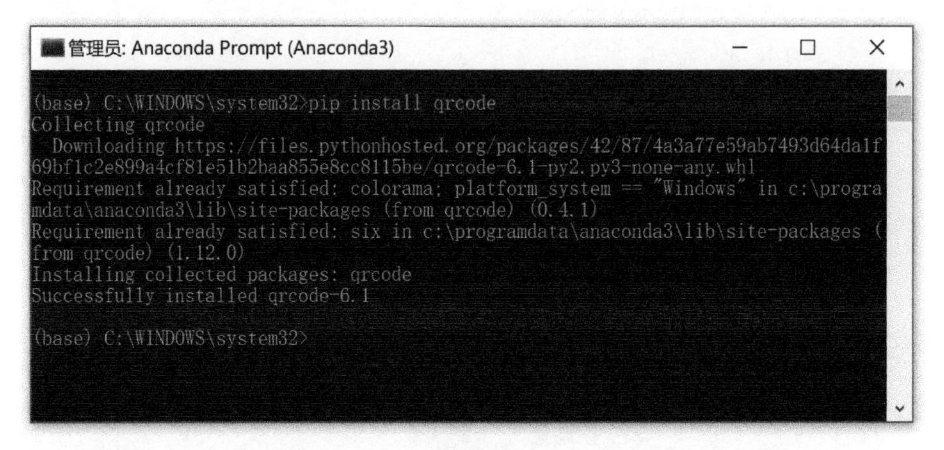

图 3-55

在安装完成后，即可调用该库中的函数了，图 3-56 所示的代码将生成一个二维码。

```
In [1]:  import qrcode

         qr = qrcode.QRCode()

         qr.add_data('https://github.com/HiwebFrank/JupyterLearningCodes')
         img = qr.make_image()

         img.save('HiFrank.png')
```

图 3-56

上述代码将二维码图片保存为 HiFrank.png 文件，打开图片如图 3-57 所示。

图 3-57

我们将在第 4 章专门讲述几个和数据科学相关的第三方库。

3.7.4 包管理器 Anaconda

事实上，安装第三方库远比上面演示的二维码案例复杂。我们为了用 Python 完成复杂的工作，需要安装很多第三方库，而这些库之间又是相互依赖、相互关联的，且存在兼容性问题，所以为一个项目维护大量的第三方库本身就是一项复杂的工作。

在本书一开始，我们就引导大家通过安装Anaconda来安装Python和Jupyter，其实，Anaconda就是一个基于 Python 的数据处理和科学计算的平台，内置了许多非常有用的第三方库。

Anaconda 可以让我们高效下载 1500 多个 Python 和 R 数据科学包，并包含了机器学习和深度学习方面的 Scikit-learn、TensorFlow 和 Theano 包，数据分析方面的 Dask、NumPy、Pandas 和 Numba 包，数据可视化方面的 Matplotlib、Bokeh、Datashader 和 HoloViews 等包，还提供了管理库、依赖性及环境的工具 conda。

如果你的重点在于数据科学、人工智能、机器学习等业务，而不是研究 IT 架构或软件架构本身，那么我们建议通过安装 Anaconda 来安装和管理 Python 及相关第三方库。

Anaconda 目前主要有几个版本：个人版（Anaconda Individual Edition）、团队版（Anaconda Team Edition）和企业版（Anaconda Enterprise Edition）。

Anaconda Individual Edition 是免费开源的版本，适用于个人开展基于 Python 和 R 的数据科学工作。而 Anaconda Team Edition 和 Anaconda Enterprise Edition 则针对更专业的需求，解决了完全开源的潜在风险，提升了可管理性，例如包的安全性、兼容性、稳定性，实现了用户访问控制、镜像及本地部署等。

3.8 面向对象编程

面向对象编程（Object-Oriented Programing，OOP）是一种重要的编程思想。Python 是面向对象的编程语言，在 Python 中一切都可看作对象。

本节我们简要讲述面向对象编程。对于没有编程经验的初学者，可以通过浏览本节内容，初步掌握面向对象编程的理念；对于有其他编程语言经验的读者，则可以通过浏览本节内容，快速掌握 Python 面向对象编程的语法。

3.8.1 面向过程编程与面向对象编程基本概念

面向过程编程的思路，是把计算机程序视作一系列命令的集合，这些命令顺序执行或根据流程控制执行以完成任务。为了简化编程过程，可以将不同的功能写成函数从而实现模块化，通过函数调用实现各种功能。

面向对象编程的思路，则是将计算机程序视作一组对象的集合，每个对象都具有自己的属性和方法，对象接收其他对象发来的消息、处理消息并做出相应的响应。

下面我们通过举例来说明面向过程编程与面向对象编程的基本概念。

1. 面向过程编程举例

假设我们要处理跑者的数据，如果是面向过程编程，基于此前我们学习的知识，可以用字典来表示这些跑者的数据：

```
Runner1 = {'name':'嘉宁','age':39,'PB':312}
Runner2 = {'name':'立超','age':38,'PB':438}
Runner3 = {'name':'乔楠','age':18,'PB':450}
```

而显示跑者的个人最好成绩（PB）数据的操作，则可以通过函数来实现，例如：

```
def print_PB(Runner):
    print('%s: %s' % (Runner['name'],Runner['PB']))
```

在 Jupyter Notebook 中的演示代码如图 3-58 所示。

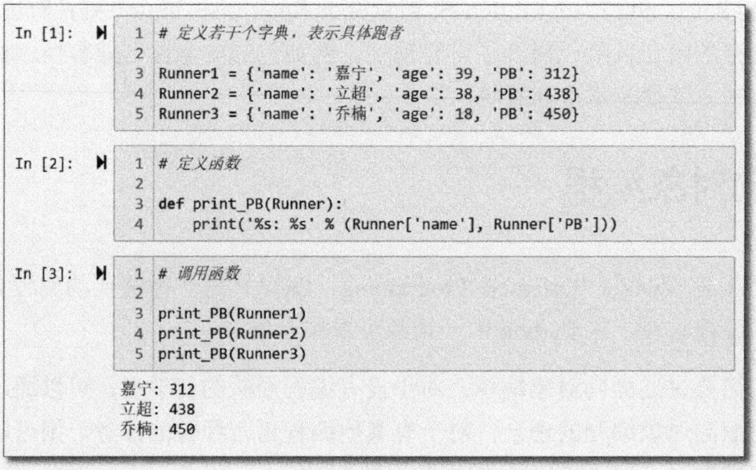

```
In [1]:  1 # 定义若干个字典，表示具体跑者
         2
         3 Runner1 = {'name': '嘉宁', 'age': 39, 'PB': 312}
         4 Runner2 = {'name': '立超', 'age': 38, 'PB': 438}
         5 Runner3 = {'name': '乔楠', 'age': 18, 'PB': 450}

In [2]:  1 # 定义函数
         2
         3 def print_PB(Runner):
         4     print('%s: %s' % (Runner['name'], Runner['PB']))

In [3]:  1 # 调用函数
         2
         3 print_PB(Runner1)
         4 print_PB(Runner2)
         5 print_PB(Runner3)

嘉宁: 312
立超: 438
乔楠: 450
```

图 3-58

2. 面向对象编程举例

面向对象编程思想，首先考虑的不是程序的执行流程，而是将每一个跑者视作一个对

象，每个对象有 name、age、PB 这些“属性”。而显示每个跑者的个人最好成绩，以及执行跑步操作，则通过方法如 print_PB() 和 running() 来实现。

每一个具体的跑者，可以视作一个对象。而“跑者”这个抽象的概念则是一个类(class)。

以下代码即定义了一个跑者类：

```
 1 class Runner(object):
 2     def __init__(self,name,age,PB):  # 构造函数
 3         self.name = name
 4         self.age = age
 5         self.PB = PB
 6
 7     # 定义 print_PB()方法: 显示个人最好成绩
 8     def print_PB(self):
 9         print('%s: %s' % (self.name, self.PB))
10
11      # 定义 running()方法: 执行跑步操作
12     def running(self):
13         print(self.name + " is Running now !")
```

在跑者类的基础上，我们可以实例化每一个具体的跑者对象，代码如下：

```
JiaNing = Runner('嘉宁',39,312)
QiaoNan = Runner('乔楠',18,450)
```

此后，我们就可以调用每一个具体跑者的 print_PB() 方法来显示其个人最好成绩，以及调用 running() 方法来执行跑步操作，代码如下：

```
JiaNing.print_PB()
QiaoNan.print_PB()
JiaNing.running()
QiaoNan.running()
```

在 Jupyter Notebook 中的演示代码如图 3-59 所示。

对于初次接触面向对象编程的读者，可能会觉得有些复杂，但实际上面向对象的思想更接近我们的真实世界。

例如跑者是一种类型，具有姓名、年龄、个人最好成绩等数据属性，也具有跑步、提高成绩等行为。每一个具体的跑者，都具有上述属性和行为，只是具体属性及行为有所差别而已。

```
In [1]:
 1  # 定义跑者类 Runner
 2
 3  class Runner(object):
 4
 5      def __init__(self, name, age, PB):  # 构造函数
 6          self.name = name
 7          self.age = age
 8          self.PB = PB
 9
10      def print_PB(self):  # 定义 print_PB()方法：显示个人最好成绩
11          print('%s: %s' % (self.name, self.PB))
12
13      def running(self):  # 定义 running()方法：执行跑步操作
14          print(self.name + " is Running now !")

In [2]:
 1  # 实例化 Runner，创建两个具体跑者对象
 2
 3  JiaNing = Runner('嘉宁', 39, 312)
 4  QiaoNan = Runner('乔楠', 18, 450)

In [3]:
 1  # 调用对象的方法
 2
 3  JiaNing.print_PB()
 4  QiaoNan.print_PB()
 5  JiaNing.running()
 6  QiaoNan.running()

嘉宁: 312
乔楠: 450
嘉宁 is Running now !
乔楠 is Running now !
```

图 3-59

对于上面的代码，读者如果没有完全理解也不要紧，请继续阅读后文的内容，问题即可迎刃而解。

3.8.2 类和实例

类和实例是面向对象编程最重要的概念之一。

类是抽象的模板。例如，`Runner` 是一个抽象的概念，即一个“类”。

对象是基于抽象概念的具体的实例（instance）。例如，一个具体的名叫“立超”的个人最好成绩为 4 小时 38 分的跑者，则是“跑者”类的一个具体实例，是一个对象。

在 Python 中，用关键字 `class` 定义类，其语法为

```
class 类名(父类名):
    def 方法名(参数):
        方法函数体
```

类是具有继承关系的，定义类时要指定其继承的父类的名称，如果没有特定的父类，则以 object 作为父类，object 是所有类最终的父类。

类中的每一个方法，其实就是一个函数，函数体的代码执行相应的操作。与一般函数的不同点在于，类的方法的第一个参数指的是类的实例本身，按照惯例写作 self。

提示

self 并不是 Python 的关键字，只是惯例写法而已。

例如，在前文的 Runner 类中，print_PB() 即 Runner 类的一个方法，用于显示该跑者的姓名和个人最好成绩。running() 也是一个方法，用于显示跑者正在跑步。

实际上，我们希望一个类有多个功能，就是给它定义多个方法。

在前面 Runner 类的定义中，我们发现有一个特殊的方法：__init__()。这个方法称作构造函数，用于初始化对象。也就是说，当我们用一个类实例化一个对象时，将自动执行__init__()方法，完成对象的初始化。

例如，我们通过如下代码创建 Runner 类的对象实例 HiFrank。

```
HiFrank = Runner('立超',38,438)
```

上述语句基于 Runner 类创建了一个对象，对象名为 HiFrank，并将姓名、年龄、个人最好成绩等作为该对象的初始属性。

这条语句被执行时，即调用了__init__()方法（代码如下所示），将具体值赋给对象 HiFrank。

```
def __init__(self,name,age,PB):
    self.name = name
    self.age = age
    self.PB = PB
```

提示

与 C++、C#、Java 等编程语言不同，Python 中不需要用 new 来初始化一个对象。Python 会自动完成实例化等操作，并调用__init__()完成对象初始化。

注意：__init__()两端分别为两条半角下划线。

3.8.3 继承和多态

1. 类的继承

在面向对象编程中，一个类可以继承自另一个类。被继承的类称作父类或基类（base class），继承的类称作子类（subclass）。

例如，我们可以定义一个“越野跑者”类，“越野跑者”是“跑者”的一种，则“越野跑者”类可以继承自“跑者”类，如下所示：

```
class TrailRunner(Runner):
    def climbing(self):
        print(self.name + " is Climbing now !")
```

在上面的代码中，我们定义了一个新类 TrailRunner，该类继承自父类 Runner。在 TrailRunner 类中，我们定义了一个新的方法 climbing()。

由于 TrailRunner 类继承自 Runner 类，所以它具有 Runner 类的所有属性和方法，同时增加了新的方法。我们可以通过如下代码定义一个名叫“菁菁”的“越野跑者”对象，并执行相应的动作。

```
JJing = TrailRunner('菁菁',28,450)

JJing.running()
JJing.climbing()
```

在 Jupyter Notebook 中，类的继承示例如图 3-60 所示。

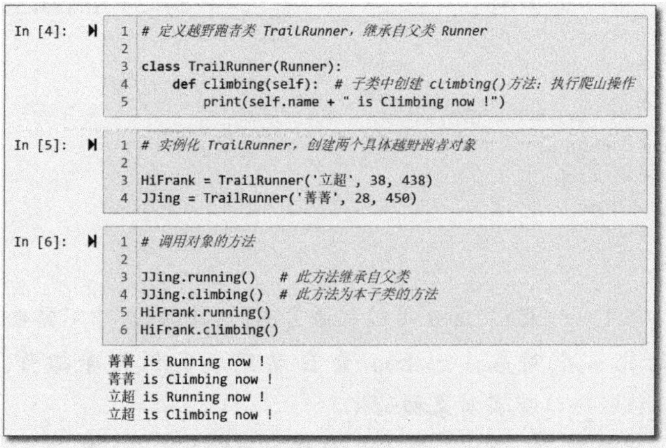

```
In [4]:
1 # 定义越野跑者类 TrailRunner，继承自父类 Runner
2
3 class TrailRunner(Runner):
4     def climbing(self):  # 子类中创建 climbing()方法：执行爬山操作
5         print(self.name + " is Climbing now !")

In [5]:
1 # 实例化 TrailRunner，创建两个具体越野跑者对象
2
3 HiFrank = TrailRunner('立超', 38, 438)
4 JJing = TrailRunner('菁菁', 28, 450)

In [6]:
1 # 调用对象的方法
2
3 JJing.running()    # 此方法继承自父类
4 JJing.climbing()   # 此方法为本子类的方法
5 HiFrank.running()
6 HiFrank.climbing()

菁菁 is Running now !
菁菁 is Climbing now !
立超 is Running now !
立超 is Climbing now !
```

图 3-60

继承的好处就在于，我们可以将共性的属性与方法定义在父类中，而子类只用于定义其特定的属性及方法，这能提高类的抽象程度、编程效率、代码可维护性及代码可用性。例如，我们可以以跑者类 Runner 为基础，定义子类越野跑者类 TrailRunner、马拉松跑者类 Marathoner 等。

2. 多继承

Python 支持多继承。所谓多继承，即一个子类可以继承自多个父类，从而同时具有多个父类的属性和方法。

例如，我们可以定义一个跑者类 Runner，再定义一个作者类 Writer，这是两个独立的没有相关性的类。有一部分人既喜欢跑步又喜欢写作，不妨将之称作驿动写作者。我们可以定义一个 RunningWriter 类，其同时继承自 Runner 类和 Writer 类，这样就不用重复定义 running()或 writting()这样的方法，而只需要在子类中定义驿动写作者特有的方法，例如“如何平衡跑步与写作的时间分配”这样的方法即可。

多继承的语法为

```
class 子类名(父类 1, 父类 2):
```

多继承的示例代码如图 3-61 所示。

在图 3-61 的代码中，可以看到 RunningWriter 类增加了一个新的方法 confusing()，而 running()方法及 writting()方法则分别继承自两个不同的父类。RunningWriter 类的实例对象 HiFrank 同时具有了两个父类的方法以及本子类的方法。

3. 方法重写

在子类继承父类时，如果父类中的方法不能满足子类的需要，则可以在子类中重写（rewrite）该方法。

例如，在 Runner 类中，定义了方法 running()；在子类 TrailRunner 中，如果不重写 running()方法，则调用越野跑者对象的 running()方法实际上是直接调用父类 Runner 的 running()方法。图 3-60 所示的例子中的 HiFrank.running()，实际上调用的是父类 Runner 中的 running()方法。

但我们也可以在子类中重写 running()方法。例如，我们可以在越野跑者类 TrailRunner 中，将 running()方法写为带着登山杖跑；而在马拉松跑者类 Marathoner 中，将 running()方法写为 4 分 50 秒配速匀速跑。具体代码如图 3-62 所示。

In [1]:
```
# 定义跑者类 Runner

class Runner(object):

    def __init__(self, name, age, PB):  # 构造函数
        self.name = name
        self.age = age
        self.PB = PB

    def print_PB(self):  # 定义 print_PB()方法：显示个人最好成绩
        print('%s: %s' % (self.name, self.PB))

    def running(self):  # 定义 running()方法：执行跑步操作
        print(self.name + " is Running now !")
```

In [7]:
```
# 定义作者类 Writer

class Writer(object):
    def __init__(self, name, bookname):
        self.name = name
        self.bookname = bookname

    def writting(self):  # 定义 writting()方法：执行写作操作
        print(self.name + " is Writting " +
              self.bookname + " book now!")
```

In [8]:
```
# 定义跨动写作者类  RunningWriter，多继承自两个父类 Runner 和 Writer

class RunningWriter(Runner, Writer):
    def __init__(self, name, age, PB, bookname):  # 构造方法
        Runner.__init__(self, name, age, PB)  # 调用父类的构造方法
        Writer.__init__(self, name, bookname)

    #定义一个跨动写作者类特有的新方法 confusing()：纠结如何平衡时间
    def confusing(self):
        print("but How to Balance my Time ?!! ")
```

In [9]:
```
# 实例化一个具体的跨动写作者对象

HiFrank = RunningWriter('立超', 38, 438, 'Jupyter')
```

In [10]:
```
HiFrank.running()  # 此方法来自父类 Runner
HiFrank.writting()  # 此方法来自父类 Writer
HiFrank.confusing()  # 此方法来自子类 RunningWriter
```

```
立超 is Running now !
立超 is Writting Jupyter book now!
but How to Balance my Time ?!!
```

图 3-61

```
In [1]:
 1  # 定义跑者类 Runner
 2
 3  class Runner(object):
 4
 5      def __init__(self, name, age, PB):  # 构造函数
 6          self.name = name
 7          self.age = age
 8          self.PB = PB
 9
10      def print_PB(self):  # 定义 print_PB()方法: 显示个人最好成绩
11          print('%s: %s' % (self.name, self.PB))
12
13      def running(self):  # 定义 running()方法: 执行跑步操作
14          print(self.name + " is Running now !")

In [11]:
 1  # 定义越野跑者类 TrailRunner, 继承自父类 Runner
 2
 3  class TrailRunner(Runner):
 4      def climbing(self):
 5          print(self.name + " is Climbing now !")
 6
 7      # 重写 running() 方法: 带着登山杖跑
 8      def running(self):
 9          print(self.name + " is Running with Trekking Poles.")

In [12]:
 1  # 定义马拉松跑者类 Marathoner, 继承自父类 Runner
 2
 3  class Marathoner(Runner):
 4
 5      # 重写 running() 方法: 4分50秒配速匀速跑
 6      def running(self):
 7          print(self.name + " is Steady Running with Pace of 4:50.")

In [13]:
 1  JiaNing = Marathoner('嘉宁', 39, 312)    # 实例化一个马拉松跑者对象
 2  HiFrank = TrailRunner('立超', 38, 438)  # 实例化一个越野跑者对象

In [14]:
 1  JiaNing.running()  # 执行马拉松跑者对象的 running()方法
 2  HiFrank.running()  # 执行越野跑者对象的 running()方法

嘉宁 is Steady Running with Pace of 4:50.
立超 is Running with Trekking Poles.
```

图 3-62

在上面的代码中，我们分别执行对象 `JiaNing` 和 `HiFrank` 的 `running()`方法，会分别调用该对象的子类中定义的方法，实现不同的执行结果。

这种方法重写可以让继承的子类实现更具体的功能。甚至我们在定义父类时，可以只给出方法名，从而将父类作为抓住主要特征的抽象架构，而把方法的具体内容交给具体的子类去实现。

4．多态

请仔细观察图 3-63 中的代码。

```
In [15]:  1 # 定义一个函数，调用 Runner 的 running()方法
          2
          3 def ToRun(Runner):  # ToRun()的参数为跑者类 Runner的对象
          4     Runner.running()

In [16]:  1 # 将不同子类作为 ToRun()的参数
          2
          3 ToRun(JiaNing)  # 将马拉松跑者对象传递给 ToRun()
          4
          5 ToRun(HiFrank)  # 将越野跑者对象传递给 ToRun()

嘉宁 is Steady Running with Pace of 4:50.
立超 is Running with Trekking Poles.
```

图 3-63

我们定义了一个函数 `ToRun()`，该函数的参数为一个跑者类 `Runner` 的对象。在该函数的函数体中，调用跑者类 `Runner` 的 `running()` 方法。然后调用该函数 `ToRun()`，但是，传递给 `ToRun()` 的不是一个 `Runner` 类的对象，而是 `Runner` 类的子类马拉松跑者类 `Marathoner` 的对象。此时可以看到，代码执行了马拉松跑者对象的 `running()` 方法，执行了 4 分 50 秒配速匀速跑。

如果我们给 `ToRun()` 传递的参数是一个越野跑者对象，则执行了越野跑者的 `running()` 方法，即执行带着登山杖跑。也就是说，我们不用具体说“马拉松跑者，跑起来”，或者说“越野跑者，跑起来”，而是简单地说“跑者，跑起来”。那么，各类型的跑者该怎么跑就怎么跑。

这就是多态（polymorphism）。多态的意义在于，如果我们已经定义好了与某项业务相关的各种层级的类，那么使用这些类的程序的编写者不用太关心具体的子类，而是直接通过调用父类的方法就可以调用具体的子类的对象的方法。

Java、C# 这样的静态语言也同样支持多态。但是，如果函数需要传入 `Runner` 类，那么必须严格地传入 `Runner` 类或者 `Runner` 类的子类。而 Python 作为动态语言，具有更大的灵活性。向 `ToRun()` 传入的不一定必须是 `Runner` 类或其子类，只要有一个类似的具有 `running()` 方法的类的对象即可。

上述示例代码参见本书配套源代码中的 ClassConceptDemo.ipynb 文档。

3.8.4　小结

1. 概念小结

前文我们通过跑步运动的例子，讲述了面向对象编程中的重要概念。为了帮助大家理

解，我们再做如下小结。

- 类是一类事物的抽象的模板。我们在类中定义了属性和方法。属性是类的数据，方法是类的行为。
- 具体的某一个实实在在的对象是类的实例。实例化的过程是创建了具体对象，并使它的属性有了具体的值，且可执行具体的方法的过程。
- 类可以继承，子类继承了父类的属性和方法，在子类中还可以定义子类特有的属性和方法。
- 一个父类可以派生出多个子类。
- 一个子类也可以继承自多个父类，称作多继承。多继承的子类将同时具有这些父类的属性和方法。
- 子类还可以重写其父类中的方法，以满足子类的特定业务需求。
- 对父类的操作，将落实到其对象的具体的子类，由具体的子类的对象做出其特有的操作，即多态。多态提高了程序的抽象程度并实现了模块化。

2. 思路拓展

我们可以换一个场景，进一步体会上述概念。再举一个隧道火灾监控系统的例子。

我们可以定义一个火灾监控设备类 `FASDevice`，该类中定义了属性设备名称 `name` 和设备 `ID`，以及设备检测方法 `detect()`。

通过类的继承，我们可以基于 `FASDevice` 类，创建双波长火焰探测器子类 `DualwaveDevice` 和光栅感温探测器子类 `FBGDevice`。在这两个子类中，可以分别增加波长属性和温度属性。

通过重写类中的方法，我们可以分别具体化双波长火焰探测器的 `detect()` 方法和光栅感温探测器的 `detect()` 方法，对不同类型的探测器执行不同的检测方法。

我们还可以再定义一个 `Tunnel` 类，在其中定义隧道的属性和方法，例如隧道类型属性、隧道长度属性、隧道养护方法等。

通过多继承，我们可以创建专用于高速公路隧道的双波长火焰探测器 `TunnelDualwaveDevice`，并制定特定的设备检测方法 `detect()`。

通过多态，我们可以在 `FASDevice` 类层面上调用设备检测方法 `detect()`，从而可以实现具体设备的检测操作。

上述例子其实和前面跑步运动例子的概念类似，目的只是换一种业务场景，从另一个角度帮助读者理解相关概念。读者可以自行实现上面的代码。

再说得具体一些，在前面跑者类的 `running()` 方法中，我们用 `print(self.name+"is Running now!")` 来显示执行跑步操作；在火灾监控设备类的 `detect()` 方法中，我们用 `print(self.name+"is Detecting now!")` 来显示检测操作，这是为了使代码简洁、说明基本概念。而在实际工作中，则可以写出针对具体业务的具体操作。

例如，对于双波长火焰探测器的 `detect()` 方法，在其函数体中，可以用具体的代码接收当前可见光及红外光的波长及抖动频率，并进行分析计算，得出火警信息，并发出火警信号。

我们可以不断优化 `detect()` 方法的内容，例如针对隧道具体环境优化火灾判断算法、加入抗基站干扰的代码等。但我们发现，这些具体的细化、优化工作，并不影响我们规划设计的 `FASDevice`、`TunnelDualwaveDevice`、`detect()` 这些概念框架。这便是面向对象编程的优势和价值。

3.9　输入输出

计算机的最简单模型之一为输入-处理-输出（Input-Process-Output，IPO）。前文讲的大部分内容都属于处理工作，这当然也是计算机的主要工作。`print()` 可以认为是输出，即将结果在屏幕上显示出来。

本节简要讲述输入输出的较常用情况——文件的读写。

文件的读写操作本质上是由操作系统进行的。读写文件其实是请求操作系统打开一个文件对象，并由操作系统提供的接口对文件进行读写操作。

以下代码以“读模式”打开一个文件：

```
f = open('d:/demo/test.txt', 'r')
```

`open()` 的第一个参数为文件路径及文件名，第二个参数 `r` 为打开模式，`r` 表示读。

如果 `open()` 打开文件成功，即可调用 `read()` 方法读取文件内容。`read()` 的结果为一个字符串。

注意读取文件内容完毕后，需要调用 `close()` 方法关闭文件，以释放资源。

完整的操作如图 3-64 所示。

```
In [1]:  f = open('d:/demo/test.txt','r')

In [2]:  f.read()
Out[2]: 'Hello, this is a demo file.'

In [3]:  f.close()
```

图 3-64

read()方法会读取全部的文件内容。如果文件很大，我们可以用 read(size)读取规定长度的内容，size 为字节数。

对于文本文件，我们也可以用 readline()一次读取一行，或用 readlines()将文件内容读入一个列表。这对读取配置文件内容等非常实用。

但并不是所有文件都是文本文件，如图片、视频文件等。如果用文本文件的读取方式，可能会导致错误的解析。对于二进制内容的文件，应使用 rb 方式打开。我们读取了一个.jpg 文件的前 32 字节，其结果用十六进制方式表示，如图 3-65 所示。

```
In [1]:  f = open('d:/demo/solo.jpg','rb')

In [2]:  f.read(32)
Out[2]: b'\xff\xd8\xff\xe0\x00\x10JFIF\x00\x01\x01\x
        01\x00\xc0\x00\xc0\x00\x00\xff\xe1\x00:Exif
        \x00\x00MM'

In [3]:  f.close()
```

图 3-65

打开文件时指定 w 模式，即可进行文本写操作，示例如图 3-66 所示。wb 表示可进行二进制文件写操作。如果文件已经存在，写操作会覆盖已有的文件。而 a 模式，则是以追加方式写入。

```
In [1]:  f = open('d:/demo/test.txt','w')

In [2]:  f.write('Hello, I"m writting.')
Out[2]: 20

In [3]:  f.close()
```

图 3-66

在进行读写操作时，对于文本文件，还要注意编码格式，否则可能会出现乱码。

在 Python 中，不仅可以对文件进行读写操作，还可以通过 `StringIO` 和 `BytesIO` 对字符串或字节流进行读写操作。大家可以查阅资料进行了解，此处不赘述。

第 4 章
通过 Jupyter 开启数据科学之路

Jupyter 作为 Python 最方便、实用的交互式开发环境之一，在数据科学、机器学习领域得到了广泛的使用。特别是许多有关数据科学及机器学习的优秀案例与技术资料，都提供了详细的 Jupyter Notebook 文档。

本章简要介绍和数据科学与机器学习相关的 Python 工具，并给出该领域的部分 Jupyter Notebook 资源，帮助读者初步认识数据科学及机器学习。

4.1 数据科学相关工具简介

我们在第 3 章讲到，Python 有大量的第三方库。特别是在数据科学领域，已经形成了第三方库的生态。本节介绍数据科学领域的几个非常基础和实用的工具。

4.1.1 NumPy

NumPy（Numerical Python）是 Python 的一个扩展程序库，目前已经成为 Python 中用于科学计算的基础包。NumPy 提供了高性能的向量、矩阵以及多维数据结构及计算方法。

NumPy 包的核心是 `ndarray` 对象。它封装了与 Python 原生的数据类型相同的 *n* 维数组，其中有许多操作以 C 语言及 Fortran 语言编写并编译来实现，从而提供了极佳的性能。

由于 NumPy 封装了大量的复杂计算方法，因此使代码变得极为简洁、高效。例如，对于两个数组 `a` 和 `b` 的加法操作，如果用 C 语言实现，则需要通过两层循环求和，代码如下：

```
for (i = 0; i < rows; i++){
    for (j = 0; j < columns; J++){
        c[j][j] = a[i][j] + b[i][j];
```

```
    }
}
```

而用 NumPy 实现，只需要写作：

```
c = a + b
```

代码非常简洁、易读，且性能高效。当然，计算机进行 `c = a + b` 的数组求和操作，本质上还是由上述 C 语言的循环方式完成的，只是 NumPy 已经在内部实现了这些复杂的操作，我们只需引用而已。

使用 NumPy 前，首先需要安装和导入 NumPy。本书的读者按前文所述安装 Anaconda，即默认已经安装了 NumPy，只需引用即可。

图 4-1 给出了几个简单的概念与操作，包括 `arange()`、`reshape()`、数组转置等。

```
In [1]:  import numpy as np

In [2]:  # 定义数组 a，并手动给出初始值
         a = np.array([[1, 2, 3],
                       [4, 5, 6],
                       [7, 8, 9],
                       [10,11,12]])
         a   # 显示 a

Out[2]:  array([[ 1,  2,  3],
                [ 4,  5,  6],
                [ 7,  8,  9],
                [10, 11, 12]])

In [3]:  a.ndim  # 数组的维度，即秩，亦即轴数

Out[3]:  2

In [4]:  a.shape  # 数组各维的长度，如4行3列

Out[4]:  (4, 3)

In [5]:  a.size   # 数组中元素的个数

Out[5]:  12

In [6]:  # 通过 arange()初始化数组的值
         b = np.arange(0,12)
         b

Out[6]:  array([ 0,  1,  2,  3,  4,  5,  6,  7,  8,  9, 10, 11])

In [7]:  # 通过 reshape() 组织数组
         b = b.reshape(3,4)
         b

Out[7]:  array([[ 0,  1,  2,  3],
                [ 4,  5,  6,  7],
                [ 8,  9, 10, 11]])

In [8]:  # 数组的行列转置
         c = b.T
         c

Out[8]:  array([[ 0,  4,  8],
                [ 1,  5,  9],
                [ 2,  6, 10],
                [ 3,  7, 11]])
```

图 4-1

数组的标量运算，例如求平方等操作，是对各元素进行操作的。同维度大小的数组求和等操作，是按各对应元素进行操作的。NumPy 还提供了各对应位置元素的乘法操作，表达式为 a*b。

但大家知道，矩阵乘法并不是指对应位置元素相乘，其定义如图 4-2 中的单元格 11 下的注释所示。读者可以想象，如果直接用 C 语言写出矩阵乘法的代码，需要写多少行。但使用 NumPy，只需要写 a @ b 即可。

关于 NumPy 中数组及矩阵的运算举例，如图 4-2 所示。

```
In [9]:  # 各元素求平方
         a ** 2

Out[9]: array([[  1,   4,   9],
               [ 16,  25,  36],
               [ 49,  64,  81],
               [100, 121, 144]], dtype=int32)

In [10]: # 各对应元素相乘
         a * c

Out[10]: array([[  0,   8,  24],
                [  4,  25,  54],
                [ 14,  48,  90],
                [ 30,  77, 132]])

In [11]: # 矩阵乘法
         a @ b

Out[11]: array([[ 32,  38,  44,  50],
                [ 68,  83,  98, 113],
                [104, 128, 152, 176],
                [140, 173, 206, 239]])
```

注：设$\boldsymbol{A}$为$m \times p$的矩阵，$\boldsymbol{B}$为$p \times n$的矩阵，那么称$m \times n$的矩阵$\boldsymbol{C}$为矩阵$\boldsymbol{A}$与$\boldsymbol{B}$的乘积，记作$\boldsymbol{C} = \boldsymbol{AB}$，其中矩阵$\boldsymbol{C}$中的第 i 行第 j 列元素可以表示为：

$$C_{ij} = \sum_{k=1}^{p} a_{ik} b_{kj} = a_{i1} b_{1j} + a_{i2} b_{2j} + \ldots + a_{ip} b_{pj}$$

图 4-2

上述示例代码参见本书配套源代码中的 NumPyDemo.ipynb 文档。

4.1.2 Pandas

Pandas 是 Python 的一个用于数据分析与处理的包。Pandas 提供了灵活、高效、易于表述的关系型及标签化的数据结构，以及高效地操作大型数据集所需的函数与方法。

Pandas 提供了两个重要的数据结构：Series 和 DataFrame。Series 是一维标签化同类型数组。DataFrame 是二维标签化表格型数据结构。图 4-3 中的示例简要展示了 DataFrame 的标签化数据结构特点。

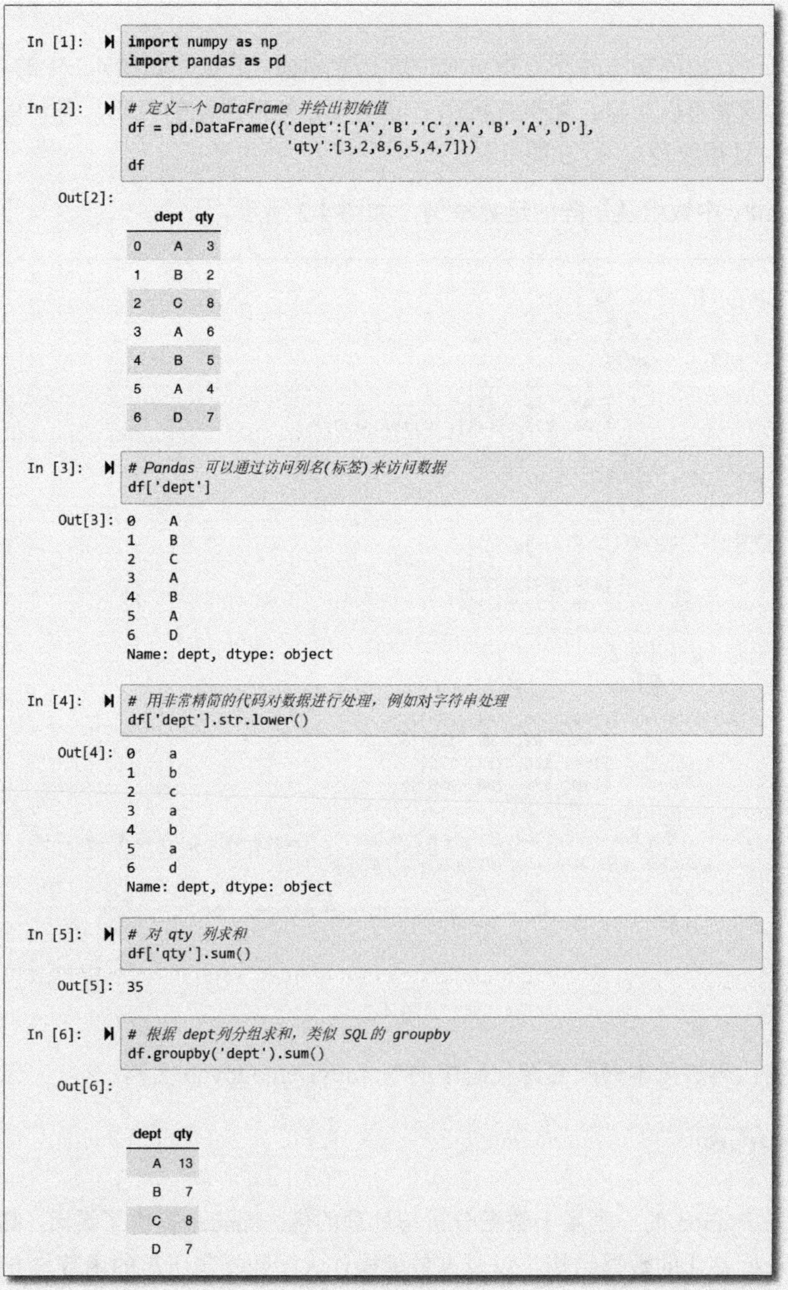

```
In [1]:  import numpy as np
         import pandas as pd

In [2]:  # 定义一个 DataFrame 并给出初始值
         df = pd.DataFrame({'dept':['A','B','C','A','B','A','D'],
                            'qty':[3,2,8,6,5,4,7]})
         df

Out[2]:
```

	dept	qty
0	A	3
1	B	2
2	C	8
3	A	6
4	B	5
5	A	4
6	D	7

```
In [3]:  # Pandas 可以通过访问列名(标签)来访问数据
         df['dept']

Out[3]:  0    A
         1    B
         2    C
         3    A
         4    B
         5    A
         6    D
         Name: dept, dtype: object

In [4]:  # 用非常精简的代码对数据进行处理，例如对字符串处理
         df['dept'].str.lower()

Out[4]:  0    a
         1    b
         2    c
         3    a
         4    b
         5    a
         6    d
         Name: dept, dtype: object

In [5]:  # 对 qty 列求和
         df['qty'].sum()

Out[5]:  35

In [6]:  # 根据 dept列分组求和，类似 SQL的 groupby
         df.groupby('dept').sum()

Out[6]:
```

dept	qty
A	13
B	7
C	8
D	7

图 4-3

从这个示例中可以看到，DataFrame 类似于二维表，列名 dept、qty 即数据的标签（label）。而每一行都有一个索引，从图 4-3 的 Out[2]中可以看到，索引从 0 开始一直到 6。定义 DataFrame 类似于定义字典，DataFrame 的列名（标签）相当于字典的键。有了 Pandas 中的上述数据结构，就可以非常方便、高效地进行数据处理了。

4.1.3 Matplotlib

Matplotlib 是非常方便、实用的用于科学计算的可视化包。Matplotlib 是一个 Python 2D 绘图库，以多种格式和跨平台交互环境生成高质量的图形。

在 Matplotlib 中可以用非常简洁的代码生成直方图、条形图、散点图等。Matplotlib 官网给出了大量的案例，这些案例有助于我们理解和使用 Matplotlib。

图 4-4 演示了 Matplotlib 的简洁性。也就是说，在 import matplotlib 后，对于 4.1.2 节 Pandas 中 DataFrame 的数据，只需单元格 8 中的一行代码即可画出其折线图。

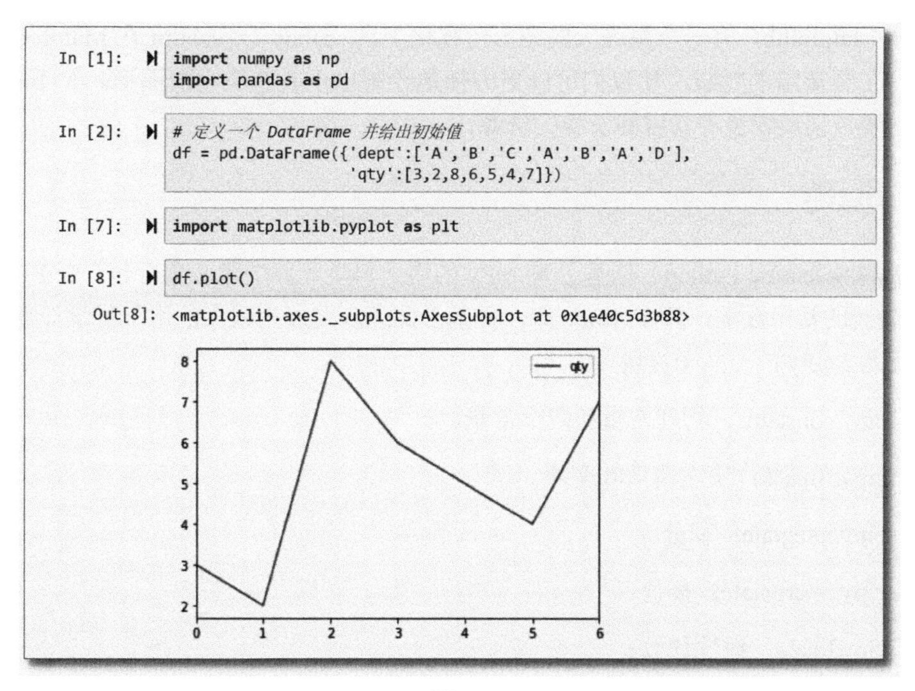

图 4-4

图 4-5 所示为利用 Matplotlib 画出正弦曲线。

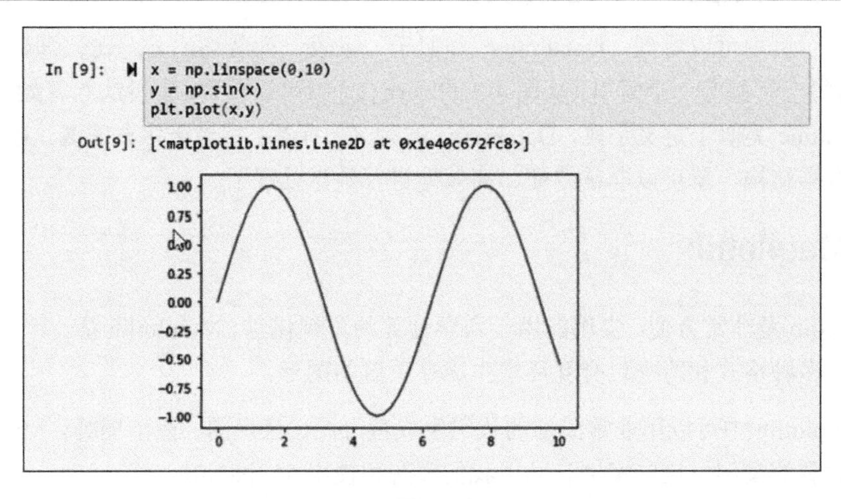

图 4-5

关于 Matplotlib 的更多内容，读者可参考 Matplotlib 官网或相关资源。

基于 Matplotlib，有一个更强大的图形可视化工具 seaborn。seaborn 在 Matplotlib 的基础上进行了更高级的封装，使我们可以更方便地绘制出更具感染力的图形。关于 seaborn 的具体内容，请读者参考其官网及相关资源。

4.1.4　SciPy

SciPy（Scientific Python）是基于 NumPy 的用于科学计算的函数集合包。SciPy 最早是 Python 封装的常用数学计算 Fortran 库，并基于此逐步发展为强大的用于科学计算的工具包。以下是 SciPy 的一些子模块。

- scipy.constants：物理常量和数学常量。
- scipy.fftpack：快速傅里叶变换。
- scipy.integrate：积分。
- scipy.interpolate：插值。
- scipy.linalg：线性代数。
- scipy.ndimage：*n* 维图像包。
- scipy.signal：信号处理。
- scipy.spatial：空间数据结构。

- scipy.stats：统计。

在图 4-6 所示的示例中，我们根据给定的几个点通过插值函数得到一条平滑曲线。

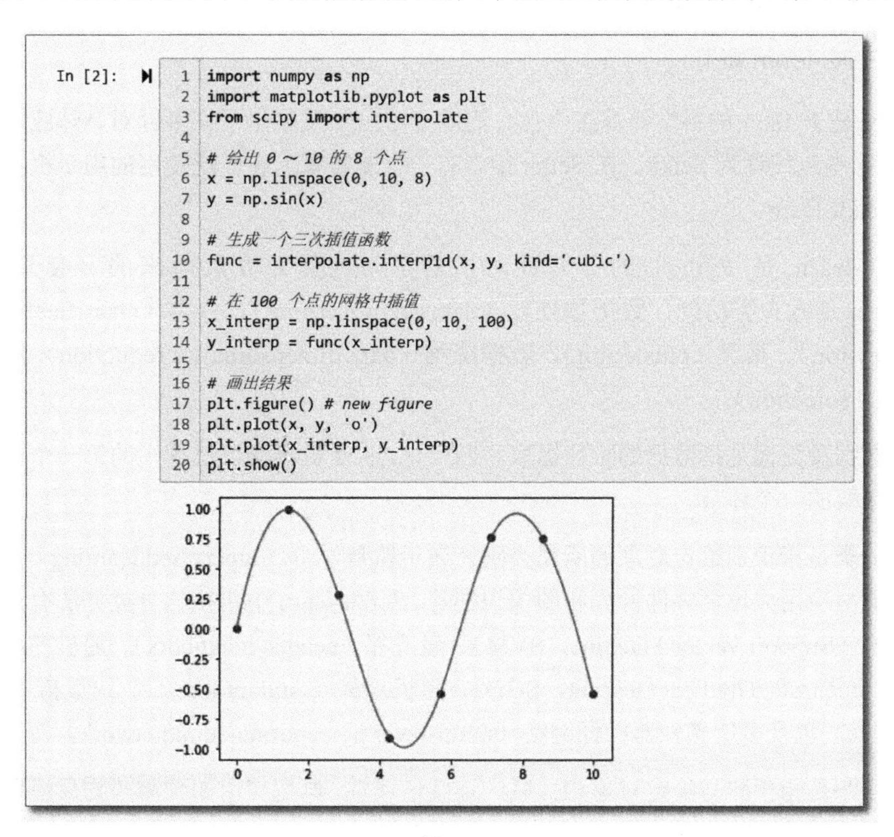

图 4-6

在这个示例中，第 6 行和第 7 行在一条正弦曲线上取 8 个点。第 10 行创建了一个插值函数，其类型为三次插值。第 13 行取出 x 轴上的 100 个点。第 14 行根据第 10 行得到的插值函数，计算这 100 个点的 y 轴坐标。第 17 行和第 18 行画出初始的 8 个点。第 19 行和第 20 行根据插值得到的 100 个点画出曲线。

我们可以看到，scipy.interpolate 封装了插值计算的复杂过程，我们可以方便、简洁地直接调用这些函数。

4.2 了解机器学习

Python 在机器学习领域发挥着重要的作用，本节通过介绍 Scikit-learn，简要讲述机器学习的相关概念及应用。

4.2.1 使用 Scikit-learn

1. Scikit-learn 概览

SciPy 是 Python 的科学计算工具包。而基于 SciPy 发展出了许多针对具体应用领域的工具包，这些包统称为 Scikit。在 Scikit 中，有一个非常有名和广泛使用的用于机器学习的包，即 Scikit-learn。

Scikit-learn 是 Python 的专门针对机器学习应用而发展起来的一套开源库。Scikit-learn 有六大类功能：数据预处理（data preprocessing）、分类（classification）、回归（regression）、聚类（clustering）、数据降维（data dimensionality reduction）和模型选择（model selection）。

- **数据预处理**是指数据的特征提取和归一化，它是机器学习过程中的第一个也是非常重要的一个环节。
- **分类**是指识别给定对象的所属类别，属于监督学习（supervised learning）的范畴。典型应用如垃圾邮件检测和图像识别等。Scikit-learn 中包括的分类算法有支持向量机（Support Vector Machine，SVM）、最近邻（nearest neighbors）、随机梯度下降法（Stochastic Gradient Descent，SGD）、随机森林（random forest）、决策树（decision tree）以及多层感知器神经网络（multi-layer perceptron neural network）等。
- **回归**是指预测与给定对象相关联的连续值属性。典型应用如预测药物反应和预测股票价格等。Scikit-learn 中包括的回归算法有支持向量回归（Support Vector Regression，SVR）、脊回归、LASSO 回归、弹性网络（elastic net）、最小角回归（LARS）、贝叶斯线性回归等。
- **聚类**是指自动识别具有相似属性的给定对象，并将其分组为集合，属于无监督学习（unsupervised learning）的范畴。典型应用如顾客细分和试验结果分组等。Scikit-learn 中包括的聚类算法有 k 均值聚类、谱聚类、均值偏移、分层聚类、DBSCAN 聚类等。
- **数据降维**是指使用相关算法减少要考虑的随机变量的个数。典型应用如可视化处理和效率提升等。Scikit-learn 中包括的数据降维算法有主成分分析（Principal Component Analysis，PCA）、非负矩阵分解（Non-negative Matrix Factorization，NMF）、特征选择等。

- **模型选择**是指对给定参数和模型的比较、验证和选择，其主要目的是通过参数调整来提高精度。目前 Scikit-learn 中实现的模型选择算法有格点搜索、交叉验证和多种针对预测误差评估的度量函数等。

Scikit-learn 官网提供了详尽的文档和样例库，读者在样例库中可以看到每一个样例的说明、运行效果及代码，样例库还提供了样例的 Python 代码文件和 Jupyter Notebook 文件供下载。

2. 机器学习案例常用数据集：鸢尾花数据集

鸢尾花数据集是一个简易、有趣的数据集，这个数据集来源于植物学家 Edgar Anderson 在加拿大加斯帕半岛上研究的 3 个不同的鸢尾花品种，分别叫作 Setosa、Versicolor 和 Virginica。这 3 个品种并不是很好分辨，于是他从花萼（sepal）长度、花萼宽度、花瓣（petal）长度、花瓣宽度这 4 个维度进行测量并将数据用于定量分析。基于这 4 个特征的测量数据构成了一个用于多重变量分析的数据集。著名的统计学家和生物学家 R.A Fisher 于 1936 年发表的文章 *The use of multiple measurements in taxonomic problems* 中涉及了该数据集，用其作为线性判别分析（Linear Discriminant Analysis，LDA）的一个例子，以证明分类的统计方法。后来这个数据集作为案例数据集，被广泛用于统计分析及机器学习领域。

Scikit-learn 中包括了该数据集，并将其用作许多算法的案例数据。

鸢尾花数据集共收集了 Setosa、Versicolor 和 Virginica 这 3 类鸢尾花的数据，对每一类鸢尾花收集了 50 条样本记录，共计 150 条。数据集包括 4 个属性，分别为花萼长度、花萼宽度、花瓣长度和花瓣宽度。

导入和显示鸢尾花数据集的代码如图 4-7 所示。

从图 4-7 所示的代码中可以看到，`iris.data` 中包括 150 行数据，数据有 4 列，分别是花萼长度、花萼宽度、花瓣长度和花瓣宽度。`iris.target` 中是这 150 行数据对应的花的品种，分别用 `0`、`1` 和 `2` 表示。`iris.target_names` 中是这 3 类花的名字，包括 `setosa`、`versicolor` 和 `virginica`。

我们可以通过多个维度来观察这些数据。例如，图 4-8 中的代码绘出了基于鸢尾花的花萼长度及花萼宽度的散点图。

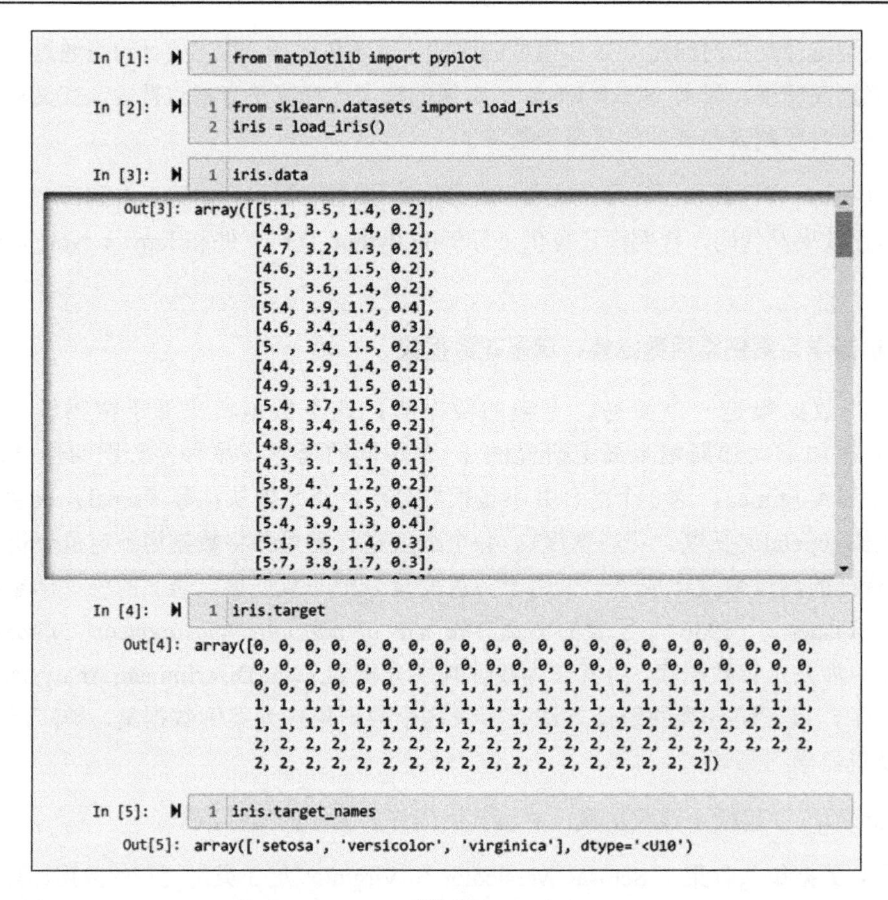
```
In [1]:  1 from matplotlib import pyplot

In [2]:  1 from sklearn.datasets import load_iris
         2 iris = load_iris()

In [3]:  1 iris.data

Out[3]: array([[5.1, 3.5, 1.4, 0.2],
               [4.9, 3. , 1.4, 0.2],
               [4.7, 3.2, 1.3, 0.2],
               [4.6, 3.1, 1.5, 0.2],
               [5. , 3.6, 1.4, 0.2],
               [5.4, 3.9, 1.7, 0.4],
               [4.6, 3.4, 1.4, 0.3],
               [5. , 3.4, 1.5, 0.2],
               [4.4, 2.9, 1.4, 0.2],
               [4.9, 3.1, 1.5, 0.1],
               [5.4, 3.7, 1.5, 0.2],
               [4.8, 3.4, 1.6, 0.2],
               [4.8, 3. , 1.4, 0.1],
               [4.3, 3. , 1.1, 0.1],
               [5.8, 4. , 1.2, 0.2],
               [5.7, 4.4, 1.5, 0.4],
               [5.4, 3.9, 1.3, 0.4],
               [5.1, 3.5, 1.4, 0.3],
               [5.7, 3.8, 1.7, 0.3],

In [4]:  1 iris.target

Out[4]: array([0, 0, 0, 0, 0, 0, 0, 0, 0, 0, 0, 0, 0, 0, 0, 0, 0, 0, 0, 0,
               0, 0, 0, 0, 0, 0, 0, 0, 0, 0, 0, 0, 0, 0, 0, 0, 0, 0, 0, 0,
               0, 0, 0, 0, 0, 0, 1, 1, 1, 1, 1, 1, 1, 1, 1, 1, 1, 1, 1, 1, 1,
               1, 1, 1, 1, 1, 1, 1, 1, 1, 1, 1, 1, 1, 1, 1, 1, 1, 1, 1, 1,
               1, 1, 1, 1, 1, 1, 1, 1, 1, 1, 1, 1, 2, 2, 2, 2, 2, 2, 2, 2, 2,
               2, 2, 2, 2, 2, 2, 2, 2, 2, 2, 2, 2, 2, 2, 2, 2, 2, 2, 2, 2,
               2, 2, 2, 2, 2, 2, 2, 2, 2, 2, 2, 2, 2, 2, 2, 2, 2])

In [5]:  1 iris.target_names

Out[5]: array(['setosa', 'versicolor', 'virginica'], dtype='<U10')
```

图 4-7

通过图 4-8 所示的散点图可以看到，花萼较宽较短胖的是 Setosa，花萼较窄较长瘦的是 Virginica，花萼又窄又短小的是 Versicolor。

以上代码展示的是数据集中每一朵鸢尾花的真实数据和品种，我们人眼也可以根据这些数据及其品种得到有关其分类的直观判断信息。

但大家需要注意的是，上面显示的这些数据及其品种分类信息，以及这些代码和运行代码生成的散点图，与人工智能及机器学习并没有什么关系。

我们现在的问题是，不告诉计算机这些数据如何分类，让它自己分出类来。这便是我们用鸢尾花数据集来研究和演示机器学习的目的。

3．鸢尾花 *k* 均值聚类算法案例

Scikit-learn 中提供了大量的机器学习算法。下面我们以 *k* 均值聚类算法进行简单演示。

```
In [6]:  1 # 读取前 50 行，即 Setosa 品种数据的第 0 列及第 1 列，即花萼长度和宽度数据
          2 setosa_sepal_len = iris.data[:50, 0]
          3 setosa_sepal_width = iris.data[:50, 1]
          4
          5 # 读取第 51 行到第 100 行，即 Versicolor 品种的花萼长度和宽度数据
          6 versi_sepal_len = iris.data[50:100, 0]
          7 versi_sepal_width = iris.data[50:100, 1]
          8
          9 # 读取后 50 行，即 Virginica 品种的花萼长度和宽度数据
         10 virgi_sepal_len = iris.data[100:, 0]
         11 virgi_sepal_width = iris.data[100:, 1]
         12
         13 # 以花萼长度及宽度为坐标，用不同符号和颜色画出散点图
         14 pyplot.scatter(setosa_sepal_len, setosa_sepal_width,
         15                marker = '*', c = 'b', label = 'Setosa')
         16 pyplot.scatter(versi_sepal_len, versi_sepal_width,
         17                marker = '+', c = 'r', label = 'Versicolor')
         18 pyplot.scatter(virgi_sepal_len, virgi_sepal_width,
         19                marker = 'o', c = 'g', label = 'Virginica')
         20 pyplot.xlabel("Sepal Length cm")
         21 pyplot.ylabel("Sepal Width cm")
         22 pyplot.title("Iris Sepal Length and Width Scatter")
         23 pyplot.legend(loc = "upper right")

Out[6]: <matplotlib.legend.Legend at 0x1e2ff59b388>
```

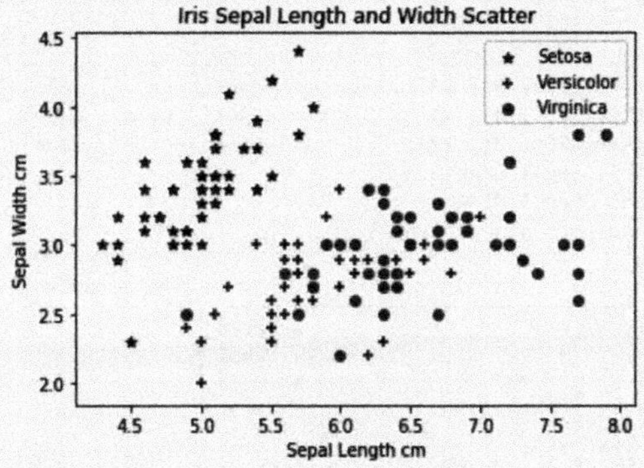

Iris Sepal Length and Width Scatter

Setosa
Versicolor
Virginica

Sepal Width cm
4.5 4.0 3.5 3.0 2.5 2.0

Sepal Length cm
4.5 5.0 5.5 6.0 6.5 7.0 7.5 8.0

图 4-8

k 均值聚类算法是一种聚类算法。聚类是指把相似的事物分到一组。

注意，聚类与分类是不同的算法。分类算法需要告诉分类器（classifier）一些已经分好类的数据，即训练集。分类器会从训练集中“学习”，从而具备对未知数据进行分类的能力。这种提供训练数据的过程叫作监督学习。

而聚类算法并不关心某一类是什么，只是把相似的事物聚到一起，也就是说，聚类算法只需要指定如何计算相似度即可，而不需要训练数据，所以聚类属于无监督学习。

k 均值聚类算法是一种经典的聚类算法，它的大致思路是：将数据映射到欧氏空间，并给定分类数，如分 3 个聚类簇（cluster）；然后做出如下假设，即每一类有一个中心点，

这一类的绝大多数点到中心点的距离应该小于它到其他中心点的距离。基于这个思路我们先给出初步的中心点，然后将每个数据归类到离它最近的那个中心点所代表的聚类簇中，并根据归类重新计算中心点，重复上述步骤，直到达到指定的迭代次数或者聚类函数值小于指定阈值为止。

我们可以用 Python 代码实现上述思路。但事实上，Scikit-learn 库已经帮我们实现了上述 *k* 均值聚类算法，并不需要我们自己去写这些代码，直接调用即可，如图 4-9 所示。

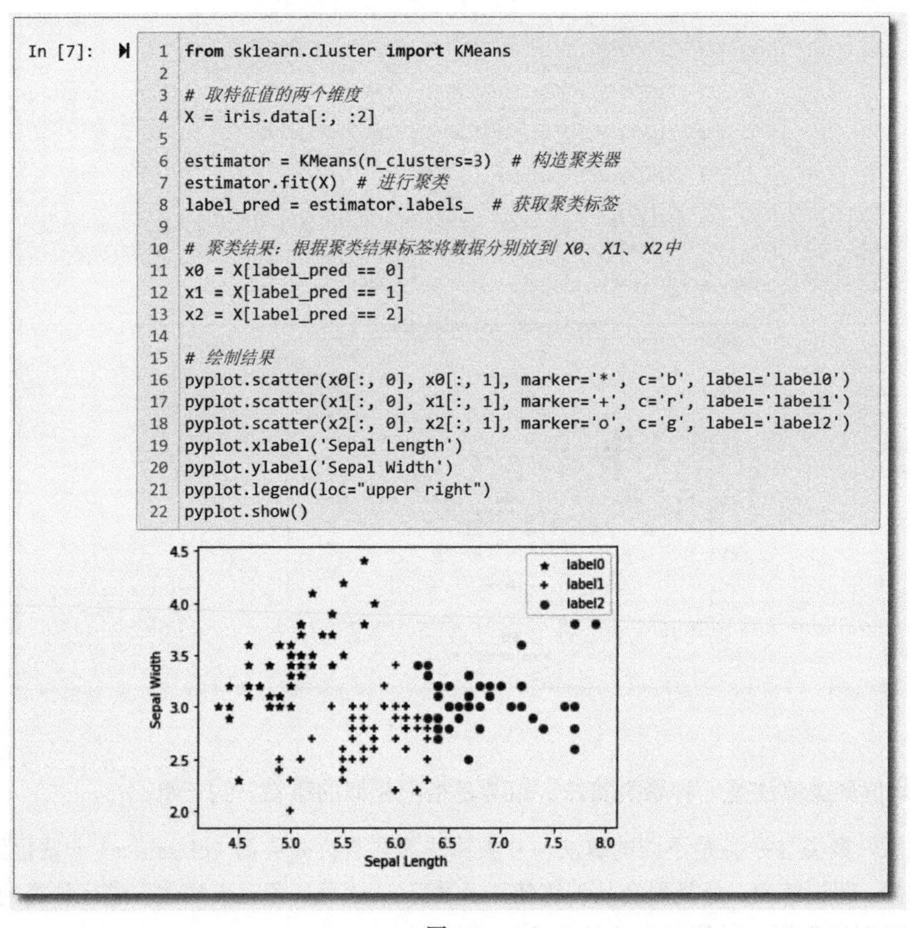

图 4-9

在图 4-9 中，第 1 行引入 *k* 均值聚类算法。第 4 行获取鸢尾花数据集中的特征值的两个维度，即花萼宽度和花萼长度，放入 `X` 中。第 6～8 行使用 Scikit-learn 中的 *k* 均值聚类算法构造聚类器、进行聚类并获取聚类标签。第 11～13 行根据聚类结果标签将数据分别放入 `x0`、`x1`、`x2` 中。第 16～22 行用散点图显示聚类结果。

我们可以看到，*k* 均值聚类算法成功地将 150 行鸢尾花数据分成了 3 类。将此聚类结果散点图与图 4-8 中的散点图进行对比，可以看到本次聚类有很高的准确率。

注意，在实现 *k* 均值聚类算法的整个过程中，我们并没有提供 `iris.target` 数据，仅告知其分为 3 类，即算法并不知道数据分类，而是通过聚类函数自行实现了聚类，所以 *k* 均值聚类算法属于无监督学习。

4．鸢尾花 *k* 近邻分类算法案例

为了使读者对机器学习和 Scikit-learn 有更清晰的认识，不以偏概全，我们再给出一个分类算法的案例。

k 近邻（K-Nearest Neighbor，KNN）分类算法，是一种监督学习的分类算法。该算法的思路是：在特征空间中，如果一个样本附近的 *k* 个最近（特征空间中最邻近）样本中的大多数属于某一个类别，则该样本也属于这个类别。其实现方式是给定一个训练数据集，对新的输入实例，在训练数据集中找到与该实例最邻近的 *k* 个实例，若这 *k* 个实例中的多数属于某个类，就把该输入实例分到这个类中。

图 4-10 中的代码简要演示了使用 Scikit-learn 中的 KNN 分类算法进行预测的过程。我们依然使用此前导入的鸢尾花数据集。KNN 分类算法属于监督学习，需要有训练数据集。Scikit-learn 中的 `model_selection` 模块中专门提供了一个方法 `train_test_split()` 用于对数据进行分割，可将数据集中的一部分作为训练数据集，另一部分作为测试数据集。

代码第 7 行和第 8 行（实际为一行，为便于截图进行了换行，Python 用“\”表示换行）用于分割鸢尾花数据集。将鸢尾花数据 `iris.data` 和每一行花所对应的品种数据 `iris.target` 按 30%分割为测试数据集和训练数据集，即 `X_train` 中是从 `iris.data` 数据集中随机选取的 70%的数据，将用于训练，`X_test` 中是剩余的用于测试的数据；而 `y_train` 是 `iris.target` 中对应的 70%的品种数据，将用于训练，`y_test` 中是其余的用于测试的数据。第 9 行选择 KNN 分类算法，定义分类器 `knn`。本例中我们设置邻居数 `n_neighbors` 为 2，大家也可以改变邻居数 `K` 进行测试。第 10 行使用训练数据集进行训练。第 11 行使用训练后的分类器 `knn` 对测试数据集进行预测。第 17～19 行对分割出来的 30%的测试数据集逐行显示预测结果及真实值，即使用训练后的分类器 `knn` 预测出的该行鸢尾花的品种，以及其真实的品种。第 20 行在结果最后显示总体准确率。

上述示例代码参见本书配套源代码中的 IrisScikitlearnDemo.ipynb 文档。

```
In [8]:
1  from sklearn.model_selection import train_test_split
2  from sklearn.neighbors import KNeighborsClassifier
3  import joblib
4
5  def IrisTrain():
6      #分割训练数据集和测集数据集
7      X_train,X_test,y_train,y_test = \
8         train_test_split(iris.data,iris.target,test_size=0.3)
9      knn = KNeighborsClassifier(n_neighbors=2)  # 选择 KNN分类算法
10     knn.fit(X_train, y_train)  # 进行训练
11     iris_predict = knn.predict(X_test)  # 进行预测
12     return iris_predict, X_test, y_test, knn
13
14 if __name__ == '__main__':
15     iris_predict, iris_Xtest, iris_ytest, knn = IrisTrain()
16     lables = ['Setosa', 'Versicolor', 'Virginica']
17     for i in range(len(iris_predict)):
18         print("Test %s: Predict: %s, Real: %s" %
19             ((i + 1), lables[iris_ytest[i]], lables[iris_predict[i]]))
20     print("Precision:{:.2%}".format(knn.score(iris_Xtest, iris_ytest)))
21     joblib.dump(knn, r"knn_mkdel.pkl")  #保存模型
22

Test 28: Predict: Setosa, Real: Setosa
Test 29: Predict: Virginica, Real: Virginica
Test 30: Predict: Setosa, Real: Setosa
Test 31: Predict: Versicolor, Real: Versicolor
Test 32: Predict: Versicolor, Real: Versicolor
Test 33: Predict: Versicolor, Real: Versicolor
Test 34: Predict: Versicolor, Real: Versicolor
Test 35: Predict: Versicolor, Real: Versicolor
Test 36: Predict: Setosa, Real: Setosa
Test 37: Predict: Versicolor, Real: Versicolor
Test 38: Predict: Setosa, Real: Setosa
Test 39: Predict: Virginica, Real: Versicolor
Test 40: Predict: Versicolor, Real: Versicolor
Test 41: Predict: Setosa, Real: Setosa
Test 42: Predict: Virginica, Real: Virginica
Test 43: Predict: Virginica, Real: Virginica
Test 44: Predict: Versicolor, Real: Virginica
Test 45: Predict: Versicolor, Real: Versicolor
Precision:95.56%
```

图 4-10

4.2.2 其他机器学习工具

上文我们基于此前学习的 Python 知识，使用 Jupyter Notebook 演示了利用 Scikit-learn 中的算法对鸢尾花数据集进行机器学习的案例。

但是 Scikit-learn 对深度学习的支持有限，且由于没有很好地支持图形处理器（Graphics Processing Unit，GPU）加速，所以不太适合使用多层感知器神经网络处理大规模问题。而 Keras、Theano、TensorFlow 等则是深度神经网络方面的框架和工具。

Keras 是用 Python 编写的高级神经网络 API，它能够以 TensorFlow、CNTK 或者 Theano 作为后端运行。Keras 的开发重点是支持快速实验，它能够以最小的时延把你的想法转换为实验结果，这是做好研究的关键。

Theano 是 Python 深度学习中的关键基础库,可以在 CPU 或 GPU 上进行快速数值计算。我们可以用它来创建深度学习模型。

TensorFlow 是谷歌开发的一个构建和部署机器学习模型的端到端平台。作为一个核心开源库，它可以帮助我们开发和训练机器学习模型。TensorFlow 拥有一个全面而灵活的生态系统，其中包含各种工具、库和社区资源，可助力研究人员推动先进机器学习技术的发展，并使开发者能够轻松地构建和部署由机器学习模型提供支持的各种应用，例如计算机视觉、语音识别、自然语言处理等。

对于机器学习和人工智能方面更进一步的知识，已超出本书范畴，将不再介绍。希望读者能够基于本书介绍的基础知识，开启机器学习及人工智能之门。

第 5 章
Jupyter Notebook 高级应用

在前文中，我们介绍了 Jupyter Notebook 的基本应用，即按默认步骤安装的 Jupyter Notebook 的标准功能。我们掌握了 Jupyter Notebook 的概念及使用方法，并以 Jupyter Notebook 为工具，学习了 Python 的基本知识，还初步领略了机器学习的概念与算法。

本章我们回归 Jupyter Notebook 本身，讲述 Jupyter Notebook 的高级应用，内容包括 Jupyter 扩展、Widget 控件、Magic 命令以及 Nbconvert 相关概念，使读者可以定制和深入使用 Jupyter Notebook，充分发挥 Jupyter Notebook 的功能。

5.1 Jupyter 扩展

Jupyter Notebook 为我们提供了很好的交互式开发环境，这使其成为数据科学工作者最方便使用的工具之一。除了优秀的原生环境，Jupyter Notebook 还支持各种各样的插件扩展，为我们提供了多种扩展功能。

本节介绍 Jupyter 扩展包的安装，并简要介绍常用的扩展功能。

5.1.1 安装 Jupyter Notebook 扩展包

Jupyter 提供了很好的扩展性，开发人员可以根据需要创建特定的扩展包，为 Jupyter Notebook 增加或改进特定功能。当然，本书的读者以及绝大多数 Jupyter Notebook 的使用者，无须开发也可以通过安装扩展包，来更方便地使用 Jupyter Notebook。

jupyter_contrib_nbextensions 是 Jupyter Notebook 最主要的扩展包之一，它是社区贡献的非官方的 Jupyter Notebook 扩展功能的集合。该扩展包提供了大量实用的功能，如代码折叠、单元格冻结、草稿板、目录结构、打印预览、代码字号、拼写检查等。

我们可以通过如下 3 个步骤安装 jupyter_contrib_nbextensions 扩展包：首先安装其 pip 包，然后安装其 JavaScript 和层叠样式表（Cascading Style Sheets，CSS）文件，最后启用相应的扩展功能。

具体安装过程如下。

（1）单击开始菜单→**Anaconda3(64-bit)**→**Anaconda Prompt(Anaconda3)**，打开命令提示符窗口。在命令提示符窗口输入`pip install jupyter_contrib_nbextensions`，开始从 PyPI 下载 jupyter_contrib_nbextensions 包并进行安装，如图 5-1 所示。

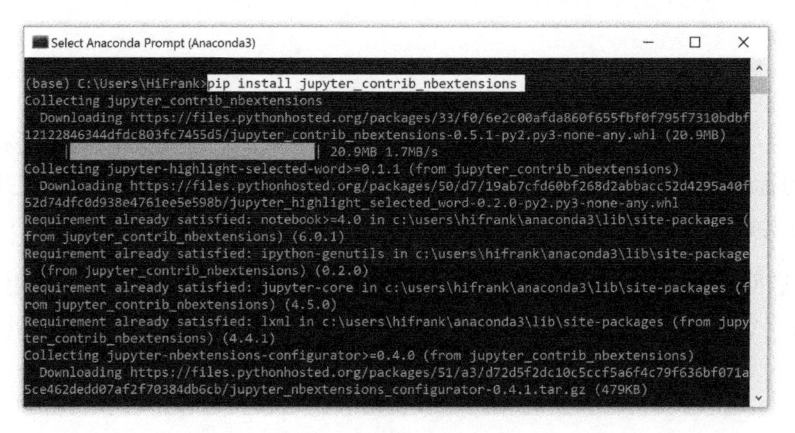

图 5-1

（2）上述包下载、安装完成后，在命令提示符窗口输入`jupyter contrib nbextension install --user`。此步骤将 nbextensions 扩展包的 JavaScript 和 CSS 文件等复制到本机 Notebook 服务器的目录中，并修改相关配置文件，如图 5-2 所示。

```
Select Anaconda Prompt (Anaconda3)
(base) C:\Users\HiFrank>jupyter contrib nbextension install --user
[I 05:17:09 InstallContribNbextensionsApp] jupyter contrib nbextension install --user
[I 05:17:09 InstallContribNbextensionsApp] Installing jupyter_contrib_nbextensions nbextension
 files to jupyter data directory
[I 05:17:09 InstallContribNbextensionsApp] Installing c:\users\hifrank\anaconda3\lib\site-pack
ages\jupyter_contrib_nbextensions\nbextensions\addbefore -> addbefore
[I 05:17:09 InstallContribNbextensionsApp] Making directory: C:\Users\HiFrank\AppData\Roaming\
jupyter\nbextensions\addbefore\
[I 05:17:09 InstallContribNbextensionsApp] Copying: c:\users\hifrank\anaconda3\lib\site-packag
es\jupyter_contrib_nbextensions\nbextensions\addbefore\addbefore.yaml -> C:\Users\HiFrank\AppD
ata\Roaming\jupyter\nbextensions\addbefore\addbefore.yaml
[I 05:17:09 InstallContribNbextensionsApp] Copying: c:\users\hifrank\anaconda3\lib\site-packag
es\jupyter_contrib_nbextensions\nbextensions\addbefore\icon.png -> C:\Users\HiFrank\AppData\Ro
aming\jupyter\nbextensions\addbefore\icon.png
[I 05:17:09 InstallContribNbextensionsApp] Copying: c:\users\hifrank\anaconda3\lib\site-packag
es\jupyter_contrib_nbextensions\nbextensions\addbefore\main.js -> C:\Users\HiFrank\AppData\Roa
ming\jupyter\nbextensions\addbefore\main.js
[I 05:17:09 InstallContribNbextensionsApp] Copying: c:\users\hifrank\anaconda3\lib\site-packag
es\jupyter_contrib_nbextensions\nbextensions\addbefore\readme.md -> C:\Users\HiFrank\AppData\R
```

图 5-2

（3）上述步骤完成后，打开 Jupyter Notebook 仪表板，或刷新已打开的 Jupyter Notebook 仪表板，可以看到增加了一个 **Nbextensions** 页，如图 5-3 所示。

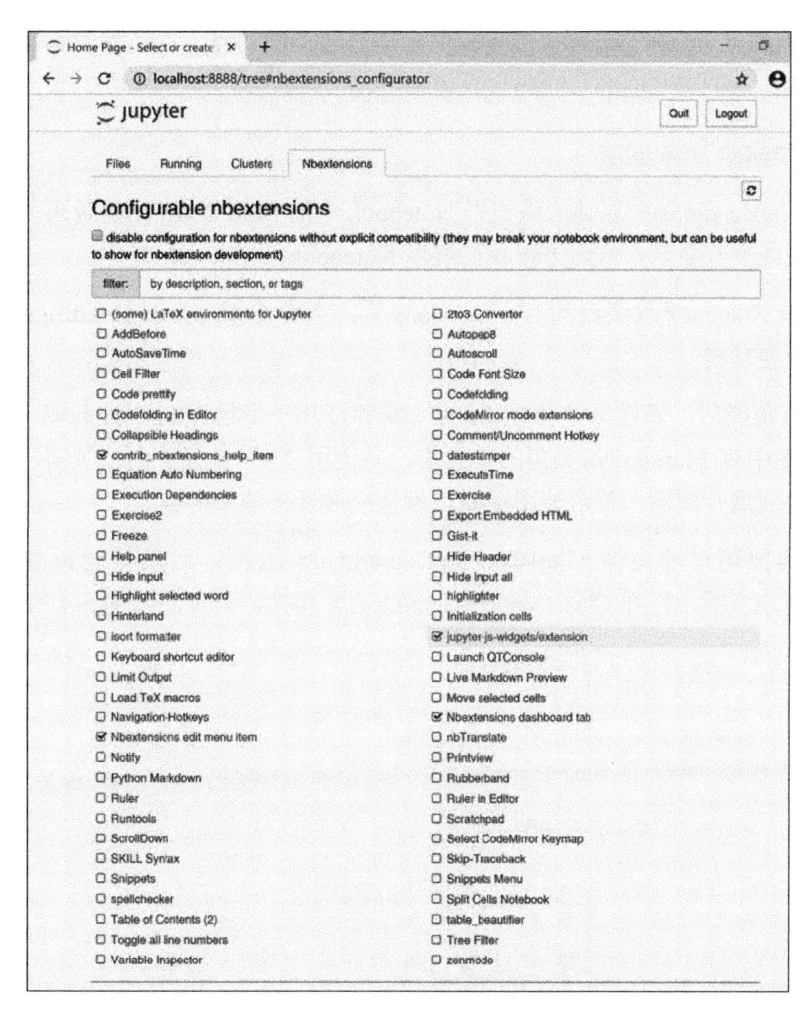

图 5-3

通过上述步骤，我们完成了 Jupyter Notebook 扩展包的安装。从图 5-3 中可以看到，jupyter_contrib_nbextensions 扩展包为我们提供了大量的扩展功能。

选中某项扩展功能前的复选框，即可启用该扩展功能。

单击任意一个扩展功能，在该页面下方会展示该扩展功能的简介、配置选项以及说明文档等。在 5.1.2 节中我们将以 Collapsible Headings 扩展功能为例，对如何使用和配置扩展功能进行较详细的演示和讲解。

5.1.2 常用 Jupyter Notebook 的扩展功能

jupyter_contrib_nbextensions 扩展包提供了丰富的扩展功能，本节我们简要介绍几个常用的扩展功能。

1. Collapsible Headings

Collapsible Headings 扩展功能将根据 Notebook 中的 Markdown 标题级别，对 Notebook 内容进行折叠或展开显示，从而方便我们展示 Notebook。

在 Jupyter Notebook 仪表板的 Nbextensions 页，选中 **Collapsible Headings** 复选框，即可启用标题折叠功能。

在启用该功能后，新建一个 Notebook，或者打开一个已有的 Notebook 文件，若该 Notebook 文件中有 Markdown 类型的单元格，并使用“#”设置了标题级别，则在各标题前会显示折叠或展开图标。单击该图标即可折叠或展开该部分内容。

我们以此前用过的文件 ClassConceptDemo.ipynb 为例，启用标题折叠 Collapsible Headings 扩展功能后，打开 ClassConceptDemo.ipynb 文件，其页面如图 5-4 所示。

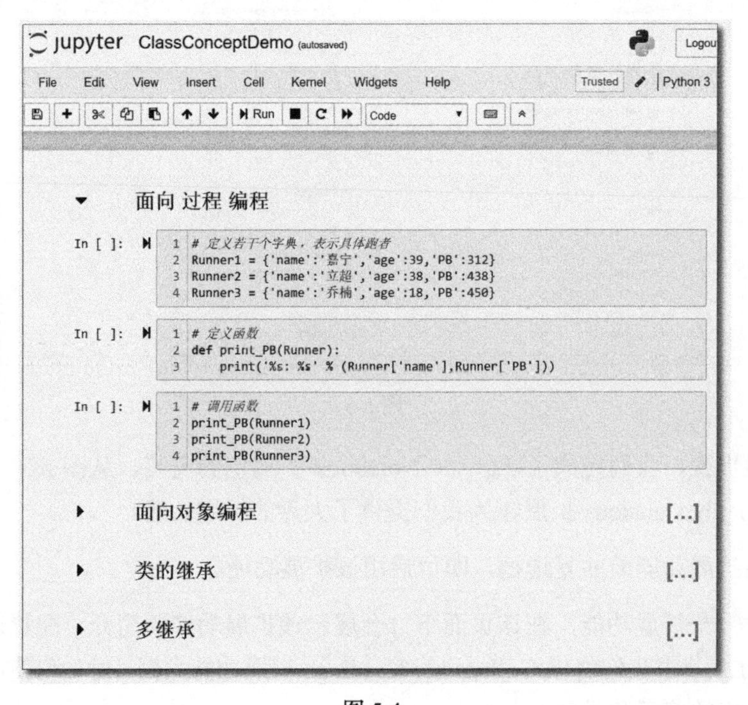

图 5-4

在该页面中可以看到，在用 Markdown 写的“面向过程编程”“面向对象编程”等标题前面，增加了一个图标 ▾ 或 ▸，可用于折叠或展开该标题下的内容。对于已折叠的内容，标题右侧会显示图标 [...] 以进行提示。

另外，在 Notebook 页面上方的工具栏中，最右侧增加了一个工具按钮图标，单击此图标也可以折叠或展开标题。

折叠或展开图标的显示方式、工具栏中是否显示该工具按钮图标等都可以在 Jupyter Notebook 仪表板的 **Nbextensions** 页中进行设置。

我们回到 Jupyter Notebook 仪表板的 **Nbextensions** 页。如图 5-5 所示，选中 Collapsible Headings 功能后，该页面下方有许多可用于进行设置的选项。

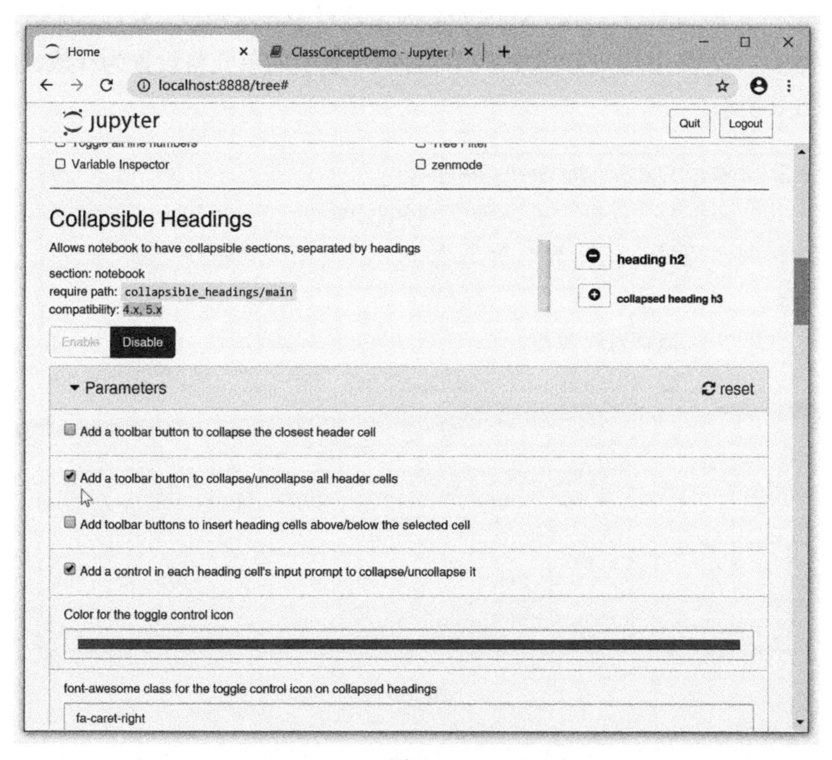

图 5-5

在工具栏中显示了工具按钮图标，正是因为我们选中了 **Parameters** 下的 Add a toolbar button to collapse/uncollapse all header cells 设置项。

另外，我们也可以设置折叠或展开图标的颜色、折叠或展开的快捷键等。读者可以自行测试。

本例中，我们以 Collapsible Headings 功能为例，较详细地介绍了如何启用扩展功能、如何在一个 Notebook 中使用扩展功能，以及如何设置扩展功能选项等内容，接下来我们将侧重于功能特点，简述一些较实用的扩展功能。

2. Codefolding

Codefolding 可提供代码折叠功能。也就是说，对于 Code 类型的单元格中的代码，可以提供代码折叠或展开功能。这是最基本和常用的功能之一，请读者自行设置。

3. Freeze

Freeze 扩展功能可以将单元格设置为只读模式或冻结模式。

启用 Freeze 扩展功能后，将在 Notebook 的工具栏中显示释放、只读、冻结 3 个工具按钮图标 、 、 ✱ ，使用这些工具按钮图标可以将选中的单元格设置为释放、只读或冻结模式，如图 5-6 所示。

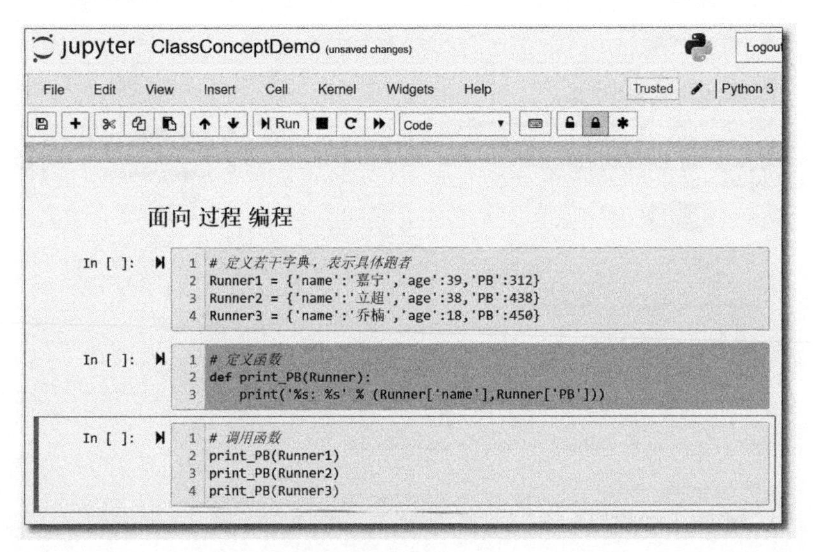

图 5-6

只读模式下的单元格不可编辑但可以执行代码，冻结模式下的单元格不可编辑且不可执行代码。这些设置对于编辑大篇幅的 Notebook 非常实用。

4. Hide Header

该扩展功能将启用快捷键 **Ctrl+H**，一键隐藏 Notebook 页面上部的横幅、菜单栏和工具栏，使页面变得更加清爽。

如果你用的是 Chrome 浏览器，该功能的默认快捷键 **Ctrl+H** 可能和浏览历史记录的快捷键冲突。我们可以在 **Nbextensions** 页中改变其快捷键，例如，我们可以将 Hide Header 扩展功能的快捷键改为 **Ctrl+Shift+H**。

5. Highlight selected word

这是对软件开发人员特别实用的扩展功能。该扩展功能将启用 CodeMirror 高亮匹配功能。选中一个变量名，则该 Notebook 中所有匹配的变量名都将高亮显示。

6. Hinterland

该扩展功能将启用代码自动补全功能。

7. nbTranslate

该扩展功能可以将 Notebook 的内容翻译为另一门语言，其支持几乎所有的语言，包括汉语等。

8. Scratchpad

该扩展功能提供了一个草稿板，以便我们在编写代码的过程中进行测试操作。

启用该扩展功能后，将在 Notebook 页面右下角显示一个图标，单击该图标可以打开草稿板，如图 5-7 所示。

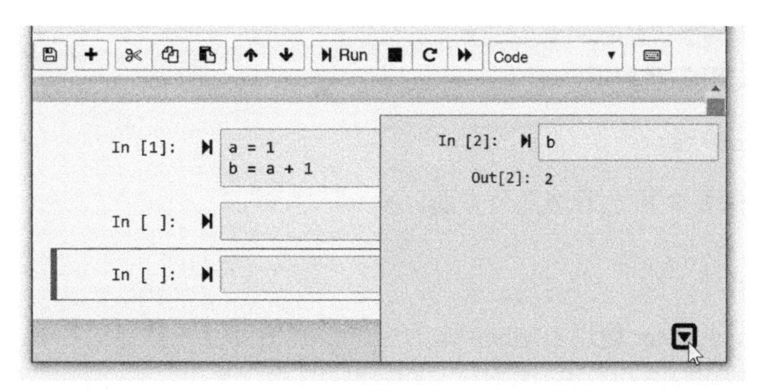

图 5-7

9. Table of Contents

该扩展功能将在 Notebook 中增加一个目录窗口，该窗口根据 Notebook 中的 Markdown 标题层次显示本 Notebook 的目录，如图 5-8 所示。目录窗口可以放置在页面左侧，也可以被拖动到页面任意位置。

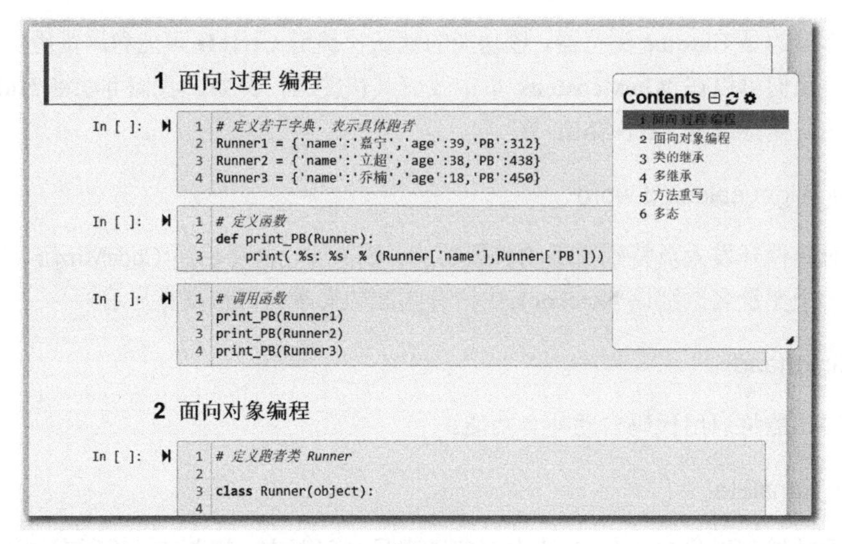

图 5-8

5.1.3 理解 Jupyter Notebook 扩展

Jupyter 提供了很好的扩展性，我们可以从多方面对 Jupyter 进行扩展。对 Jupyter 进行扩展主要包括如下几个方面：

- 内核；
- IPython 内核扩展；
- Notebook 服务器扩展；
- Notebook 扩展。

接下来我们简要介绍一下这几个方面。

1．内核

默认情况下，Jupyter 使用 IPython 作为内核，我们可以在其中运行 Python 代码。

Jupyter 的内核扩展性使我们可以安装其他语言的内核，从而在 Jupyter Notebook 中编写和运行其他语言的代码。关于对其他语言的支持，我们将在 6.4 节中讲述。

2．IPython 内核扩展

对于 Jupyter 默认的 IPython 内核，可以通过安装特定的 Python 模块来修改交互环境及功能。例如定义变量、修改用户命名空间、注册新的 Magic 命令等，从而为 Notebook 的

Code 类型的单元格提供更多的功能。

关于 Magic 命令的概念及使用，我们将在 5.3 节中讲述。

3. Notebook 服务器扩展

我们知道 Jupyter 是一个基于 Web 的交互式开发环境。Notebook 服务器扩展是对 Jupyter Notebook 服务器的功能扩展，是在 Jupyter Notebook 的 Web Server 应用程序加载时启动的 Python 模块。通过 Notebook 服务器扩展，可以改变 Notebook 服务器的配置及行为，也可以提供更多的功能。

4. Notebook 扩展

Notebook 扩展是对 Notebook 的功能扩展，用于扩展和增强 Notebook 的功能。我们在 5.1.2 节讲的扩展，都属于 Notebook 扩展。下面稍做详细讨论。

每一个 Notebook 扩展一般都存放在特定的文件夹中，包括如下几个文件。

- JavaScript 文件，用于在 Notebook 中实现其扩展功能。
- Yaml 文件，为服务器扩展 jupyter_nbextensions_configurator 提供相关信息。
- CSS 文件，由 JavaScript 加载的 CSS 文件。
- readme.md 文件，该扩展的说明文件。我们在 Jupyter Notebook 仪表板的 **Nbextensions** 页选中某扩展功能后，页面下方显示的内容即此 readme.md 文件的内容。

以扩展功能 Collapsible Headings 为例，Jupyter Notebook 扩展的文件结构如图 5-9 所示。

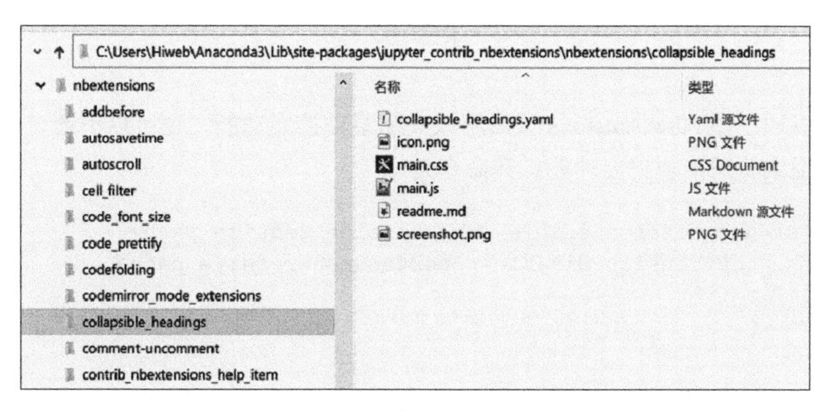

图 5-9

我们此前安装的 jupyter_contrib_nbextensions 扩展包，在完成安装过程后，在 Jupyter Notebook 仪表板中增加了一个 **Nbextensions** 页，该页面及其功能本身就是一个 Notebook 服务器扩展，名为 Jupyter Nbextensions Configurator。也就是说，这是一个 Notebook 服务器端扩展，名为 Nbextensions 配置器，作用是为 Jupyter Notebook 扩展提供图形化的配置界面。

我们在 jupyter_contrib_nbextensions 安装过程的第 2 步中可以看到，有一项操作是 `Enabling: jupyter_ nbextensions_configurator`，就是在启用 Nbextensions 配置器，如图 5-10 所示。

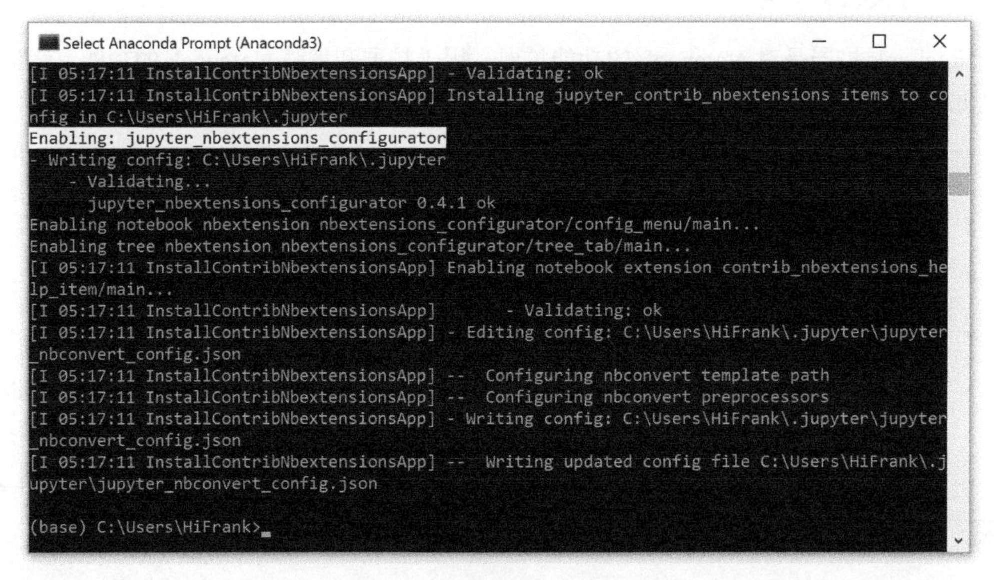

图 5-10

我们可以通过该 **Nbextensions** 页启用或关闭某项扩展功能，也可以不通过此页面，而通过命令启用或关闭某项扩展功能。其命令为

```
> jupyter nbextension enable <nbextension require path>
> jupyter nbextension disable <nbextension require path>
```

例如：

```
> jupyter nbextension enable codefolding/main
```

大家可以尝试在 Jupyter Notebook 仪表板的 Nbextensions 页取消选中 **Nbextensions dashboard tab** 扩展功能的复选框，这将关闭 Jupyter Notebook 仪表板的 **Nbextensions** 页。

我们可以通过命令 `jupyter nbextensions_configurator enable --user` 再次启用该页面，如图 5-11 所示。

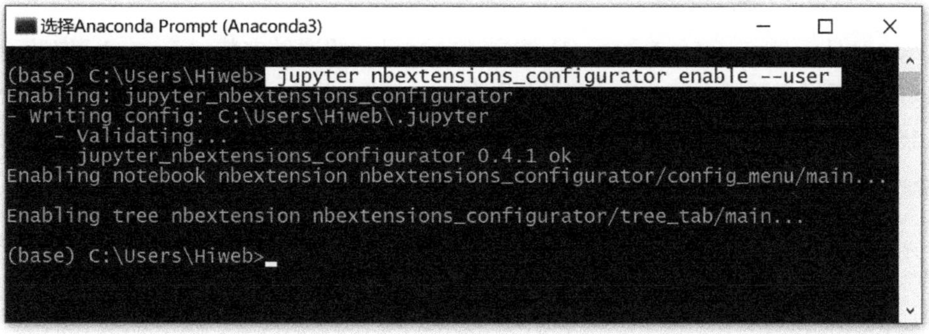

```
选择Anaconda Prompt (Anaconda3)
(base) C:\Users\Hiweb> jupyter nbextensions_configurator enable --user
Enabling: jupyter_nbextensions_configurator
- Writing config: C:\Users\Hiweb\.jupyter
    - Validating...
      jupyter_nbextensions_configurator 0.4.1 ok
Enabling notebook nbextension nbextensions_configurator/config_menu/main...

Enabling tree nbextension nbextensions_configurator/tree_tab/main...

(base) C:\Users\Hiweb>_
```

图 5-11

除了 jupyter_contrib_nbextensions 扩展包，我们还可以安装其他扩展包，在 https://github.com/topics/nbextension 中也提供了一些扩展包。例如，我们可以通过如下命令安装和启用 expand-cell-fullscreen 扩展功能，该扩展功能可以将单元格全屏显示。

```
> git clone https://github.com/scottlittle/expand-cell-fullscreen
> jupyter nbextension install expand-cell-fullscreen
> jupyter nbextension enable expand-cell-fullscreen/main
```

以下命令可卸载此扩展功能：

```
> jupyter nbextension uninstall expand-cell-fullscreen
```

5.2 Widget 控件

Widget 是 Jupyter Notebook 中用于交互的小控件。使用 Widget，我们可以在 Notebook 中创建滑动条、按钮、文本框、复选框、日期选择器或颜色选择器等，从而在 Jupyter Notebook 中构建可交互的用户界面。

5.2.1 认识 Widget

1. 安装及使用 Widget

Widget 用于在 Jupyter Notebook 中创建交互式图形界面。Widget 在 Python 和 JavaScript 之间同步有状态和无状态的信息，从而实现交互功能。

Widget 是一种 Jupyter Notebook 扩展。前文已介绍通过安装 Anaconda 安装 Jupyter Notebook 时已经安装了 Widget，还可以用类似 5.1 节安装 Jupyter Notebook 扩展的方法安装 Widget，即在 **Anaconda Prompt(Anaconda3)**命令提示符窗口中，输入如下两条命令完成 Widget 的安装：

```
> pip install ipywidgets
> jupyter nbextension enable --py widgetsnbextension
```

我们可以打开 Jupyter Notebook，新建一个 Notebook，并输入和运行下面的代码：

```
import ipywidgets as widgets

widgets.IntSlider()     # 整型滑动条

widgets.ColorPicker()   # 颜色选择器

widgets.DatePicker()    # 日期选择器
```

运行上述代码，其结果如图 5-12 所示。

在这个示例中，我们生成了滑动条、颜色选择器和日期选择器。可以看到，利用 Widget，我们可以设计出功能强大的 Notebook。

2. Widget 基本概念

我们通过演示如下代码来了解 Widget 的基本概念。可以将一个 Widget 赋给一个变量，然后使用 display()方法显示该 Widget：

```
import ipywidgets as widgets
from IPython.display import display
w = widgets.IntSlider()
display(w)
```

上述代码将显示一个滑动条。

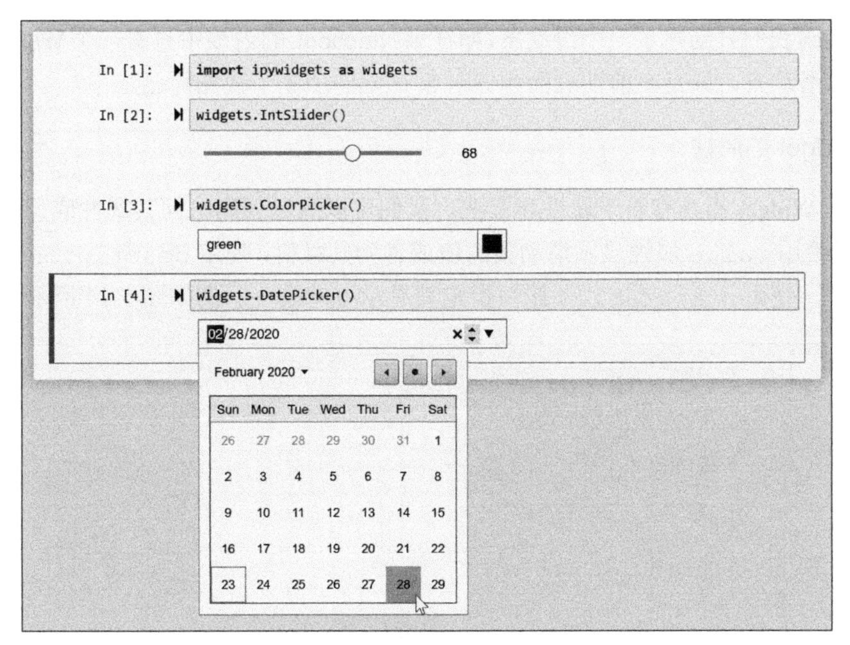

图 5-12

如果多次调用 `display(w)`，或直接调用 `w`，将多次显示该滑动条，如图 5-13 所示。

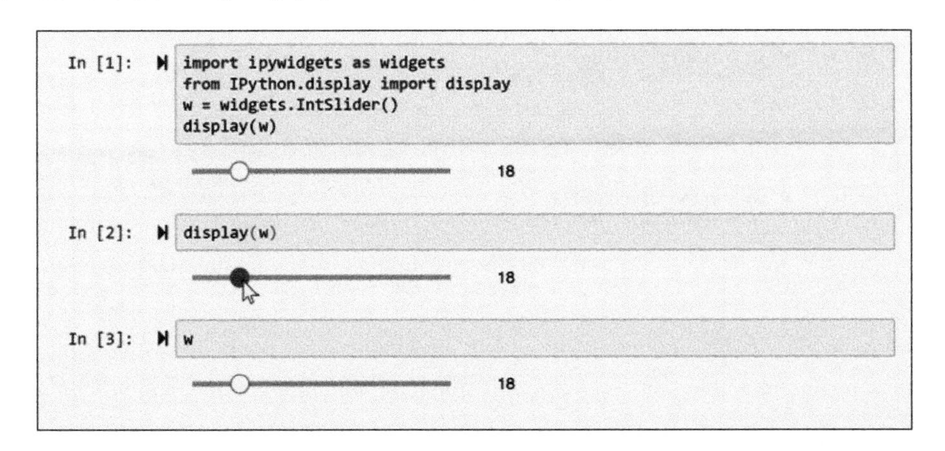

图 5-13

在上面的代码中，我们通过 `display(w)` 或 `w` 调用了 3 次该滑动条。这时可以看到一个有意思的现象：这 3 个滑动条会保持同步，即我们操作任何一个滑动条，其他两个也会同时滑动。

这是因为对于每一个 Widget，其后端是 Notebook 内核中的一个 Python 对象。当显示该 Widget 时，前端页面将会创建一个该对象的基于 HTML/JavaScript 的视图。

上述代码我们只创建了一个滑动条，即在该Notebook的内核中只有一个Widget对象w。调用3次该滑动条，只是在前端页面为该对象w创建了3个视图而已。

3. Widget 的属性

每一个 Widget 都具有若干属性和方法，我们可以通过代码访问其属性或调用其方法。例如，可以使用 value 属性显示滑动条的值或者为其赋值，使用 description 属性设置其描述文字，使用 orientation 属性指定其显示方向等。示例如图 5-14 所示。

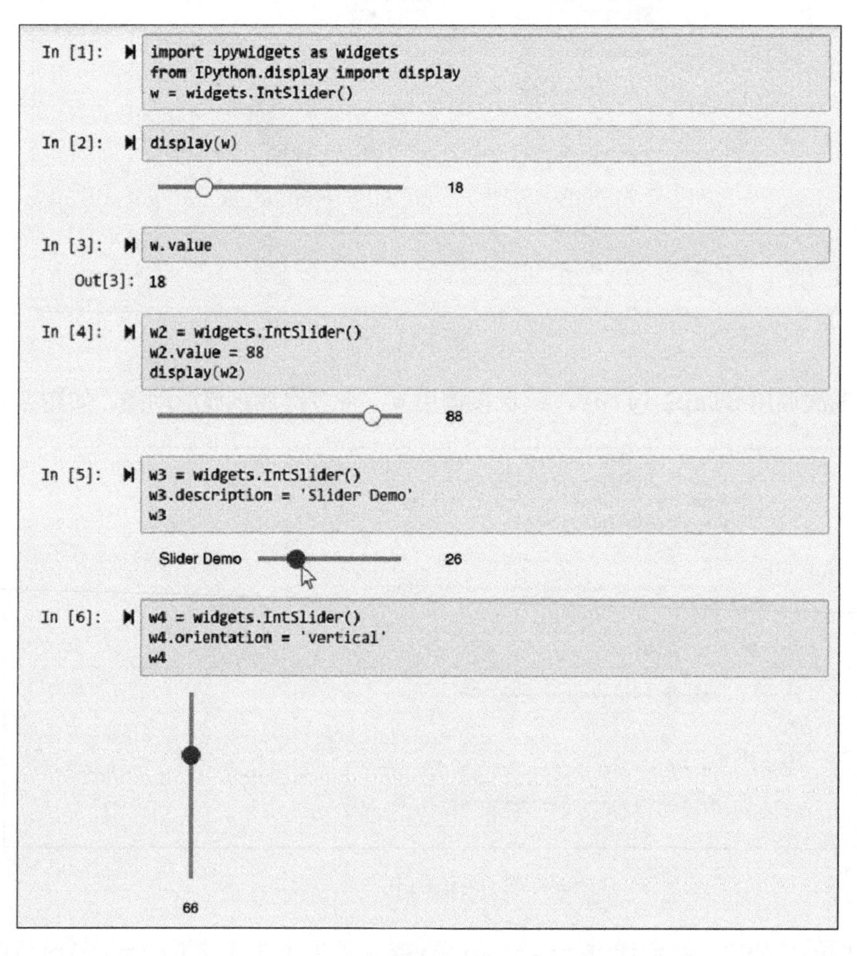

图 5-14

使用 Python 的 dir()函数，可以看到 Widget 的属性和方法列表，如图 5-15 所示。

调用 Widget 的 keys 属性，可以显示 Widget 的所有同步的、有状态的属性，这也是我们使用的 Widget 的最常用的属性之一，如图 5-16 所示。

```
In [7]:  dir(w)
          'open',
          'orientation',
          'readout',
          'readout_format',
          'remove_class',
          'send',
          'send_state',
          'set_state',
          'set_trait',
          'setup_instance',
          'step',
          'style',
          'trait_events',
          'trait_metadata',
          'trait_names',
          'traits',
          'unobserve',
          'unobserve_all',
          'value',
```

图 5-15

```
In [8]:  w.keys
Out[8]: ['_dom_classes',
         '_model_module',
         '_model_module_version',
         '_model_name',
         '_view_count',
         '_view_module',
         '_view_module_version',
         '_view_name',
         'continuous_update',
         'description',
         'description_tooltip',
         'disabled',
         'layout',
         'max',
         'min',
         'orientation',
         'readout',
         'readout_format',
         'step',
         'style',
         'value']
```

图 5-16

我们可以看到，对于一个滑动条 Widget，除了前文演示的 `value`、`description`、`orientation` 等属性，我们还可以使用 `min` 及 `max` 设置滑动条的数值范围，使用 `step` 设置滑动操作的步长等。请读者自行测试。

另外，Widget 的 `layout` 属性暴露了许多 CSS 属性，利用这些属性我们可以更深入地控制 Widget 的布局。而 `style` 属性，则可以用于设置 Widget 的颜色及样式。结合使用 `layout` 和 `style` 属性，我们可以构建丰富的 Widget 页面布局。这里我们不再深入展开讨论，仅通过图 5-17 进行简单展示，有兴趣的读者可以参考 Jupyter 官网文档深入学习。

```
In [9]:  import ipywidgets as widgets
         from IPython.display import display

         w = widgets.IntSlider(min = -10, max = 50)
         w.description = r'\(\int_0^t f\)'

         w.layout = widgets.Layout(width='60%',height='80px',border='solid')

         display(w)
```

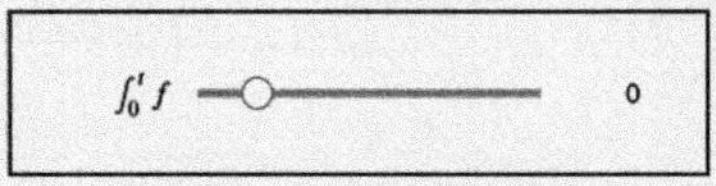

图 5-17

5.2.2 常用 Widget 简介

下面列出常用的 Widget，并作简单介绍。

1．IntSlider 及 FloatSlider

前文一直使用 IntSlider 为例介绍 Widget。IntSlider 是一个整型滑动条，其取值为整数。而 FloatSlider 则是一个浮点型滑动条，其取值为浮点数。

实际上，所有的用于显示数值的 Widget 都有一个整型 Widget 和一个浮点型 Widget。图 5-18 是一个浮点型滑动条 FloatSlider 的例子。

```
In [1]:  import ipywidgets as widgets
         from IPython.display import display

In [2]:  widgets.FloatSlider(
             value = 6.8,
             min = 0,
             max = 10.0,
             step = 0.1,
             description = 'Demo:',
             orientation = 'horizontal',
             readout_format = '.2f'
         )
```

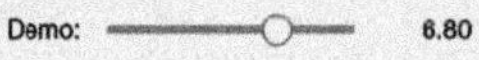

图 5-18

2．IntRangeSlider 和 FloatRangeSlider

IntRangeSlider 和 FloatRangeSlider 是可以选择上下取值范围的滑动条，其 `value` 的返回值是一个包括上下两个值的元组。图 5-19 是一个 IntRangeSlider 的例子。

3．IntProgress 和 FloatProgress

IntProgress 和 FloatProgress 可以用于显示进度条，如图 5-20 所示。

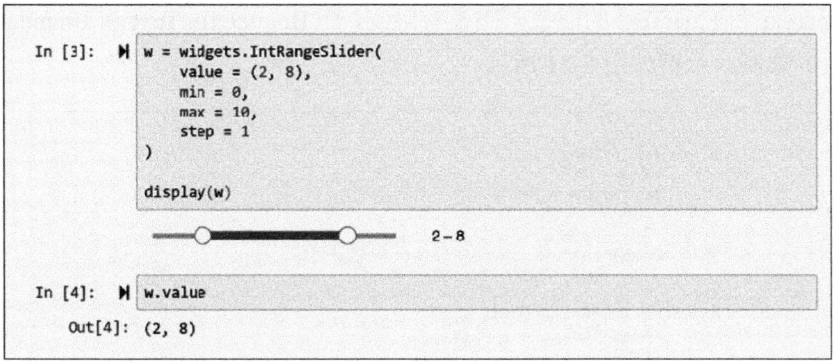

```
In [3]:  w = widgets.IntRangeSlider(
             value = (2, 8),
             min = 0,
             max = 10,
             step = 1
         )

         display(w)
```

2–8

```
In [4]:  w.value
Out[4]:  (2, 8)
```

图 5-19

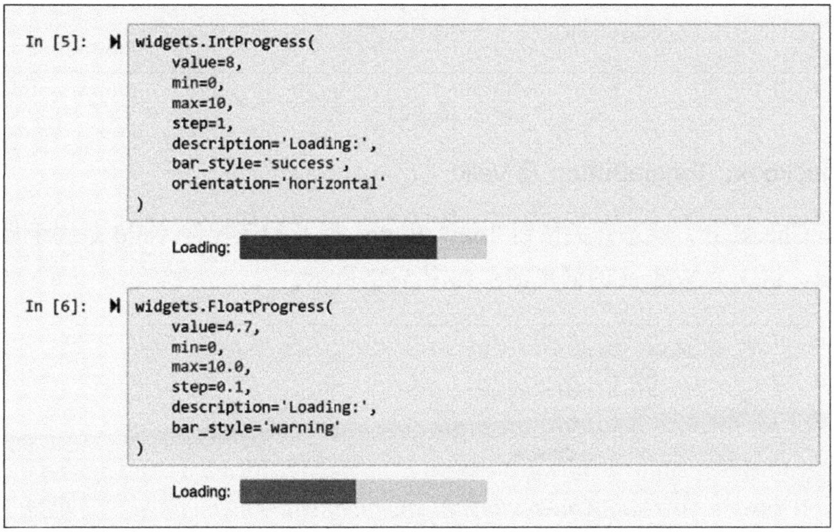

```
In [5]:  widgets.IntProgress(
             value=8,
             min=0,
             max=10,
             step=1,
             description='Loading:',
             bar_style='success',
             orientation='horizontal'
         )
```

Loading:

```
In [6]:  widgets.FloatProgress(
             value=4.7,
             min=0,
             max=10.0,
             step=0.1,
             description='Loading:',
             bar_style='warning'
         )
```

Loading:

图 5-20

与滑动条类似，我们可以设置进度条以水平或垂直的方式显示。

另外，IntProgress 和 FloatProgress 的 `bar_style` 属性，可以用于设置其显示方式，即通过颜色表示不同的用途，其取值为`'success'`、`'info'`、`'warning'`、`'danger'`及`' '`5 种。

4．IntText、FloatText、BoundedIntText 及 BoundedFloatText

IntText、FloatText、BoundedIntText 及 BoundedFloatText 这 4 个 Widget 提供了可以输入整型或浮点型数值的文本框。我们可以在文本框中直接输入数值，也可以单击文本框右侧的上下按钮以设置和调整数值。

其中 IntText 和 FloatText 的取值范围没有限制，而 BoundedIntText 和 BoundedFloatText 则有取值边界限制。示例如图 5-21 所示。

```
In [7]:  widgets.IntText(
             value = 18,
             description = 'Demo 7:'
         )

         Demo 7: 18

In [8]:  widgets.BoundedFloatText(
             value=6.9,
             min=0,
             max=10.0,
             step=0.1,
             description = 'Demo 8:'
         )

         Demo 8: 6.9
```

图 5-21

5．Checkbox、ToggleButton 及 Valid

复选框 Checkbox、状态开关按钮 ToggleButton 以及验证控件 Valid 是用于显示布尔型值的 Widget。这 3 个 Widget 的简单演示如图 5-22 所示。

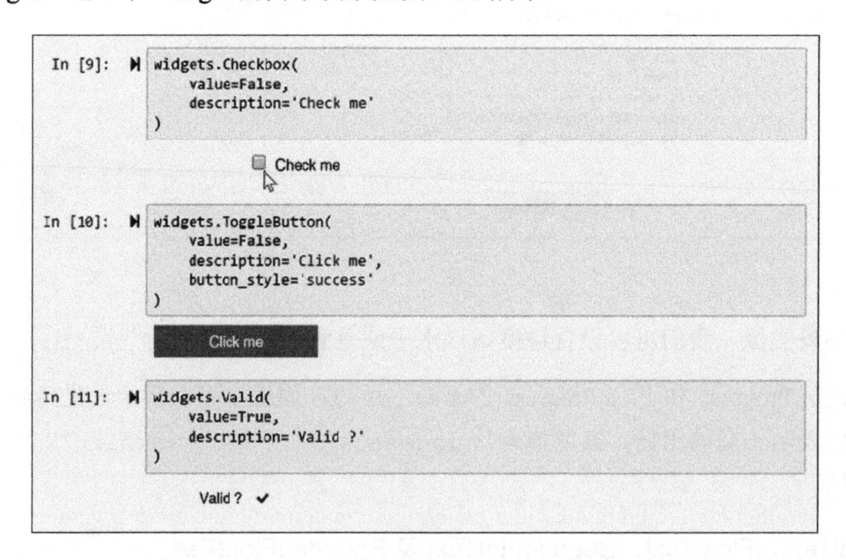

图 5-22

我们可以读取或设置 Checkbox 及 ToggleButton 的值，也可以单击改变其状态。而 Valid 的值可以读取或设置，但不能通过单击进行变更。

6．Dropdown、RadioButtons、Select 及 SelectMultiple

这几个 Widget 可用于显示选项列表。其中 Dropdown、RadioButtons 及 Select 为单选功能，其返回值为一个字符串。而 SelectMultiple 为多选功能，其返回值为一个元组。示例如图 5-23 所示。

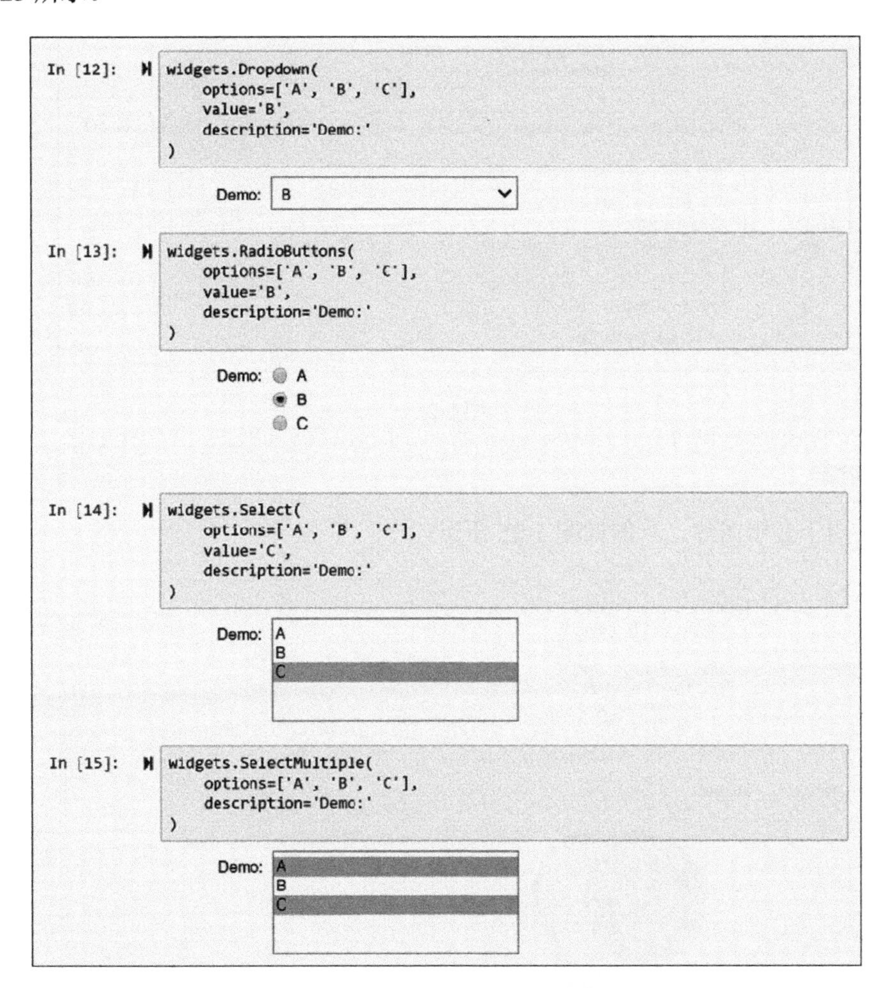

图 5-23

7．Text、Textarea、Label 及 HTML

Text 用于输入和显示文本内容。Textarea 用于输入和显示多行文本。Label 用于显示文本标签，一般与其他控件结合使用以显示复杂的内容。HTML 则可以使用多种 HTML 标记，显示复杂格式的文本。示例如图 5-24 所示。

```
In [16]:  widgets.Text(
              description = 'Company:',
              value = 'Tensuntrans'
          )
```

Company: Tensuntrans

```
In [17]:  widgets.Textarea(description = 'Details:')
```

Details: a Professional Fire Alarm System Solution Provider

```
In [18]:  widgets.HBox([widgets.Label(value = '$b=\lambda T$'),widgets.FloatSlider()])
```

$b=\lambda T$ 0.00

```
In [19]:  widgets.HTML(
              value="<i>双波长火焰探测器</i><br/> <b>温度</b>与<b>波长</b>的基本关系"
          )
```

双波长火焰探测器

温度与**波长**的基本关系

图 5-24

8. Image

Image 用于显示图片，示例如图 5-25 所示。

图 5-25

9. Button

Button 用于显示按钮。与前文讲的大多数 Widget 都有一个 `value` 属性不同，Button 没有 `value` 属性，Button 用于处理鼠标单击事件。更多内容我们将在 5.2.4 节讲述。

10. Box、HBox、VBox 及 GridBox

当我们需要以一定布局显示多个 Widget 时，可以使用容器类 Widget。Box、HBox、VBox 及 GridBox 就是一些容器类 Widget，这些 Widget 用于在其中放置子 Widget，从而实现多个子 Widget 的较复杂的布局。其中 HBox 和 VBox 的示例如图 5-26 所示。

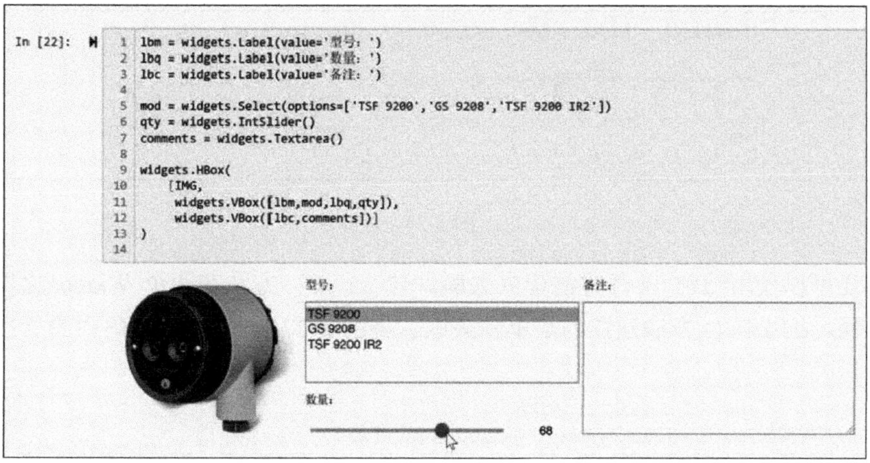

```
In [22]:
lbm = widgets.Label(value='型号：')
lbq = widgets.Label(value='数量：')
lbc = widgets.Label(value='备注：')

mod = widgets.Select(options=['TSF 9200','GS 9208','TSF 9200 IR2'])
qty = widgets.IntSlider()
comments = widgets.Textarea()

widgets.HBox(
    [IMG,
     widgets.VBox([lbm,mod,lbq,qty]),
     widgets.VBox([lbc,comments])]
)
```

型号：

TSF 9200
GS 9208
TSF 9200 IR2

数量：

68

备注：

图 5-26

本例中，我们定义了 3 个 Label、1 个 Select、1 个 IntSlider 和 1 个 Textarea，同时使用了上例中的 Image。为了能够做好这些 Widget 的布局，我们使用了 HBox 及 VBox 进行嵌套，读者可以仔细查看第 9～12 行的代码，了解其布局方法。

此外，我们还可以使用 Tab、Accordion 等容器类 Widget 来管理布局，读者可自行测试。

示例代码参见本书配套源代码中的 WidgetsList.ipynb 文档。

5.2.3 在 Widget 之间建立关联

1. Widget 连接

某些数值类 Widget 之间可以建立关联，当一个 Widget 的值发生变化时，与其关联的另一个 Widget 的值会随之变化。

如图 5-27 所示，我们定义了两个 Widget，一个整型滑动条 `w1` 和一个整型文本框 `w2`，然后用 Widget 的 `link()` 方法在 `w1` 和 `w2` 之间建立关联。当我们操作滑动条 `w1` 时，与其关联的文本框 `w2` 的值会发生相应的变化。同样，当我们直接手动改变文本框中的值时，滑动条的滑块也会随之改变。

```
In [1]:
1 import ipywidgets as widgets
2 from IPython.display import display

In [2]:
1 w1 = widgets.IntSlider()
2 w2 = widgets.IntText()
3
4 display(w1,w2)
5
6 mylink = widgets.link((w1,'value'),(w2,'value'))
```

69

69

图 5-27

我们还可以使用 `dlink()` 方法建立关联。与 `link()` 方法在两个 Widget 之间建立双向关联不同，`dlink()` 方法建立的是单向关联。将图 5-27 中第 6 行代码中的 `link` 改为 `dlink`：

```
mylink = widgets.dlink((w1, 'value'), (w2, 'value'))
```

运行单元格中的代码后会发现，当我们操作滑动条时，文本框中的值会随之改变；但当我们直接手动改变文本框中的值时，滑动条并不会随之改变。

2．客户端关联与服务器端关联

在 Jupyter Notebook 中，与 `link()` 和 `dlink()` 方法对应的，还有 `jslink()` 和 `jsdlink()` 两个方法。将图 5-27 中第 6 行代码中的 `link` 改为 `jslink` 并运行代码，如图 5-28 所示。

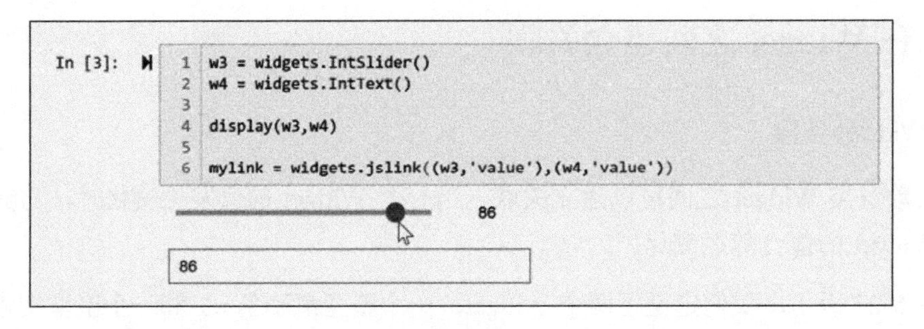

图 5-28

可以发现，`jslink()` 与 `link()` 的功能是一样的，同样在两个 Widget 之间建立了关联。

但是，为了理解其区别，我们单击该 Notebook 的 **Kernel** 菜单→**Shutdown**，关闭该 Notebook 的内核。此时，该 Notebook 后端的 Jupyter 内核已经不再运行了，页面右上方会提示 **No kernel**。同时，本页面中的 4 个 Widget 前均显示一个断开关联符号，如图 5-29 所示。

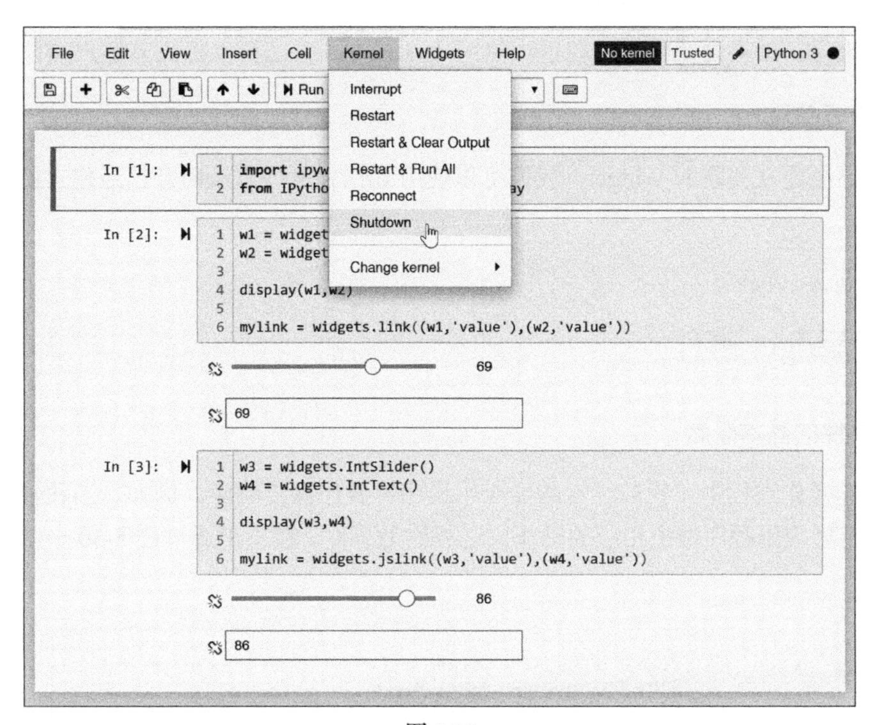

图 5-29

此时，我们操作单元格 2 下的滑动条 `w1`，可以看到与其关联的文本框 `w2` 的值已经不会随之改变。但是，我们操作单元格 3 下的滑动条 `w3`，其下与之关联的文本框 `w4` 依然会随之改变。

这是因为 `link()` 方法是服务器端关联，而 `jslink()` 方法是客户端关联。也就是说，这个示例中 `w1` 和 `w2` 之间以 `link()` 方法建立了关联，其实现过程是：操作 `w1` 时，浏览器页面中 `w1` 的 JavaScript 视图将值传递给后端内核中 `w1` 的 Python 对象；`w1` 的 Python 对象的值与 `w2` 的 Python 对象的值之间建立了关联，`w2` 的 Python 对象的值随之改变；然后在浏览器 `w2` 的 JavaScript 视图中展示出来。如果后端内核停止运行，则上述关联操作将会中止。

而 `w3` 和 `w4` 之间是以 `jslink()` 方法建立关联，其实现过程是：`jslink()` 方法直接在浏览器的 JavaScript 视图之间建立关联，`w3` 视图中值的变化，将直接关联 `w4` 的视图变化。同时，这两个Widget视图的值各自与其后端的Python对象发生关联。后端内核停止运行后，虽然本质上这两个Widget对象已经不能正常运行，但其前端JavaScript代码未受影响。

当然，演示的是一个极端情况，只是为了说明其运行机制。

一般来说，如果内核中负载较重，使用`jslink()`方法可以提高其客户端体验。

3. 断开关联

对于已经建立关联的Widget，我们可以使用`unlink()`方法断开已经建立的关联，代码如下：

```
mylink.unlink()
```

5.2.4 Widget事件

1. 事件的基本概念

在实际操作过程中，我们经常需要应用程序对操作做出响应。例如，当我们单击一个按钮时，希望应用程序做出相应的操作。这被称为事件。接下来通过图5-30中的示例展开讲述。

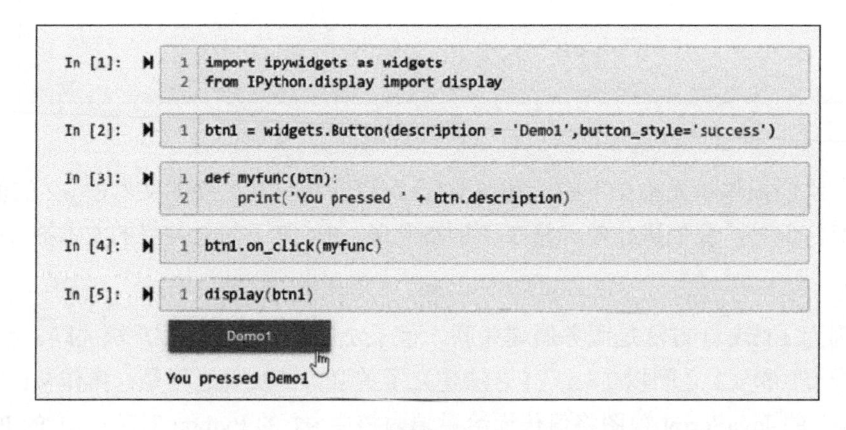

图5-30

在图5-30的单元格2中，定义了一个名为`btn1`的按钮Widget。在单元格3中，定义了一个函数`myfunc()`，该函数将显示其传入参数的`description`属性。在单元格4中，`btn1.on_click(myfunc)`表示当按钮`btn1`发生单击操作时，调用函数`myfunc()`，即将函数`myfunc()`注册为按钮`click`事件的回调函数。

回调函数在被调用时，会将触发该事件的 Widget 对象实例作为参数传递给函数。本例中，btn1 的 click 事件将调用函数 myfunc()，并将该 btn1 作为参数传递给该函数。这样，在函数中将可以使用 btn1 的属性和方法了，本例读取了 btn1 的 description 属性用于显示按钮。

所以，在单元格 5 中显示 btn1 按钮后，我们单击该按钮，应用程序将会执行 myfunc() 函数并输出指定内容。

提示

函数 myfunc() 被称作事件处理函数（event handler），按惯例一般以 on_button_click() 或 btn_event_handler() 等作为函数名。

我们在示例中用 myfunc() 作为函数名，是想告诉读者事件处理函数本质上是普通的函数，不能因为函数名为 on_button_click() 就以为是在定义时就决定了这是一个绑定到按钮的 click 事件的处理函数。读者需要明确我们并不是在定义函数时进行了事件绑定。事件是在图 5-30 所示的单元格 4 中通过对象 btn1 的 on_click() 方法进行绑定的。

我们可以将多个对象的事件绑定到同一个事件处理程序上，如图 5-31 所示。

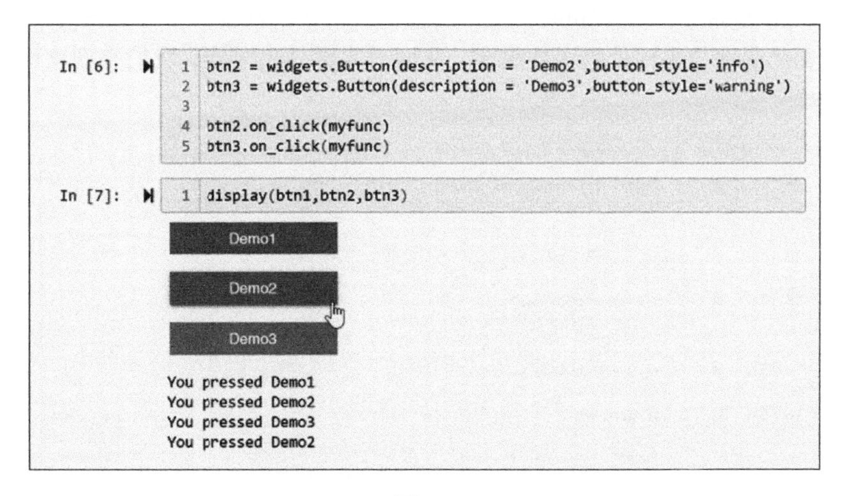

图 5-31

类似于按钮的 on_click() 事件，文本框则有一个 on_submit() 事件。当我们在文本框中输入文本并提交时，将会触发该事件，如图 5-32 所示。

```
In [8]:  1  txt1 = widgets.Text(
         2      description='Text Demo'
         3  )

In [9]:  1  def my_event_handler(widget_object):
         2      print('Desc: ' + widget_object.description)
         3      print('Data: ' + widget_object.value )
         4
         5  txt1.on_submit(my_event_handler)

In [10]: 1  display(txt1)

     Text Demo  Hello Tensun !

   Desc: Text Demo
   Data: Hello Tensun !
```

图 5-32

上述示例代码参见本书配套源代码中的 WidgetEvent.ipynb 文档。

2. Traitlet 事件

前文讲述的按钮和文本框等常用的 Widget，有其特定的事件，如 `on_click()`或 `on_submit()`等。但对于绝大多数 Widget，则没有定义针对该特定 Widget 的特定事件，那么我们应如何对其事件做出响应呢？

Jupyter Notebook 使用了 Traitlet 事件的 `observe()`方法来跟踪 Widget 的变化，将 Widget 属性变化事件与事件处理函数绑定，从而对事件做出响应。我们来观察图 5-33 所示的代码。

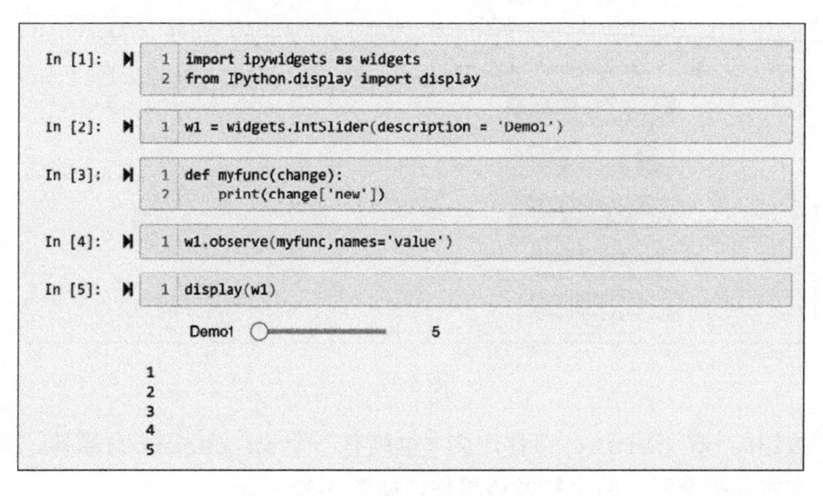

图 5-33

在图 5-33 所示的代码中，单元格 2 定义了一个滑动条 w1。单元格 3 定义了一个函数 myfunc()，将用于显示滑动条滑动后的新值。单元格 4 通过 Widget 的 observe() 方法，将函数 myfunc() 与 w1 的 value 变化事件进行了绑定。

执行上述代码，操作滑动条，会看到滑动条的值随滑动变化而显示出来。

注意，本例单元格 3 中的事件处理函数 myfunc() 与图 5-30 中的 myfunc() 的参数不同，此处的参数 change 是一个字典，而不是调用该函数的 Widget 实例。

为了进一步了解 Widget 的 observe() 方法，我们将单元格 3 中的代码 print(change['new']) 改为 print(change)，重新执行代码，结果如图 5-34 所示。

```
In [1]:  1 import ipywidgets as widgets
         2 from IPython.display import display

In [2]:  1 w1 = widgets.IntSlider(description = 'Demo1')

In [3]:  1 def myfunc(change):
         2     print(change)

In [4]:  1 w1.observe(myfunc,names='value')

In [5]:  1 display(w1)

         Demo1                    1

         {'name': 'value', 'old': 0, 'new': 1, 'owner': IntSlider(value=1, descripti
         on='Demo1'), 'type': 'change'}
```

图 5-34

可以看到，当滑动条的 value 发生变化时，将显示整个 change 的内容，其内容为一个字典：

```
{
    'name': 'value',
    'old': 0,
    'new': 1,
    'owner': IntSlider(value=1, description='Demo1'),
    'type': 'change'
}
```

其中包括我们在单元格 4 的 observe() 方法中指出的属性名 value，以及该 Widget 的 value 属性的原值 old、新值 new、Widget 实例 owner 以及通知类型 type。

observe() 方法会将我们所关注的 Widget 的指定属性的变化信息 change，传递给事件处理程序，从而做出相应的处理。

提示

我们在 3.8.3 节中讲到 Python 支持多继承。而 Widget 都继承自 traitlets.HasTraits 类，所以 Widget 中的属性 Property 都是 Trait，从而可以对属性值进行变更并抛出事件。而 Widget 的 `observe()` 方法则将指定属性（如 `value`）的 `change` 事件与事件处理函数建立关联。

5.2.5　使用 Widget 构建实时交互应用

通过 Widget 的连接功能，我们可以在多个 Widget 之间进行互动，但其功能有限。通过 Widget 事件，我们可以实现各种复杂的交互式应用。

在 Jupyter Notebook 中，还提供了非常好用的交互方式：interact。使用 `interact()`、`interactive()`或 `interact_manual()`函数，可以在界面中自动创建适用的 Widget，并实现应用程序的实时交互。

1．使用 interact()实现实时交互

我们先来看图 5-35 中的代码。

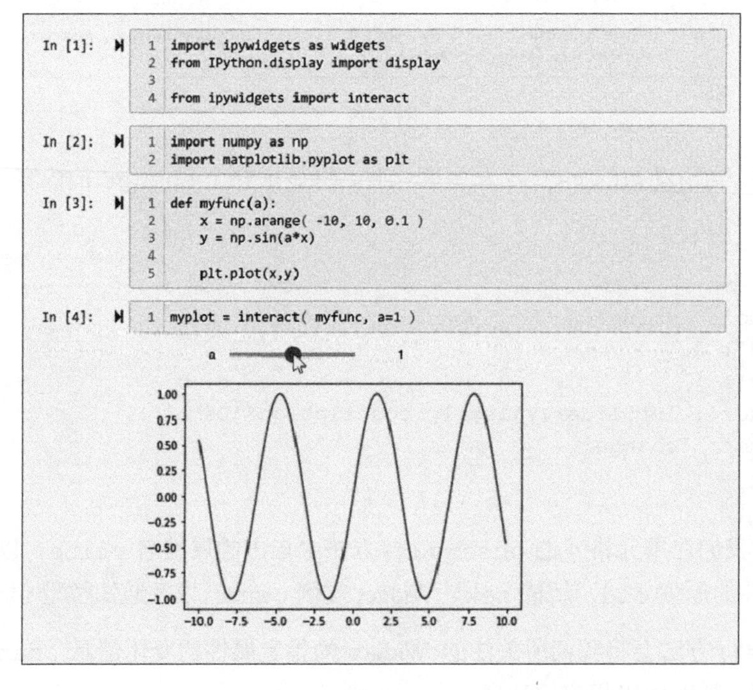

图 5-35

执行上述代码，将显示一个滑动条和一条正弦曲线，操作滑动条，我们可以看到正弦曲线的周期会随之变化。

上述代码中，在单元格 1 的第 4 行，我们导入了 `interact`。单元格 3 中定义了一个函数 `myfunc()`，该函数用较简单的方式绘制一条正弦曲线。函数定义了参数 `a` 作为正弦曲线的角频率。单元格 4 中使用了 `interact()` 函数。`interact()` 的第一个参数为一个函数，在本例中为单元格 3 中定义的 `myfunc()`；`interact()` 的第二个参数为 `myfunc()` 函数所需的参数，即 `a = 1`。

在上面的代码中，我们并没有定义 IntSlider Widget，而是在执行代码时，Jupyter Notebook 自动生成的。在 `interact()` 函数中，如果参数写作 `a = 1` 这样的形式，表示需要一个整型数值作为变量。于是，Jupyter 会自动生成一个整型的滑动条 IntSlider，且初始值设为 `1`。

如果初始值为一个浮点型数值，则会自动生成一个 FloatSlider Widget；如果初始值为一个布尔值，如 `x = True`，则会自动生成一个 Checkbox Widget；如果初始值为字符串，则会自动生成一个 Text Widget；如果初始值为一个列表或字典，则会自动生成一个 Dropdown Widget。这些功能请读者自行测试。当然，测试时请同时修改函数体的内容，以符合参数中指定的数据类型。

除了可以用 `a = 1` 这样的方式定义一个滑动条之外，我们还可以为这些 Widget 赋予更多的属性，例如：

```
myplot = interact(myfunc, a = (-10, 10, 1, 1))

myplot = interact(myfunc,
                  a = widgets.IntSlider(min = -10, max = 10,
                                        step = 1, value = 1))
```

上面两行代码的作用一样，即生成一个 IntSlider Widget，且设定其最小值、最大值、步长和初始值。

2. 使用装饰器

鉴于 `interact()` 函数的上述用法，即对一个函数（例如前文所述的 `myfunc()`）增加新的交互功能，我们可以使用装饰器（decorator）模式来简化代码，并使代码更易读、更容易理解。

对于图 5-35 所示的代码，略去单元格 4 的内容，而在单元格 3 的函数定义之前，增加

@interact(a=1)即可。代码如下所示：

```
@interact(a=1)
def myfunc2(a):
    x = np.arange(-10, 10, 0.1)
    y = np.sin(a * x)
    plt.plot(x, y)
```

大家可以根据上述代码自行测试，会得到与图 5-35 的代码同样的效果。关于装饰器的概念，本书不再深入讨论，请读者自行查阅 Python 相关资料。

3．使用 interactive()

除了使用 interact()函数之外，我们还可以使用 interactive()函数。

两者的语法基本一致，两者的区别在于：使用 interact()函数后，运行代码时会在该函数所在单元格下方立即显示结果；而使用 interactive()函数则不会立即显示结果，需要使用 display()方法来显式调用，方可显示结果。使用 interactive()的好处在于，我们可以在需要的时候再使其显示结果，如图 5-36 所示。

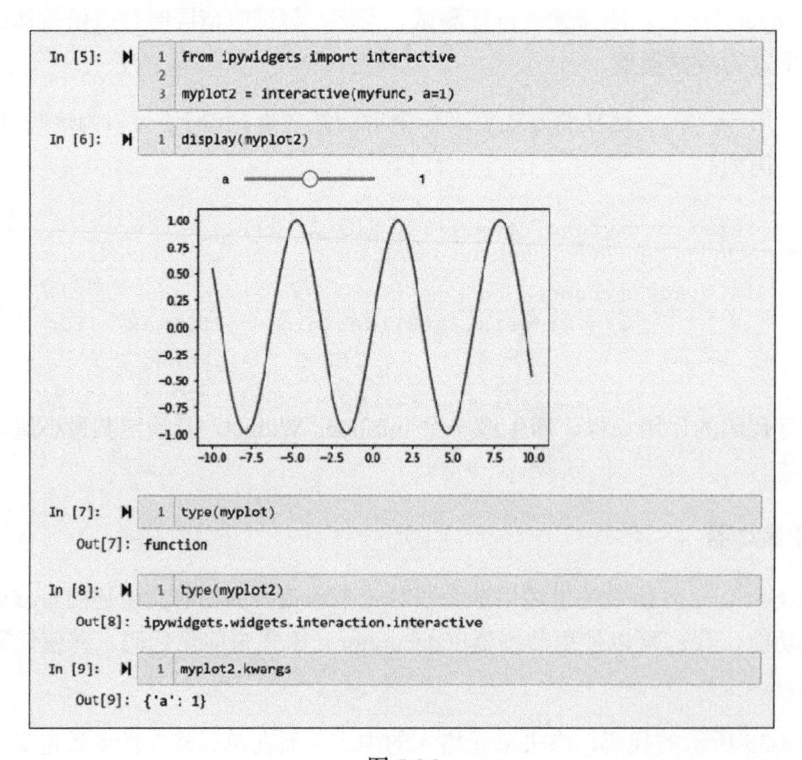

图 5-36

除可以按需显示结果之外，interactive()还提供了许多特性。从本质上讲，interact()只是一个函数。而 interactive()返回的却是一个 Widget，这是一个包括了所显示内容的 VBox Widget。本例中，myplot2 是一个 VBox Widget，其子 Widget 为一个 IntSlider Widget 和一个 Output Widget。单元格 7 显示了此前我们使用 interact()所赋值的变量 myplot 的类型，单元格 8 显示了本例使用 interactive()所赋值的变量 myplot2 的类型。

而在单元格 9 中，我们可以查看 interactive()中各子 Widget 的值。本例中，返回 Widget a 的当前值 1。这意味着，使用 interactive()，我们可以根据实际需要在代码中随时调用其中的 Widget 的值。

4．使用 interact_manual()

在此前的案例中可以看到，interact()和 interactive()为我们提供了非常好的实时交互功能。但你可能会发现，如果频繁地调整 IntSlider 的值，图形显示有时会有点儿卡。这是因为调整滑动条时，其值的所有变化都会立即触发其所绑定的函数的动作。

其实多数时候，我们并不需要这样显示图形，而是希望显示调整滑动条之后的最终结果。

interact_manual()就解决了这个问题。使用 interact_manual()将会显示一个 **Run Interact** 按钮。在调整滑动条改变其值以后，单击此按钮才会触发 Widget 绑定的函数的动作，如图 5-37 所示。

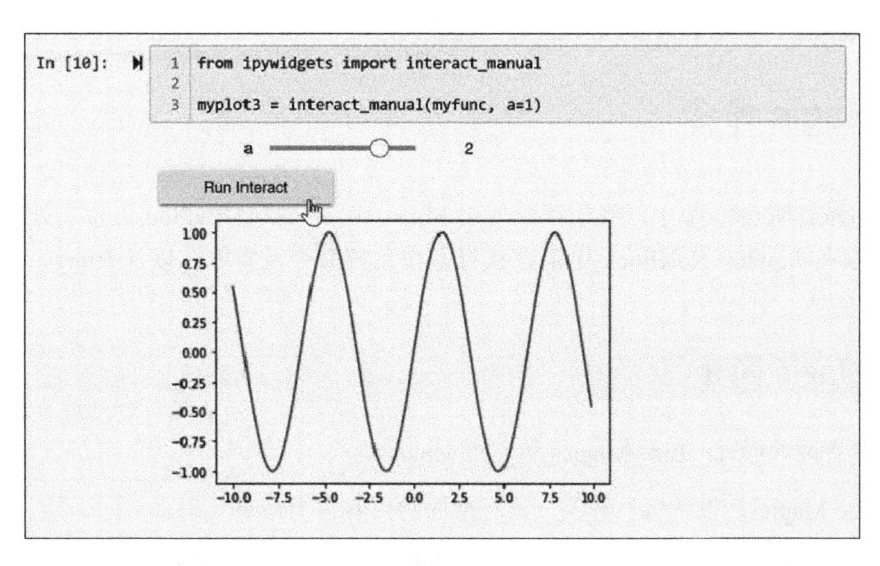

图 5-37

5. 使用 continuous_update

除了使用 interact_manual()来控制显示时机外，我们还可以使用另一种方法。我们知道，滑动条等许多 Widget 都有一个 continuous_update 属性。滑动条的 continuous_update 属性的值默认为 True，即操作滑动条时的变动值会实时传递给后端。如果我们将其设为 False，则操作该滑动条时并不会将其值实时传递给后端。只有当鼠标被释放时，其最终生效的值才会传递给后端对象。通过此方法，我们也可以实现上述需求。示例如图 5-38 所示。

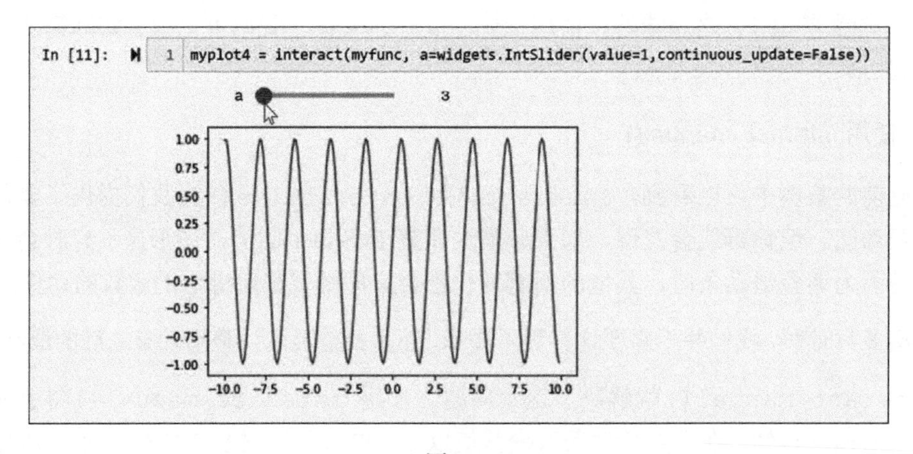

图 5-38

示例代码参见本书配套源代码中的 WidgetInteract.ipynb 文档。

5.3 Magic 命令

在 Jupyter Notebook 中，我们可以使用 Magic 命令来执行 Python 语言之外的命令，即我们可以在 Jupyter Notebook 中混合执行操作系统命令及脚本，以及 Ruby、R 等语言的代码。

5.3.1 Magic 简介

Magic 有两种形式：Line Magics 和 Cell Magics。

- Line Magics：以“%”开头，该行后面的内容都为命令代码。
- Cell Magics：以“%%”开头，后面的整个单元格内都是命令代码。

图 5-39 中简要演示了 Magic 的作用。

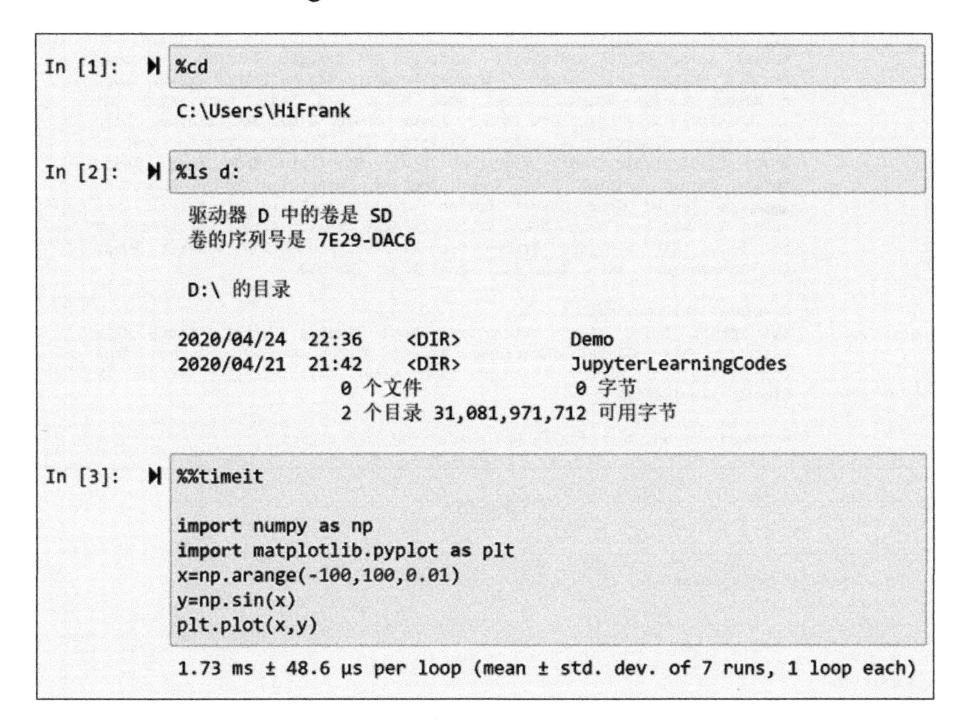

图 5-39

图 5-39 所示的单元格 1 中，Magic 命令`%cd` 显示当前工作路径，类似于 Windows 的 `cd` 命令。单元格 2 中的`%ls` 命令，列出指定路径中的文件名列表，类似于 Linux 的 `ls` 命令或 Windows 的 `dir` 命令。单元格 3 中的`%%timeit`，作为一个 Cell Magics，用于显示本单元格中的代码的执行时间。我们在该单元格中给出了画正弦曲线的代码，可以看到`%%timeit` 输出了执行这些代码所用的时间。

下面我们给出常用的一些 Magic。

5.3.2 常用 Magic

1. %lsmagic

`%lsmagic` 命令用于显示所有的 Magic 命令列表，如图 5-40 所示。

图 5-40 中列出了所有可用的 Line Magics 和 Cell Magics。

想了解任何一个 Magic 的详细信息，可以用`% magic name ?`的方式来显示该 Magic 的说明，如图 5-41 所示。

```
In [4]:  1 %lsmagic

Out[4]: Available line magics:
%alias %alias_magic %autoawait %autocall %automagic %autosave %bookma
rk %cd %clear %cls %colors %conda %config %connect_info %copy %ddi
r %debug %dhist %dirs %doctest_mode %echo %ed %edit %env %gui %hi
st %history %killbgscripts %ldir %less %load %load_ext %loadpy %log
off %logon %logstart %logstate %logstop %ls %lsmagic %macro %magic
%matplotlib %mkdir %more %notebook %page %pastebin %pdb %pdef %pdoc
%pfile %pinfo %pinfo2 %pip %popd %pprint %precision %prun %psearch
%psource %pushd %pwd %pycat %pylab %qtconsole %quickref %recall %re
hashx %reload_ext %ren %rep %rerun %reset %reset_selective %rmdir %
run %save %sc %set_env %store %sx %system %tb %time %timeit %unal
ias %unload_ext %who %who_ls %whos %xdel %xmode

Available cell magics:
%%! %%HTML %%SVG %%bash %%capture %%cmd %%debug %%file %%html %%ja
vascript %%js %%latex %%markdown %%perl %%prun %%pypy %%python %%py
thon2 %%python3 %%ruby %%script %%sh %%svg %%sx %%system %%time %%
timeit %%writefile

Automagic is ON, % prefix IS NOT needed for line magics.
```

图 5-40

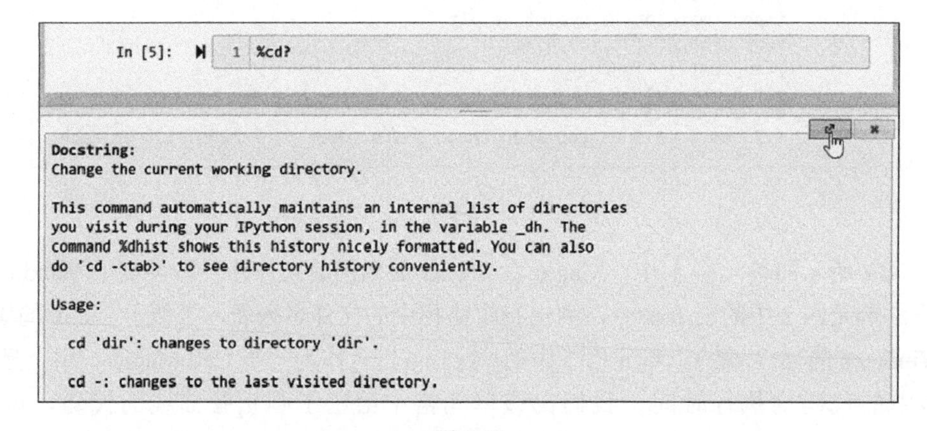

图 5-41

在图 5-41 中，%cd? 用于显示 cd 命令的说明文档。

提示

大家应该知道，?操作并不只是 Magic 专属的用法，在 Jupyter Notebook 中，所有对象都可以使用。例如我们可以使用 print?显示 print()方法的说明文档。

另外，?操作的结果也不是在单元格下方输出，而是在一个独立的区域中显示。

2. %automagic

在图 5-40 中，用`%lsmagic`列出所有 Magic 清单后，结尾处还显示了一句话“`Automagic is ON, % prefix IS NOT needed for line magics.`”，这表示 Jupyter Notebook 已经默认将 automagic 设置为 ON。

如果将 automagic 设置为 ON，那么在使用 Line Magics 命令的时候，可以省略“%”。例如，使用`%ls`与直接使用`ls`效果是一样的。

可以通过 Magic 命令`%automagic on`或`%automagic off`来改变其设置。

但是，我们并不建议大家这样省略“%”，因为可能会出现冲突或误解。例如，如果将`ls`作为一个变量名，就会出现误解，如图 5-42 所示。

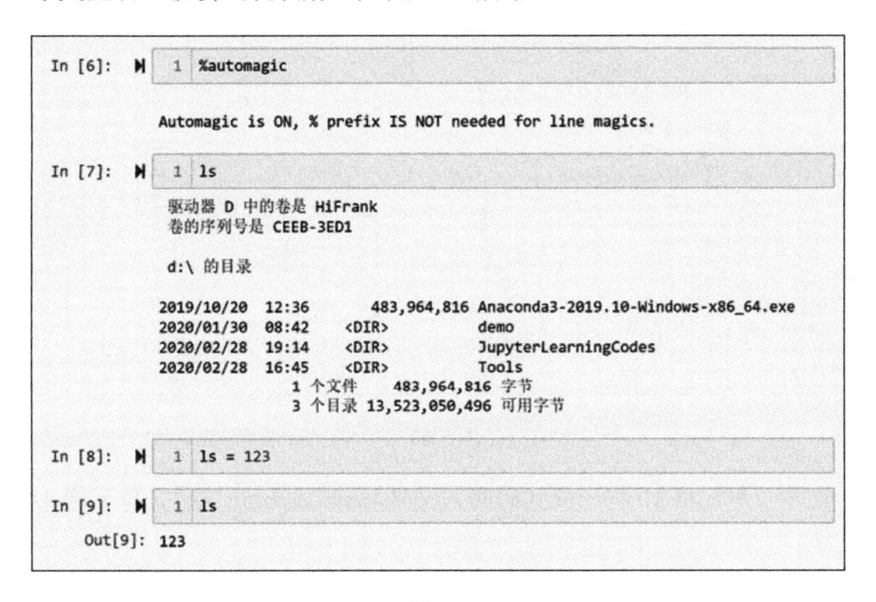

图 5-42

在图 5-42 中，单元格 6 显示 automagic 被设置为 ON，所以在单元格 7 中可以直接将`%ls`简写为`ls`，来显示当前路径的文件目录。但在单元格 8 中，我们通过代码`ls = 123`将`ls`作为一个整型变量名了，所以在单元格 9 中再次使用`ls`时，显示的是变量`ls`的值，而不是执行`%ls`操作的结果。

3. %%writefile

`%%writefile`可以用于将本单元格中的代码写入一个文件。命令形式为

```
%%writefile [-a] filename
```

如果带有参数-a，则会将内容追加到文件中，否则会覆盖文件内容，示例如图 5-43 中的单元格 10 所示。

4. %pycat

%pycat 类似于 Linux 的 cat 命令或 Windows 的 type 命令，即显示文件的内容。该命令会假设显示的是 Python 源文件，并以 Python 语法进行彩色显示。另外，该命令的参数除了可以是本地文件的文件名，还可以是 URL、代码历史范围或者宏。示例如图 5-43 中的单元格 11 所示。

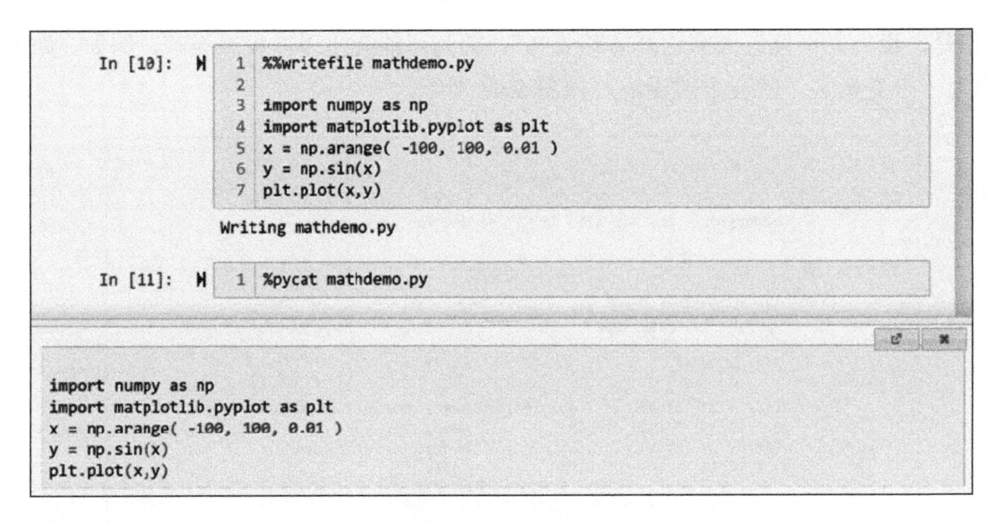

图 5-43

在图 5-43 中，单元格 10 将一段代码写入文件 mathdemo.py 文件。单元格 11 则显示出该文件的内容。

5. %run

%run 用于执行一个 Python 源文件或者 Notebook 文件中的代码。例如，通过%run mathdemo.py，就可以运行上文中存入 mathdemo.py 的代码。

6. %load

%load 用于将文件的内容加载到当前 Notebook 中。

有了这个命令，我们可以将一些常用的代码，例如在一个程序开头常用的 import 内容、写的通用类或者函数等，存入专门的文件。当需要时，直接用%load filename 命令加载即可。该命令可以加载本地文件、URL、宏、历史记录等。

7. %store

使用%store 命令可以保存变量的当前值。这可以使我们在多个 Notebook 之间传递变量。

如图 5-44 所示，在一个 Notebook 中，我们通过命令%store abc 保存了变量 abc。

```
In [12]:  1 abc = 345

In [13]:  1 %store abc
          Stored 'abc' (int)
```

图 5-44

在另一个 Notebook 中，我们可以取出 abc 的值，如图 5-45 所示。

```
In [1]:  1 %store -r

In [2]:  1 abc
Out[2]: 345
```

图 5-45

8. %who

%who 可显示所有的变量清单，这非常有助于我们了解当前 Notebook 的运行情况，并有利于排错。该命令还可以通过参数指出需要显示的变量类型，如图 5-46 所示。

```
In [14]:  1 str1 = 'a demo string'

In [15]:  1 %who
          abc     ls     myfunc1     str1

In [16]:  1 %who str
          str1
```

图 5-46

5.4 Nbconvert

Nbconvert 工具可以将**.ipynb** 格式的 Jupyter Notebook 文件转换为其他静态格式的文件，

如 HTML、LaTeX、PDF、Markdown、reStructuredText 等文件。

在 2.3.1 节中讲到的将文件另存为多种格式，就是使用的 Nbconvert 功能。另外，Nbconvert 作为一个命令行工具，可以用命令将一个或一组文件转换为其他格式。

5.4.1 安装 Nbconvert

为了使用 Nbconvert，需要安装 Nbconvert 以及与其相关的 Pandoc 和 TeX 等内容，本节讲述具体的安装过程。

1. 安装 Nbconvert

Nbconvert 是 Jupyter 生态系统的一部分。当我们安装好 Jupyter Notebook 后，就已经安装了它的基本功能。

如果不是按照 Anaconda 的默认安装过程安装的 Jupyter，则可能没有安装 Nbconvert，可以用如下命令安装 Nbconvert：

```
> pip install nbconvert
```

如果需要使用 Nbconvert 的完整功能，还需要分别安装 Pandoc 和 TeX。

建议读者在尚未安装这两个组件前，做一个简单的测试：在 Jupyter Notebook 中打开或新建一个 Notebook，单击 **File** 菜单→**Download as** → **PDF via LaTeX(.pdf)**，尝试将该 Notebook 另存为 PDF 文件，此时我们发现该操作会报告错误信息。

下面就通过安装 Pandoc 和 TeX 来完善 Nbconvert 的功能。

2. 安装 Pandoc

将 Markdown 格式转换为 HTML 之外的格式，都需要使用 Pandoc。按照 Pandoc 官网的描述，Pandoc 是将文件从一种标记格式转换为另一种标记格式的“瑞士军刀”。Pandoc 官网还列出了可以转换的格式清单。

对于 Windows 操作系统，我们可以在 GitHub 官网上下载最新版的 Pandoc 安装包进行安装。下载页面提供了多种格式的安装文件，建议 Windows 用户下载**.msi** 格式的文件，如 pandoc-2.9.2.1-windows-x86_64.msi 进行安装。安装界面如图 5-47 所示。

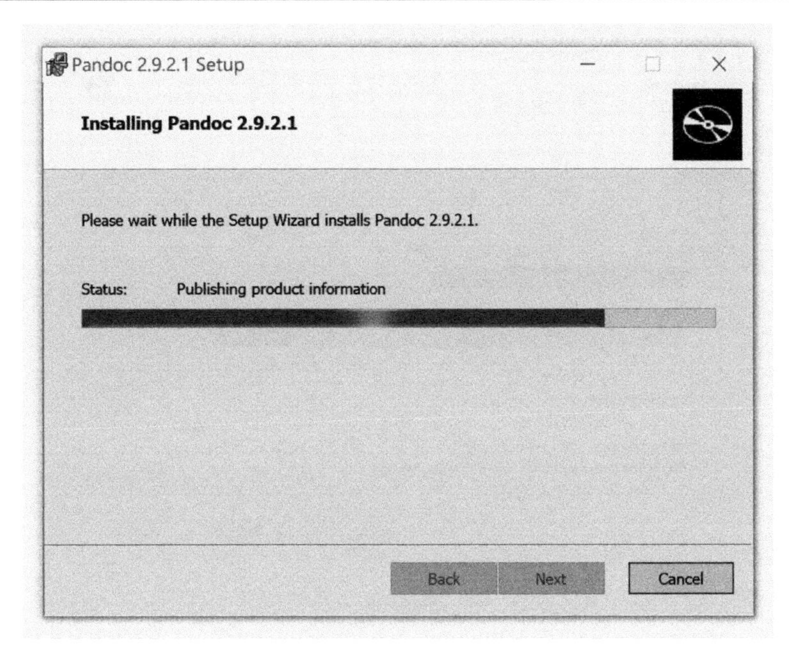

图 5-47

对于 Linux 用户，可用如下命令进行安装：

```
$ sudo apt-get install pandoc
```

3. 安装 TeX

TeX 是一个排版系统，用于制作漂亮的图书、论文等，特别适合制作包括大量数学公式的图书。

在 Jupyter 中，将一个**.ipynb** 文件转换为 PDF 文件时，Nbconvert 将 TeX 作为中间过程，即使用 LaTeX2e 格式的 XeTeX 渲染引擎将**.ipynb** 文件预处理为**.tex** 文件，然后转换为 PDF 文件。

TeX 环境配置本身较烦琐，不过网络上有一些第三方包，可以帮我们直接完成安装。

对于 Linux 用户，建议安装 TeX Live。Ubuntu 或 Debian 下的命令为

```
$ sudo apt-get install texlive-xetex texlive-fonts-
  recommended texlive-generic-recommended
```

对于 Windows 用户，可以使用 MiKTeX，在 MiKTeX 官网下载安装包进行安装。这里使用的版本为 basic-miktex-2.9.7386-x64.exe，其安装界面如图 5-48 所示。

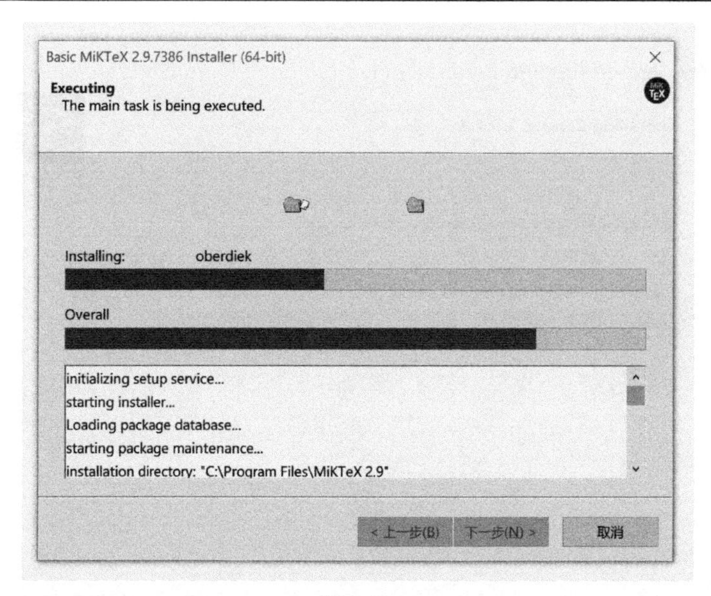

图 5-48

在安装完 Pandoc 和 TeX 之后，读者可以再次测试将 Notebook 另存为 PDF 或其他格式，此时将可以正常完成格式转换并生成相应格式的文档。

注意，当安装完 MiKTeX 后初次运行 **Download as** 命令时，可能需要安装缺失的包。此时可能弹出安装对话框、需要管理员权限或者出现网络连接错误等情况，请根据实际情况处理。必要的时候，可能需要通过开始菜单→**MiKTeX 2.9**→**MiKTeX console** 打开 **MiKTeX Console** 窗口进行相应的设置，如图 5-49 所示。

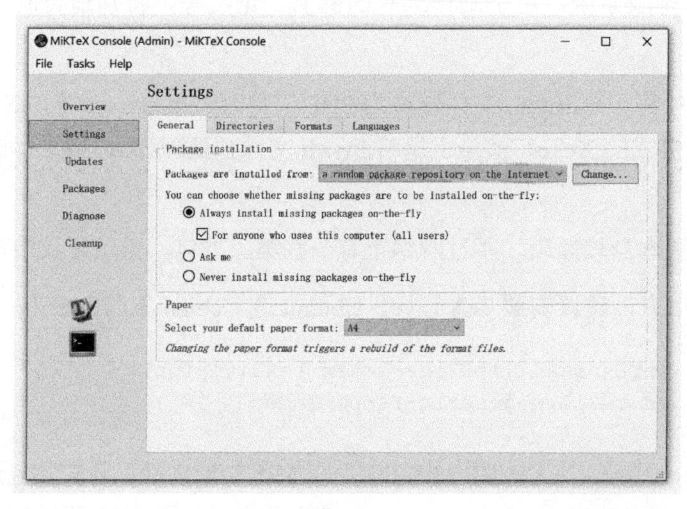

图 5-49

在 MiKTeX 缺失的包也安装完成，并能正常完成另存为 PDF 文件后，便可正常使用 Nbconvert 的所有功能了。

5.4.2 使用 Nbconvert

通过 5.4.1 节 Nbconvert 的安装与测试操作，我们已经了解了 Nbconvert 在 Jupyter Notebook 中的功能。

除在 Jupyter Notebook 的 **Download as** 命令中使用 Nbconvert 功能之外，我们还可以直接通过命令行使用 Nbconvert。利用命令行，我们可以直接将**.ipynb** 格式的文档转换为指定格式的文档。

1. Nbconvert 命令行

Nbconvert 的命令格式为：

```
> jupyter nbconvert --to FORMAT filename.ipynb
```

上述命令将指定的 Jupyter Notebook 文件 `filename.ipynb` 转换为 `FORMAT` 指定的格式。`filename` 可以使用通配符，从而可以一次转换多个文件。`FORMAT` 可以是 `html`、`latex`、`pdf`、`slides`、`markdown`、`asciidoc`、`script`、`notebook` 等格式。

图 5-50 中演示了将一个文件 `GuessMe.ipynb` 转换为 `HTML`、`PDF`、`LaTeX` 及 `Markdown` 格式的命令及其执行过程。

```
Anaconda Prompt (anaconda3)

(base) D:\Demo> jupyter nbconvert --to html GuessMe.ipynb
[NbConvertApp] Converting notebook GuessMe.ipynb to html
[NbConvertApp] Writing 274376 bytes to GuessMe.html

(base) D:\Demo> jupyter nbconvert --to pdf GuessMe.ipynb
[NbConvertApp] Converting notebook GuessMe.ipynb to pdf
[NbConvertApp] Writing 22362 bytes to .\notebook.tex
[NbConvertApp] Building PDF
[NbConvertApp] Running xelatex 3 times: ['xelatex', '.\\notebook.tex', '-quiet']
[NbConvertApp] Running bibtex 1 time: ['bibtex', '.\\notebook']
[NbConvertApp] WARNING | b had problems, most likely because there were no citations
[NbConvertApp] PDF successfully created
[NbConvertApp] Writing 15542 bytes to GuessMe.pdf

(base) D:\Demo> jupyter nbconvert --to latex GuessMe.ipynb
[NbConvertApp] Converting notebook GuessMe.ipynb to latex
[NbConvertApp] Writing 22362 bytes to GuessMe.tex

(base) D:\Demo> jupyter nbconvert --to markdown GuessMe.ipynb
[NbConvertApp] Converting notebook GuessMe.ipynb to markdown
[NbConvertApp] Writing 549 bytes to GuessMe.md

(base) D:\Demo>
```

图 5-50

2. Nbconvert 输出 Notebook 的执行结果

对于一个 Jupyter Notebook 文件，平常我们关注的是 Notebook 中每个单元格内的代码。但导出的时候，例如另存为 PDF 等格式时，我们可能更关注的是其执行结果，例如画出了图表、显示了复杂的公式等。

有两种方式实现上面的需求。第一种方式是在 Jupyter Notebook 中执行此 Notebook，然后保存包含执行结果的.ipynb 文件，再将此文件另存为 PDF 或其他格式，或通过 Nbconvert 命令行将其转换为其他格式。

第二种方式是在使用 Nbconvert 命令时，在命令中指定让 Notebook 执行，并另存为 Notebook 文件。其命令为

```
> jupyter nbconvert --to notebook --execute filename.ipynb
```

以上命令参数的意义在于，我们可以通过脚本的方式，而不是手动执行的方式，生成带执行结果的 Notebook。

第 6 章
配置和管理 Jupyter

在前面几章中，我们都是将 Jupyter Notebook 作为工具或应用程序，从使用者的角度来进行学习的。在此过程中我们虽然对 Jupyter Notebook 的理解不断深入，但没有对其从架构的角度进行理解。

本章我们将从 IT 架构和系统管理员的角度，讲述 Jupyter 的架构和原理，以及 Jupyter 的安装、配置、安全性等问题。

如果你是 Python 及数据科学的初学者，对网络技术及信息系统架构不太了解或志趣不在于此，那么可以略过本章，这不影响你对 Python、数据科学、机器学习的学习和掌握。

6.1 Jupyter 架构与原理

Jupyter Notebook 并不是一个单一的软件，而是前后端模式的系统。我们在前文中提到了 Notebook 服务器、内核、Notebook 等多个概念。本节将厘清这些概念的关系和原理，这将有助于读者充分理解 Jupyter，从而可以更深入地配置、优化和使用 Jupyter Notebook，并为读者进一步理解和掌握 JupyterLab 和 JupyterHub 等奠定基础。

6.1.1 从 IPython 说起

IPython 是一个设计出色的 Python 交互式工具，了解 IPython 相关概念，可以帮助我们理解 Jupyter 的架构和原理。

1. Python 交互式界面

第 3 章讲 Python 基础知识的时候提到：Python 是一门解释性语言。我们写的代码在运行的时候，会被一行一行地解释成计算机能够理解的机器码，然后被计算机执行。

安装了 Python 也就同时安装了 Python 的解释器，它负责运行 Python 代码。这个 Python 解释器可以被认为是 Python 原生的用户界面。

对于 Windows 操作系统，在命令提示符窗口中输入 `Python`，即可打开 Python 原生的用户界面，我们可以在该界面输入、编辑、运行 Python 语句，如图 6-1 所示。

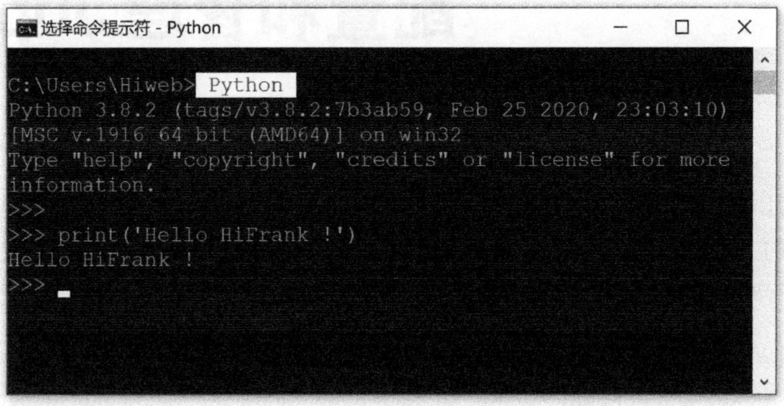

```
选择命令提示符 - Python
C:\Users\Hiweb> Python
Python 3.8.2 (tags/v3.8.2:7b3ab59, Feb 25 2020, 23:03:10)
[MSC v.1916 64 bit (AMD64)] on win32
Type "help", "copyright", "credits" or "license" for more
information.
>>>
>>> print('Hello HiFrank !')
Hello HiFrank !
>>>
```

图 6-1

从本质上来讲，Python 原生的解释器及用户界面可以用于完成基于 Python 的所有开发工作，但是使用起来很不方便。于是，人们为 Python 开发了许多更方便、更易用的交互界面。

例如，IPython 就是诸多 Python 交互工具中的“佼佼者”。它提供了很多增强的功能，例如行号提示，以不同的颜色显示不同类型的关键字或字符串，输入历史记录，利用 Tab 键自动完成输入，引入 Magic 命令，等等。IPython 界面如图 6-2 所示。

2. IPython 的含义

从本质上讲，我们提到 IPython 时，有两个不同的含义：其一是作为终端界面的 IPython 界面（图 6-2 所示的界面），是一个用于“录入代码 - 执行代码 - 显示结果”循环的交互式解释器，即 REPL（Read-Eval-Print Loop）；其二是指内核，可用于和前端界面通信，执行来自前端界面的代码，并将执行结果返回前端，由前端进行显示。

所以，IPython 其实包括前端界面和后端内核两部分。前端为 IPython 控制台（IPython Console），或称终端 IPython（Terminal IPython），后端为 IPython 内核（IPython Kernel）。前后端分别是不同的进程，前后端之间使用 ZeroMQ（或写作 0MQ）传递 JSON 消息来进行通信，其架构如图 6-3 所示。

```
选择IPython: C:Users/Hiweb
(base) C:\Users\Hiweb> IPython
Python 3.7.4 (default, Aug  9 2019, 18:34:13) [MSC v.1915 64
bit (AMD64)]
Type 'copyright', 'credits' or 'license' for more information

IPython 7.8.0 -- An enhanced Interactive Python. Type '?' for
 help.

In [1]: print(                    )
Hello HiFrank !

In [2]:
```

图 6-2

IPython 前后端分离的架构使其有了更有意义的发展路径。也就是说，我们可以分别在前端或后端独立发展出更多的特性。

例如，我们可以不断扩展和充实前端界面的功能，使其功能越来越丰富、完善，界面越来越美观、易用。甚至可以基于同一种内核，创造出其他前端界面。例如 qtconsole，以及本书的主角 Jupyter Notebook，包括第 7 章要讲的 JupyterLab，都可以被认为是 IPython 的不同的前端界面。

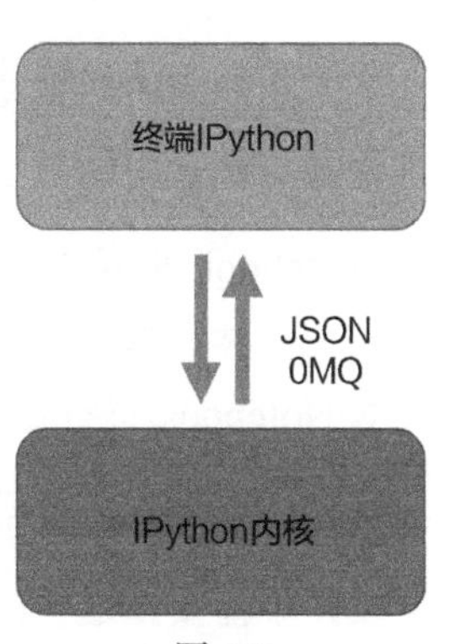

图 6-3

另外，我们可以独立创造出不同的后端内核，例如默认情况下 Jupyter Notebook 的内核为 Python。但是，我们也可以设计出其他语言的内核，例如可以在 Jupyter Notebook 中运行 Julia、R、Ruby、JavaScript、C#、Go、PHP 等语言的代码。

所以可以说，IPython 抽象和扩展了传统的 REPL 概念，将“Read-Eval-Print Loop”中的 Eval 解耦出来，在独立的进程中运行，这个进程就是内核，而 Read、Print 及 Loop 则由前端负责。这种解耦使得一个内核可以连接多个客户端，也可以将客户端与内核分置于不同的计算机上。

事实上，我们在命令行中输入 `IPython` 且不带任何参数打开的 IPython，是传统的基于终端的单进程的 IPython，如图 6-2 所示。除此之外，所有的 IPython 系统都是多进程模式的。

6.1.2 Jupyter 架构

上述 IPython 前后端分离并分别独立扩充发展的思路，成就了功能强大的 Jupyter。

Jupyter Notebook 的架构如图 6-4 所示。

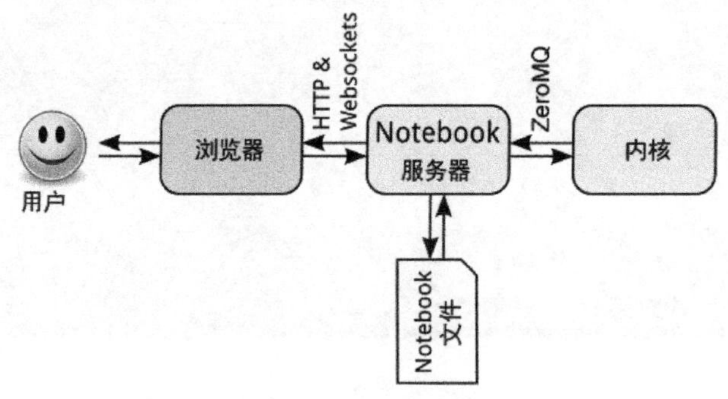

图 6-4 （本图源自 Jupyter 官方文档）

图 6-4 中的内核负责接收通过 ZeroMQ 传来的 JSON 格式的代码和数据，并执行代码和处理数据，然后将结果返回给 Notebook 服务器。

而 Notebook 服务器则提供了更多的功能。本书开头就提到：Notebook 是一个包含可执行代码、各种文本与公式以及可视化结果的扩展名为.ipynb 的文档，而 Notebook 服务器则负责对 Notebook 进行保存、加载、编辑等操作。

注意，Notebook 服务器不是内核，它是内核的前端。

内核并不需要知道 Notebook 文件的存在，也不需要知道 Notebook 服务器的存在，它只是在我们运行 Notebook 的 Code 类型的单元格时，接收由 ZeroMQ 传来的 JSON 格式的代码和数据，并执行代码，然后将结果返回给 Notebook 服务器。

而浏览器则作为 Notebook 服务器的 Web 前端，显示 Notebook 的内容及其运行结果。

6.2 Jupyter 安装与配置

在本书一开始，我们就已经通过安装 Anaconda 安装了 Jupyter，安装过程中的所有选项都选择默认值，从而用较简洁的方式得到了 Jupyter。本节我们讲述安装 Jupyter 过程中需要注意的问题，以及如何配置及定制 Jupyter。

6.2.1 安装 Jupyter

1．通过安装 Anaconda 来安装 Jupyter

Jupyter 可以运行多种语言的代码，但 Jupyter 本身是基于 Python 的。所以，安装 Jupyter 之前，需要先安装 Python。推荐通过安装 Anaconda 来安装 Python 及 Jupyter。

在第 1 章中，我们按照默认选项快速安装了 Anaconda，这里介绍一下安装 Anaconda 过程中的一些选项及其作用。

从 Anaconda 官网下载 Anaconda 个人版之后，即可开始安装。安装界面如图 6-5 所示。

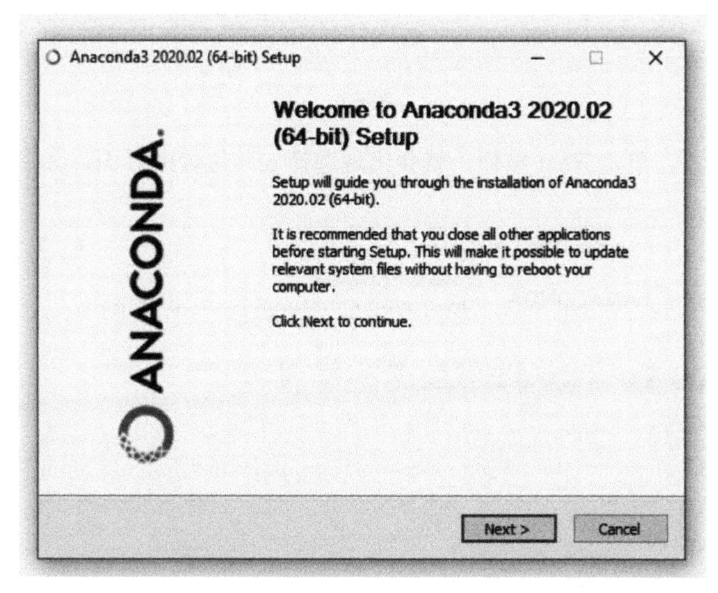

图 6-5

单击 Next 按钮，会出现选择安装类型的界面，如图 6-6 所示。在安装类型的设置中，需要选择是用于本账户还是用于登录该计算机的所有账户。当然，如果是个人计算机，则两个选项最终的使用效果是一样的。但需要注意的是，如果选择“Just Me”，则默认安装在个人 Profile 路径下；如果选择“All Users”，则默认安装在 C:\ProgramData 下。另外，如果选择“All Users”，则安装过程中需要管理员权限，此时会弹出用户账户控制（User Account Control，UAC）对话框。而且，此后安装其他组件时，也会弹出用户账户控制对话框。

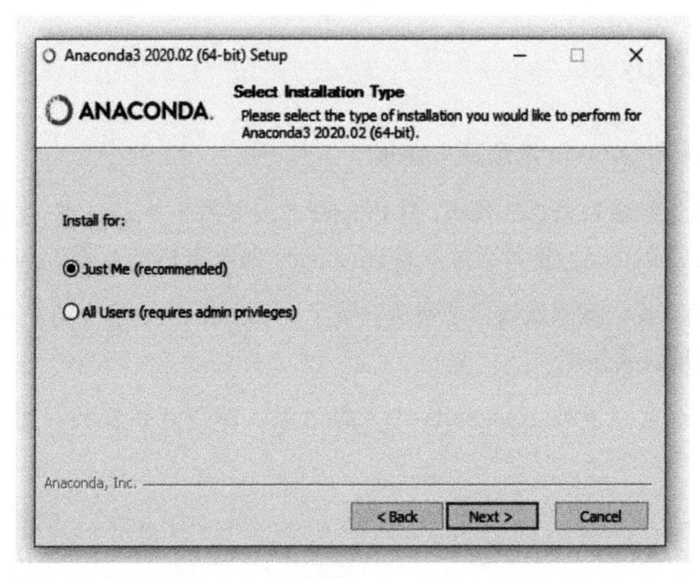

图 6-6

选完安装类型，单击 Next 按钮，就会出现选择安装位置的界面，如图 6-7 所示。

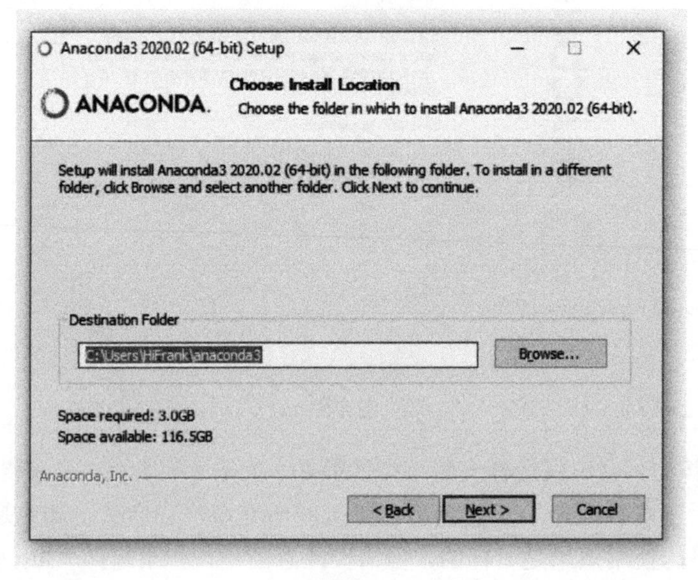

图 6-7

在高级安装选项界面，有两个选项，如图 6-8 所示。

- **Add Anaconda3 to my PATH environment variable**。如果选中该选项，则会将 Anaconda 的安装路径添加到系统的 PATH 环境变量中。这样做的好处是在任何一个命令提示符窗口或命令行路径下，都可以通过输入命令打开 Anaconda 中的应用，例如在本机任意命令提示符窗口输入 `jupyter notebook` 都可以打开 Jupyter Notebook。但这样做有可能会导致 Anaconda 和以前安装的其他软件版本不一致，因而提示卸载或重新安装。所以不建议选中此选项。

- **Register Anaconda3 as my default Python 3.7**。选中该选项会将本次安装 Anaconda 时安装的 Python 作为系统的 Python 环境。这将导致在系统中安装的其他 Python 应用，例如 Visual Studio Code、PyCharm 等也会以此次安装的 Python 作为其 Python 版本。这样做的好处是这些应用都使用了同样的 Python 版本，缺点是可能会影响你的特定配置或版本需要。请根据实际情况选择。

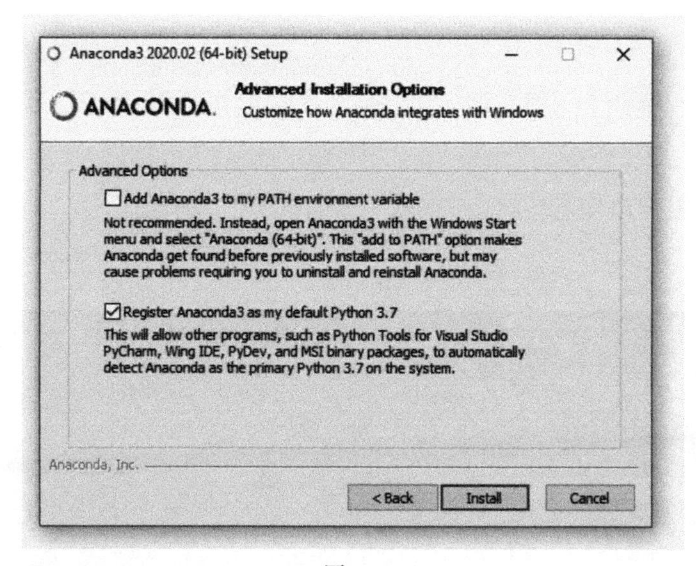

图 6-8

在根据我们的具体需求选择相应的选项后，即可开始安装，如图 6-9 所示。

2．通过命令安装 Jupyter

对于已经在深入使用 Python，并且一直在使用 Visual Studio Code 或者 PyCharm 的读者，如果不希望因为安装 Anaconda 而对自己的系统环境产生影响，可以通过命令安装 Jupyter。

在已经安装了 Python 和 pip 的前提下，在命令行中输入如下命令就会开始下载和安装 Jupyter：

```
> pip install jupyter
```

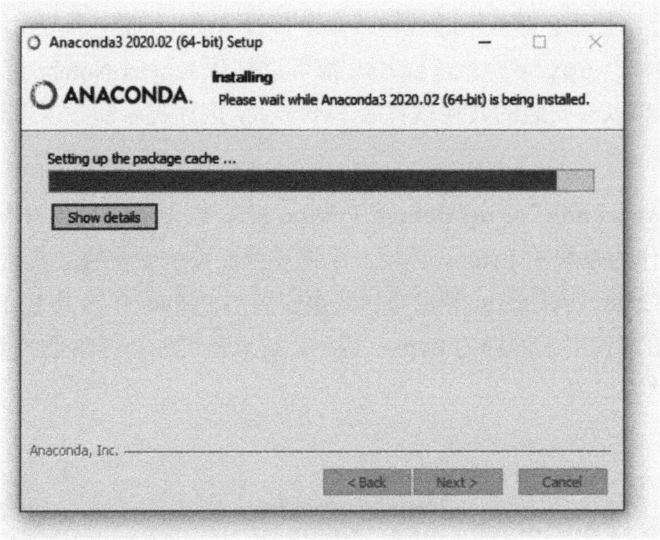

Anaconda3 2020.02 (64-bit) Setup
Installing
Please wait while Anaconda3 2020.02 (64-bit) is being installed.
ANACONDA.
Setting up the package cache ...
Show details
Anaconda, Inc.
< Back Next > Cancel

图 6-9

运行界面如图 6-10 所示。

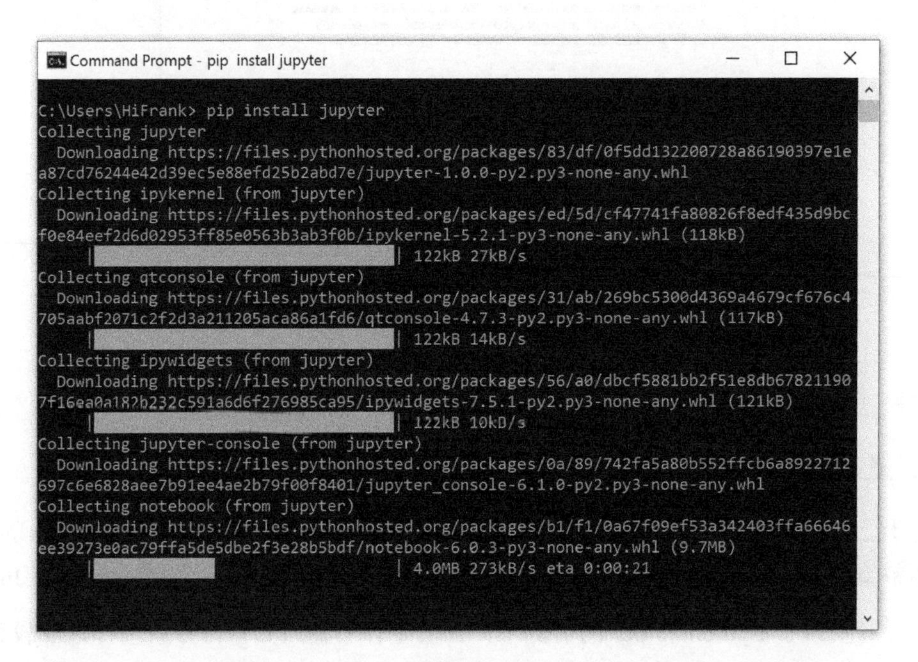

图 6-10

安装完成后，就可以在命令行输入 `jupyter notebook` 打开 Jupyter Notebook Web 页面了。

如果希望更深度地控制安装过程，可以在命令行中输入 `pip install jupyter -help`，了解相关选项，此处不赘述。

6.2.2 配置 Jupyter

我们可以通过设置命令行参数或者编辑配置文件的方式，设置 Jupyter 的具体配置。

1. 通过命令行参数配置 Jupyter

在命令行输入 `jupyter notebook` 启动和运行 Jupyter 的时候，实际上是按照默认设置启动的 Jupyter。例如，Jupyter 服务器的默认端口号是 8888，默认主机名或 IP 地址是 localhost 或 127.0.0.1。

在启动 Jupyter 的时候，是可以通过参数设置其相关配置的。例如，通过如下代码即可指定其端口号为 9999：

```
> jupyter notebook --NotebookApp.port = 9999
```

我们可以通过 `jupyter notebook --help` 命令了解更多的配置选项。

2. 通过配置文件配置 Jupyter

我们可以通过修改 Jupyter Notebook 服务器的配置文件，来改变 Jupyter 启动或运行时的配置。配置文件的默认路径为"~\.jupyter"，对于 Windows 操作系统，其默认路径为 C:\Users\<UserName>\.jupyter。配置文件为此目录下的 jupyter_notebook_config.py 文件。

如果没有该文件，则可以通过如下命令生成：

```
> jupyter notebook --generate-config
```

该文件中列出了所有的配置信息。默认情况下，这些配置信息是被注释掉的，如图 6-11 所示。

在图 6-11 中，可以看到`#c.NotebookApp.port = 8888`，其作用就是设置 Jupyter Notebook 服务器 Web 服务的端口号。如果去掉行首的`#`，将 `8888` 改为 `7777`，然后重启 Jupyter Notebook，Jupyter Notebook 的端口号就会改为新的配置。

再如，如果希望每次通过命令行打开 Jupyter Notebook 时都能以指定路径作为 Jupyter Notebook 仪表板中的根目录，那么可以在配置文件中找到相应的行，修改为指定路径（如 `c.NotebookApp.notebook_dir = 'D:\\Demo '`）即可。

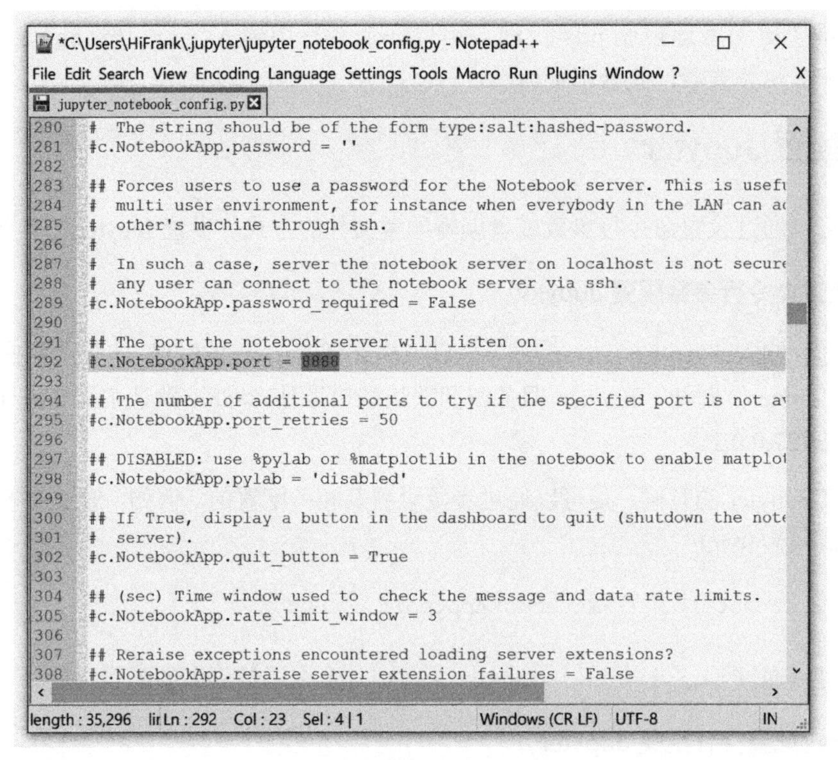

图 6-11

关于配置文件中的各个配置项，这里不逐一列出，读者可根据注释自行浏览。在此后的内容中，我们会使用该配置文件中的一些选项，以实现特定功能。

6.3 Jupyter 的安全性

到目前为止，我们都是将 Jupyter Notebook 作为本机的一个应用在使用，没有考虑其安全性。本节我们讲述 Jupyter 的安全问题。

6.3.1 Jupyter Notebook 服务器的安全验证

对 Jupyter Notebook 服务器的访问将意味着可以访问和运行 Jupyter 服务器上的所有 Notebook，所以有必要对其做出访问限制。

1. 基于 Token 的验证

Jupyter Notebook 服务器默认使用基于 Token 的验证。当启用 Token 验证时，Notebook

通过 Token 验证请求，Token 会将验证头或者 URL 参数提供给 Notebook 服务器。

我们可以用 `jupyter notebook list` 命令显示当前正在运行的 Jupyter 服务器的 URL 及其 Token。

举例说明。首先，我们打开 Jupyter Notebook 两次，这会运行两个 Jupyter 服务器实例。第一个实例会使用默认端口号或你在配置文件中指定的端口号，后运行的实例的端口号会依次增加。然后，我们通过 `jupyter notebook list` 命令显示当前正在运行的 Jupyter 服务器的 URL 及其 Token，如图 6-12 所示。

图 6-12

2. 基于口令的验证

除了可以使用 Token 验证，也可以使用口令验证。我们可以通过 `jupyter notebook password` 命令设置口令，如图 6-13 所示。

```
选择Anaconda Prompt (anaconda3)

(base) C:\Users\HiFrank>jupyter notebook password
Enter password:
Verify password:
[NotebookPasswordApp] Wrote hashed password to C:\Users\HiFrank\.ju
pyter\jupyter_notebook_config.json

(base) C:\Users\HiFrank>
```

图 6-13

在图 6-13 中，我们设置了 Jupyter Notebook 服务器的口令，该口令的哈希值保存在 jupyter_notebook_config.json 文件中，如图 6-14 所示。

```
C:\Users\HiFrank\.jupyter\jupyter_notebook_config.json - Notepad++
File Edit Search View Encoding Language Settings Tools Macro Run Plugins Window ?
jupyter_notebook_config.json
1 {
2   "NotebookApp": {
3     "nbserver_extensions": {
4       "jupyter_nbextensions_configurator": true
5     },
6     "password": "sha1:b5b3f7c0d226:f8c1d92bf1228437f3f9873b04110162e4e94e67"
7   }
8 }
length : 194   lines : 8   Ln : 6   Col : 77   Sel : 0 | 0   Windows (CR LF)   UTF-8   IN
```

图 6-14

此后打开 Jupyter Notebook 时，就需要先输入口令才能进入 Jupyter Notebook 仪表板并正常使用各项功能，如图 6-15 所示。

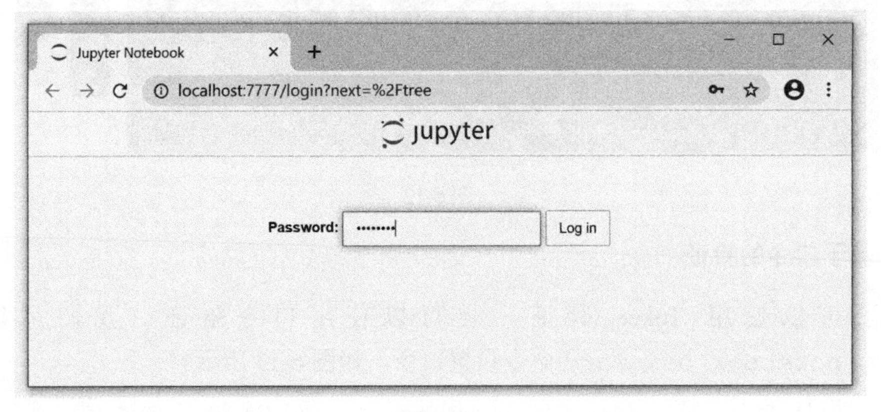

图 6-15

`jupyter notebook password` 命令会把设置的口令的哈希值保存在 jupyter_notebook_config.json 文件中。细心的读者可能会注意到，配置文件 jupyter_notebook_config.py 中也有口令的相关内容。

事实上，我们也可以手动将哈希计算后的口令保存在配置文件 jupyter_notebook_config.py 中，但是需要先算出设置的口令的哈希值。

Jupyter Notebook 为我们提供了计算口令的哈希值的函数 `passwd()`，我们可以直接使用，如图 6-16 所示。

```
In [1]:  1 from notebook.auth import passwd
         2 passwd()

         Enter password: ········
         Verify password: ········

Out[1]: 'sha1:c050d872eecf:d9e20dfcdf6885468995d3794e2393b436384e78'
```

图 6-16

复制 passwd()的输出到配置文件 jupyter_notebook_config.py 中即可，如图 6-17 所示。

```
*C:\Users\HiFrank\.jupyter\jupyter_notebook_config.py - Notepad++
File Edit Search View Encoding Language Settings Tools Macro Run Plugins Window ?
jupyter_notebook_config.py
273
274  ## Hashed password to use for web authentication.
275  #
276  #  To generate, type in a python/IPython shell:
277  #
278  #    from notebook.auth import passwd; passwd()
279  #
280  #  The string should be of the form type:salt:hashed-password.
281  c.NotebookApp.password = u'sha1:c050d872eecf:d9e20dfcdf6885468995d3794e2393b436384e78'
282
283  ## Forces users to use a password for the Notebook server. This is useful in a
284  #  multi user environment, for instance when everybody in the LAN can access each
285  #  other's machine through ssh.
Python length : 35,360   lines : 877   Ln : 281   Col : 87   Sel : 0 | 0   Windows (CR LF)   UTF-8   IN
```

图 6-17

如果配置文件 jupyter_notebook_config.py 中的设置与 jupyter_notebook_config.json 文件中的设置不一致，则以.json 文件的设置为准。

6.3.2 使用 SSL 实现安全通信

我们可以使用 Web 证书通过安全套接层（Secure Sockets Layer，SSL）实现服务器验证和通信过程加密。如果 Jupyter Notebook 服务器是企业内部使用的，则可以考虑使用自签名证书。如果你打算在公网部署 Jupyter Notebook，则可以考虑使用正式的证书颁发机构（Certificate Authority，CA）颁发的证书。

我们以自签名证书为例说明使用 SSL 的方法。

首先，生成自签名证书及密钥，例如可以使用 OpenSSL 生成证书及密钥。

```
> openssl req -x509 -nodes -days 365 -newkey rsa:2048 -keyout
  HiKey.key -out HiCert.pem
```

该命令通过 OpenSSL 生成一个自签名证书 `HiCert.pem` 及其对应的私钥 `HiKey.key`，操作如图 6-18 所示。

```
选择Anaconda Prompt (anaconda3) - jupyter notebook --certfile=HiCert.pem --keyfile HiKey.key
(base) C:\Users\HiFrank> openssl req -x509 -nodes -days 365 -newkey rsa:2048 -keyout HiKey.key -out HiCert.pem
Generating a RSA private key
.........................................................................................................+++++
............+++++
writing new private key to 'HiKey.key'
-----
You are about to be asked to enter information that will be incorporated
into your certificate request.
What you are about to enter is what is called a Distinguished Name or a DN.
There are quite a few fields but you can leave some blank
For some fields there will be a default value,
If you enter '.', the field will be left blank.
-----
Country Name (2 letter code) [AU]:CN
State or Province Name (full name) [Some-State]:SH
Locality Name (eg, city) []:SH
Organization Name (eg, company) [Internet Widgits Pty Ltd]:Tensuntrans
Organizational Unit Name (eg, section) []:IoT
Common Name (e.g. server FQDN or YOUR name) []:HiFrank
Email Address []:hiweb@outlook.com

(base) C:\Users\HiFrank>
```

图 6-18

然后，我们就可以使用该证书及密钥通过 SSL 打开 Jupyter Notebook 了。

```
> jupyter notebook --certfile=HiCert.pem --keyfile HiKey.key
```

打开命令的执行结果如图 6-19 所示。

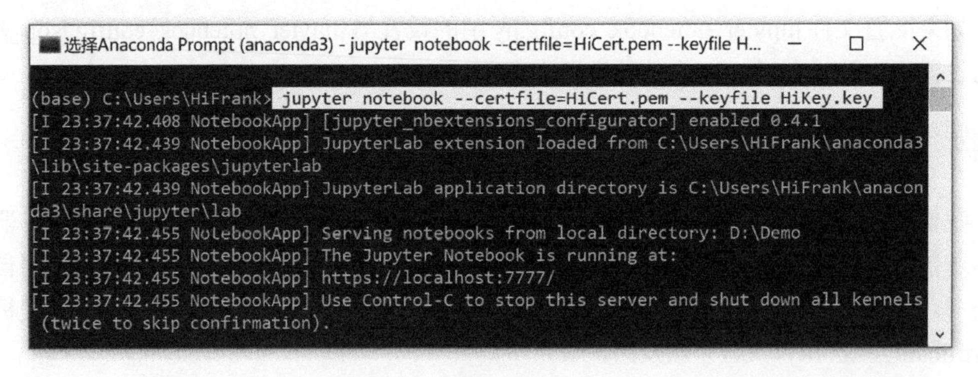

图 6-19

此时，浏览器将以超文本传输安全协议（Hypertext Transfer Protocol Secure，HTTPS）方式打开 Jupyter Notebook，而不是此前的超文本传输协议（Hypertext Transfer Protocol，HTTP）方式。

需要说明的是，当浏览器打开 Jupyter Notebook 时，因为我们使用的是未受信的自签名证书，所以会有错误提示。在浏览器的错误提示中，我们使用高级选项继续访问，即可打开 Jupyter Notebook。

此时，浏览器地址栏会有证书安全提示，展开可以看到该地址已经使用我们颁发的自签名证书了，如图 6-20 所示。

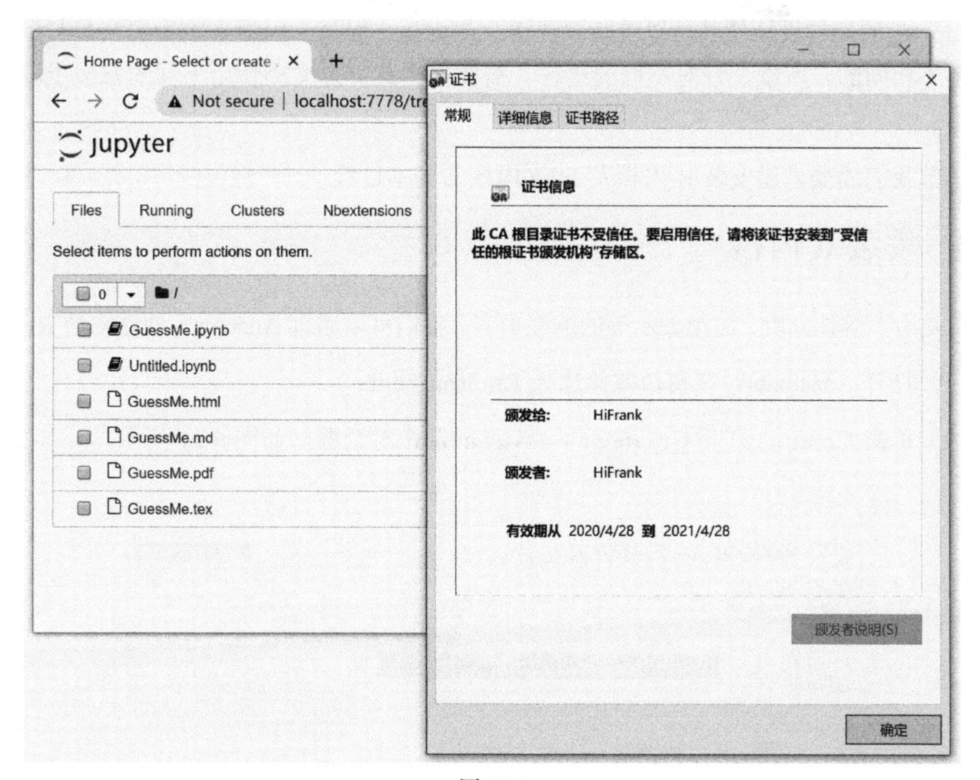

图 6-20

通过上面的步骤，我们演示了使用 SSL 配置 Jupyter Notebook 的过程。由于使用的是自签名证书，因此浏览器会有安全提示，但本质上不影响我们对 SSL 概念的理解，也不影响我们对 Jupyter Notebook 网络安全的提升。我们可以将该证书放到本机的受信证书目录下，即可不再提示证书错误。

当然，对于在公网上部署的 Jupyter Notebook，则推荐使用正式的证书颁发机构颁发的证书。

关于公钥基础设施（Public Key Infrastructure，PKI）及证书的相关内容已远超本书范畴，此处不赘述。

6.4　Jupyter 多语言支持

通过理解 Jupyter 架构，我们已经知道 Jupyter 可以非常方便地支持多种不同的内核，从而可以在 Jupyter Notebook 环境中使用多门编程语言。

Jupyter 的架构设计使其可以支持多门语言的内核，但每一门语言本身的安装与配置方式是各不相同的。所以，针对不同的语言，需要根据其官方文档使用不同的安装步骤进行安装。

本节我们简要讲述安装 R 内核及 Julia 内核的基本过程。

6.4.1　安装 R 内核

R 是用于统计分析、图形表示等的编程语言。我们可以通过 Anaconda 快速安装 R 内核。

（1）打开 Anaconda，在窗口左侧选择 **Environments**。

（2）单击 **Create**，打开 **Create new environment** 对话框，如图 6-21 所示。

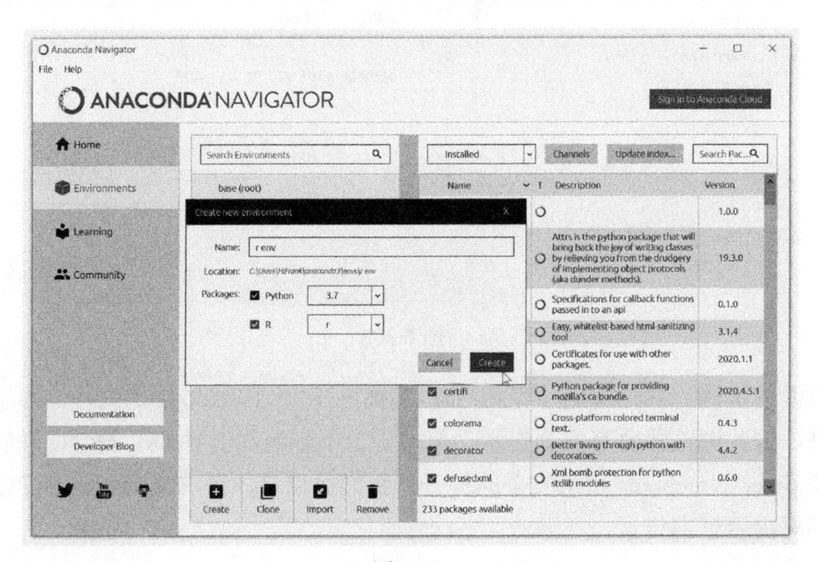

图 6-21

（3）在 **Name** 文本框中输入计划新建的 R 环境的名称。在 **Packages** 后选中 **Python** 和 **R** 复选框。单击 **Create** 按钮，开始新建 R 环境。

（4）等待安装完成，即在 **Environments** 页中显示出新建的 R 环境。

（5）单击新建的 R 环境名称后的 **Open with Jupyter Notebook**，即可使用该环境打开 Jupyter Notebook，如图 6-22 所示。

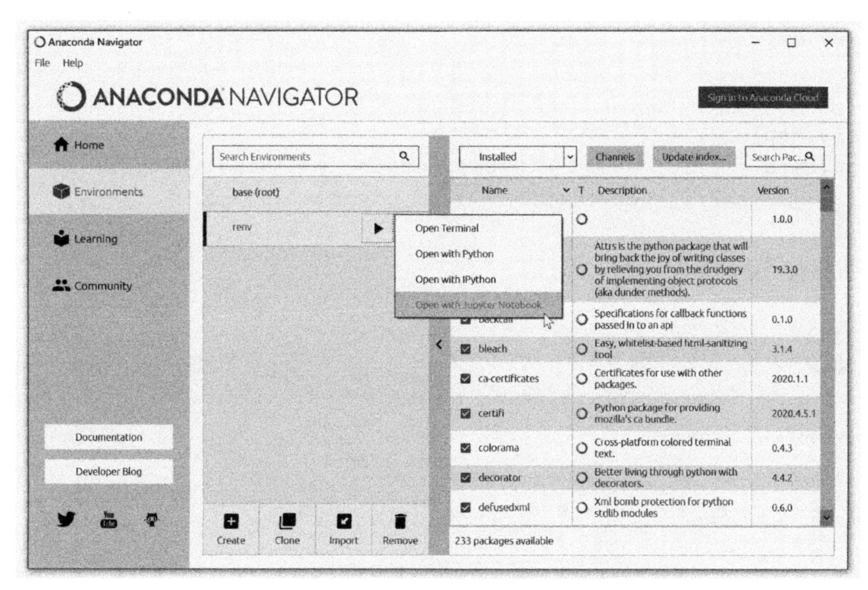

图 6-22

（6）在大家熟悉的 Jupyter Notebook 页面，即可新建基于 R 内核的 Notebook，如图 6-23 所示。

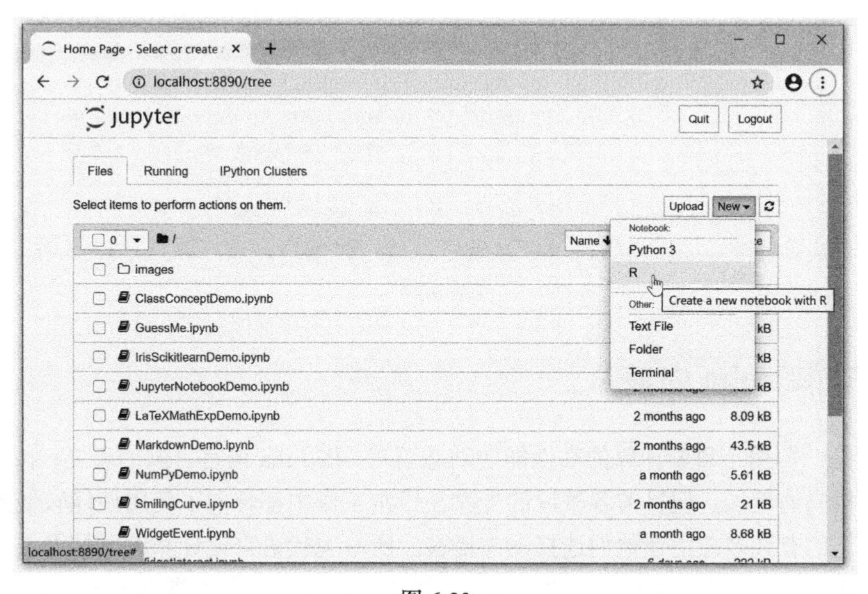

图 6-23

（7）在新建的基于 R 内核的 Notebook 中，我们就可以在单元格中使用 R 语言了。例如，我们用 R 语言加载鸢尾花数据集，并画出其散点图，代码如下：

```
library(dplyr)
iris

library(ggplot2)
ggplot(data = iris, aes(x = Sepal.Length, y = Sepal.Width,
          color = Species)) + geom_point(size = 3)
```

运行效果如图 6-24 所示。

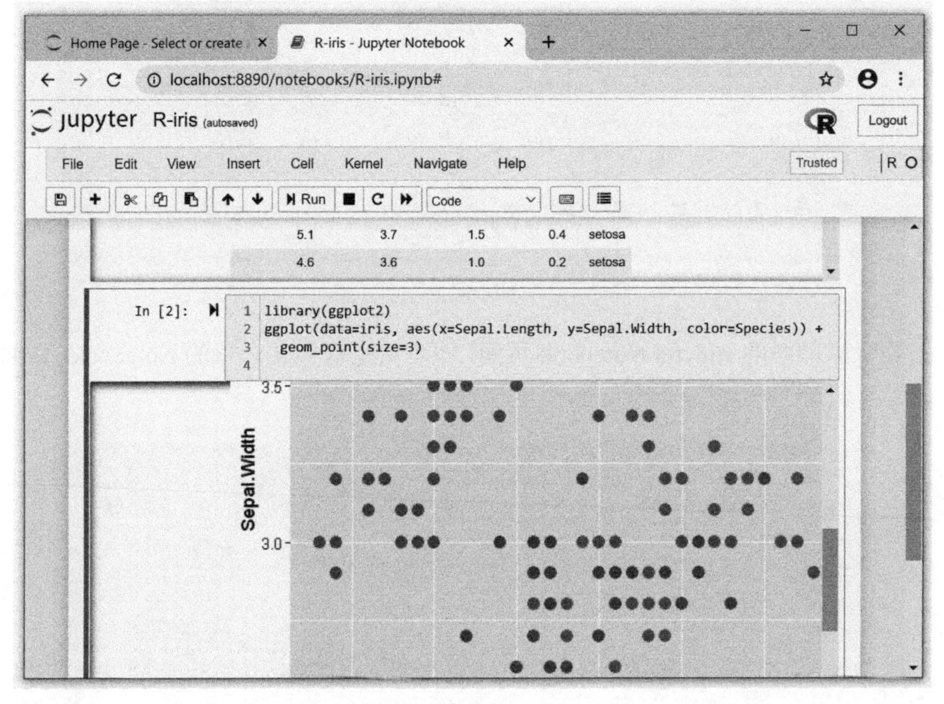

图 6-24

6.4.2 安装 Julia 内核

Julia 是一门用于科学计算的高性能的动态语言。按 Julia 语言官网的表述：科学计算传统上要求极高的性能，但目前各领域的专家在日常工作中都转向了使用性能较低的动态语言，我们相信有许多理由使他们选择动态语言。所幸现代语言设计和编译技术使我们可以忽略对性能的考虑，并提供足够高效的单一环境用于原型设计及部署性能密集型应用程序。

Julia 填补了这一角色，它是一种适用于科学和数值计算的、性能可与传统静态语言媲美的、灵活的动态语言。

本节不讲述 Julia 语言本身，仅简要介绍为 Jupyter Notebook 安装 Julia 内核的基本过程，以便我们可以在 Jupyter 环境中使用 Julia。

安装过程包括安装 Julia 语言本身以及安装 Julia 内核（IJulia）两部分。

（1）打开 Julia 官网，下载 Julia 安装包。

（2）安装 Julia，安装界面如图 6-25 所示。

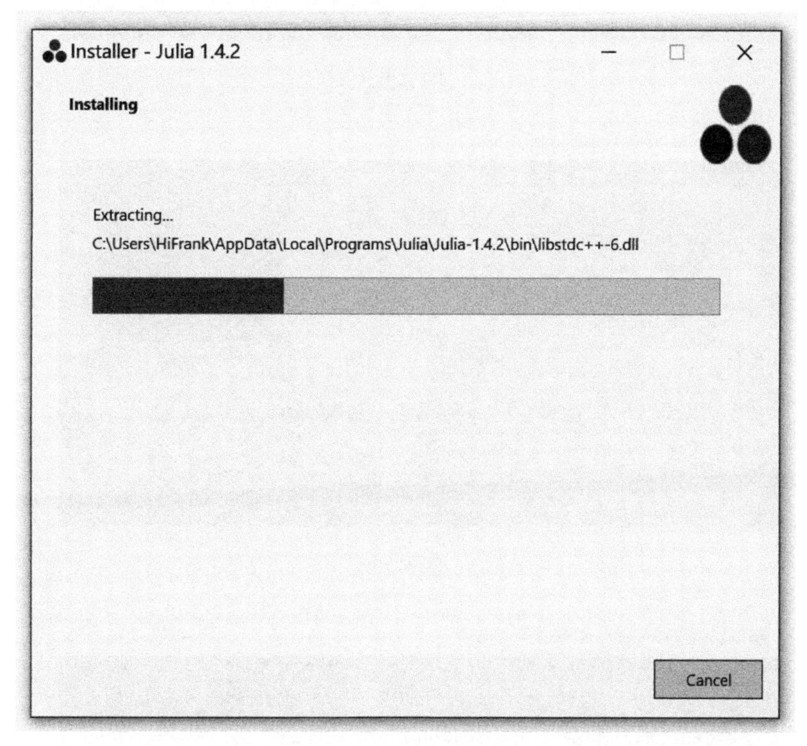

图 6-25

（3）安装完成后，我们通过开始菜单打开 Julia。或在命令行中输入 `julia`，打开 Julia，如图 6-26 所示。

（4）以上步骤已经完成了 Julia 的安装，并可使用 Julia 语言了。接下来我们为 Jupyter Notebook 安装 Julia 内核。在 `julia>`提示符后，输入`]`，进入 `pkg` 模式，如图 6-27 所示。

（5）输入命令 `add IJulia`，安装 Julia 内核，如图 6-28 所示。

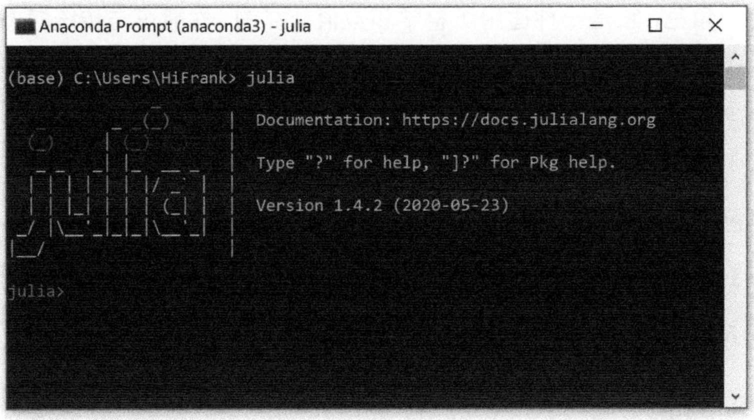

```
Anaconda Prompt (anaconda3) - julia

(base) C:\Users\HiFrank> julia
                         Documentation: https://docs.julialang.org
                         Type "?" for help, "]?" for Pkg help.
                         Version 1.4.2 (2020-05-23)

julia>
```

图 6-26

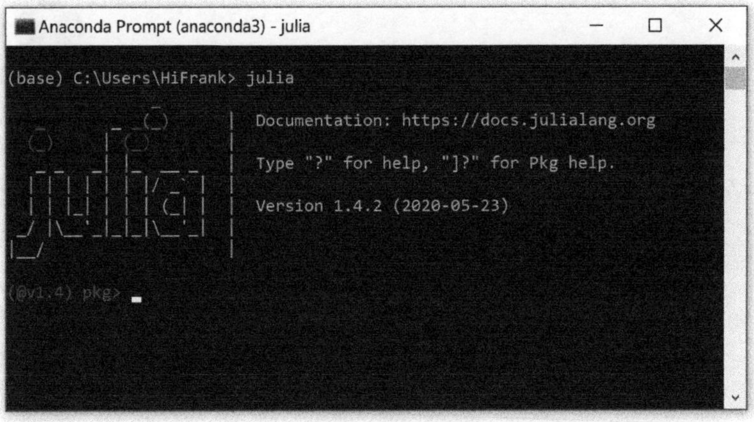

```
Anaconda Prompt (anaconda3) - julia

(base) C:\Users\HiFrank> julia
                         Documentation: https://docs.julialang.org
                         Type "?" for help, "]?" for Pkg help.
                         Version 1.4.2 (2020-05-23)

(@v1.4) pkg>
```

图 6-27

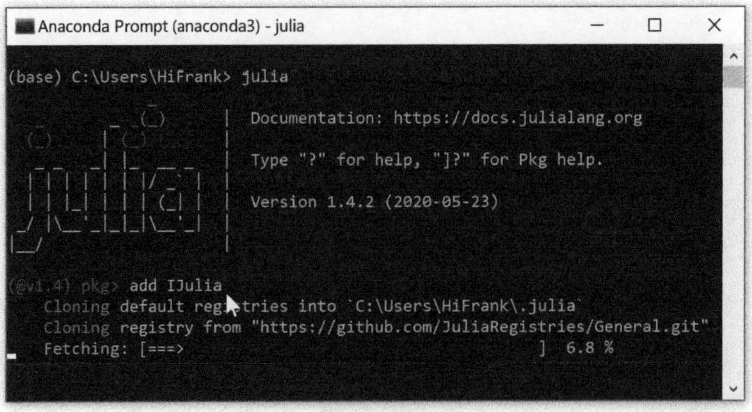

```
Anaconda Prompt (anaconda3) - julia

(base) C:\Users\HiFrank> julia
                         Documentation: https://docs.julialang.org
                         Type "?" for help, "]?" for Pkg help.
                         Version 1.4.2 (2020-05-23)

(@v1.4) pkg> add IJulia
   Cloning default registries into `C:\Users\HiFrank\.julia`
   Cloning registry from "https://github.com/JuliaRegistries/General.git"
   Fetching: [===>                                        ]  6.8 %
```

图 6-28

（6）在正确安装完成后，打开 Jupyter Notebook，即可新建基于 Julia 内核的 Notebook 了，如图 6-29 所示。

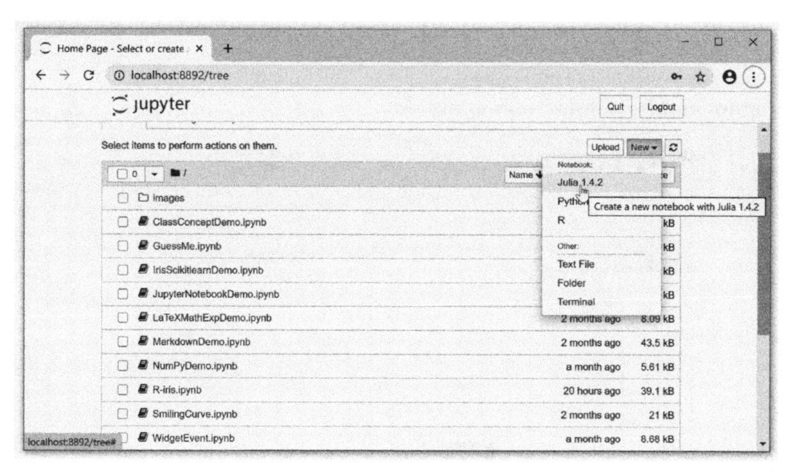

图 6-29

（7）可以在新建的基于 Julia 内核的 Notebook 中输入如下 Julia 代码，简单演示其语法及功能：

```
using Plots
plotly()

plot([sin,cos],-pi,pi)
```

（8）事实上，运行上述代码时可能会收到报错信息。这是因为我们只安装了基本的 Julia 语言环境，并没有为 Julia 安装本示例代码中所需的 Plots 包。为此，请在 Julia 界面输入命令 `import Pkg; Pkg.add("Plots")`，安装 Plots 包，如图 6-30 所示。

```
选择Windows PowerShell
julia> import Pkg; Pkg.add("Plots")
  Resolving package versions...
  Installed Reexport ──────────v0.2.0
  Installed FFMPEG_jll ────────v4.1.0+3
  Installed PlotUtils ─────────v1.0.4
  Installed FixedPointNumbers ──v0.8.0
  Installed FreeType2_jll ─────v2.10.1+2
  Installed Missings ──────────v0.4.3
  Installed FFMPEG ────────────v0.3.0
  Installed OrderedCollections ─v1.2.0
  Installed PlotThemes ────────v2.0.0
  Installed libfdk_aac_jll ────v0.1.6+2
  Installed LibVPX_jll ────────v1.8.1+1
```

图 6-30

（9）在正确安装 Plots 包之后，在基于 Julia 内核的 Jupyter Notebook 中，就可以运行此示例代码了，如图 6-31 所示。

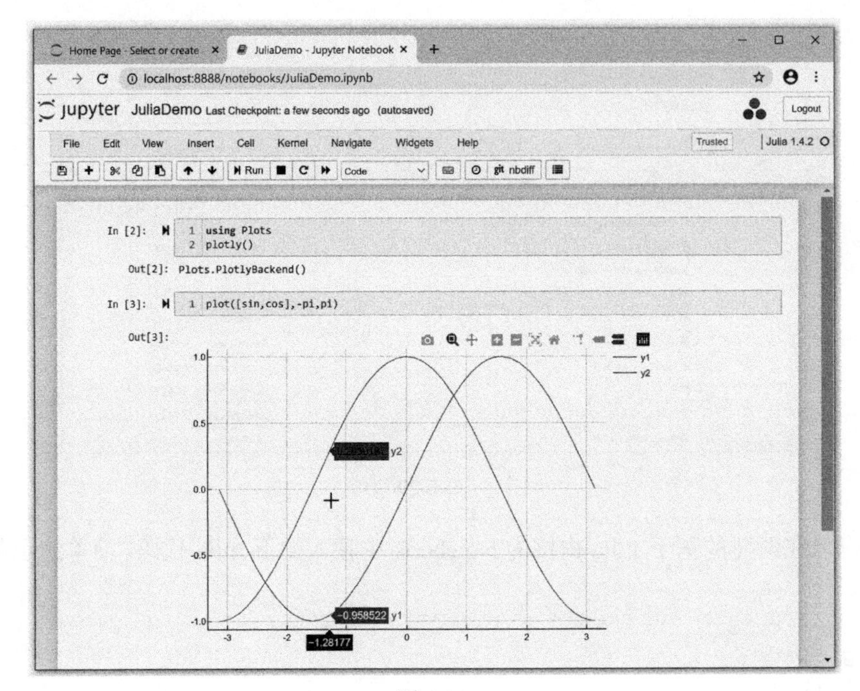

图 6-31

第 7 章 JupyterLab

在前文中，我们全面地学习了 Jupyter Notebook，并对其架构有了较系统的认识。Jupyter 还推出了功能更加强大的 JupyterLab。

JupyterLab 是 Jupyter 的服务器扩展，全面兼容 Jupyter Notebook 的所有功能与特点，在此基础上优化和完善了用户界面，成为一个功能更强大的交互与探索计算的集成开发环境。按照 Jupyter 官方文档所述，JupyterLab 终将取代经典的 Jupyter Notebook。

本章讲述 JupyterLab 的安装及应用等知识。在学习完本章后，相信读者会从 Jupyter Notebook“迁移”到更强大、更易用的 JupyterLab 上来。

7.1 安装 JupyterLab

JupyterLab 是 Jupyter 项目的新一代基于 Web 的交互式开发环境。在 JupyterLab 中，我们可以处理和运行多个 Jupyter Notebook、文本编辑器、终端以及定制的扩展组件，JupyterLab 为我们提供了全面的基于 Web 的集成开发环境。

从本质上讲，JupyterLab 是 Jupyter 的服务器扩展，也是对 Jupyter 功能的扩展。所以，JupyterLab 完全兼容 Jupyter Notebook 的所有功能。

在安装了 Jupyter 的基础之上，我们可以通过如下命令安装 JupyterLab：

```
> pip install jupyterlab
```

安装过程如图 7-1 所示。

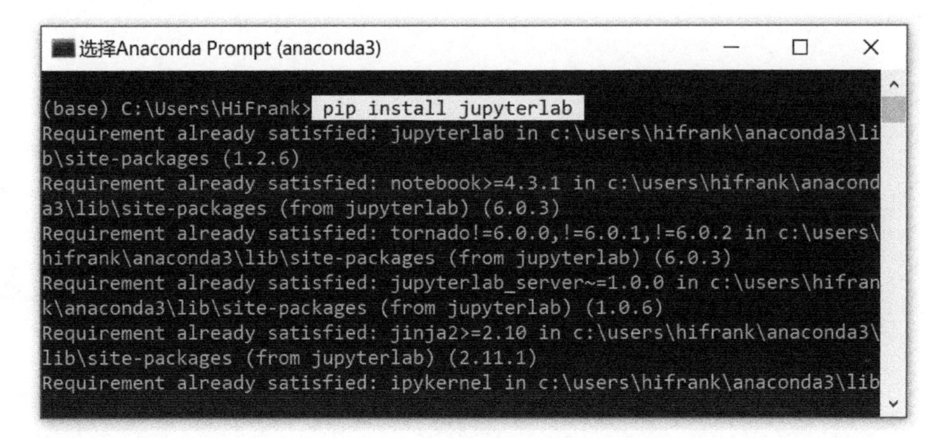

图 7-1

因为我们此前通过安装 Anaconda 安装了 Jupyter，Anaconda 中已经包括了 JupyterLab，所以安装过程会提示安装包已存在，并直接进行安装，但这样安装的不一定是最新版。而 JupyterLab 作为 Jupyter 项目中的新组件，目前正在快速发展和更新中，所以，建议大家使用 upgrade 更新方式进行安装，命令为

```
> pip install jupyterlab --upgrade
```

安装界面如图 7-2 所示。

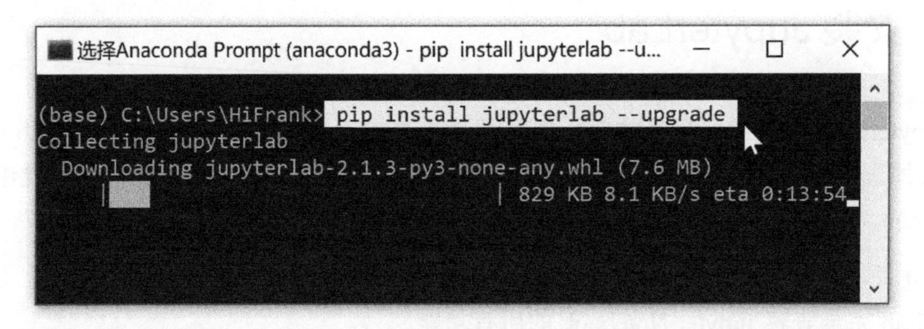

图 7-2

安装完成后，我们可以使用 jupyter lab --version 命令检查其版本号。

在正确安装完 JupyterLab 后，我们在命令提示符窗口中输入 jupyter lab，如图 7-3 所示。

```
选择Anaconda Prompt (anaconda3) - jupyter lab
(base) C:\Users\HiFrank> jupyter lab
[I 20:58:41.931 LabApp] Loading IPython parallel extension
[I 20:58:41.965 LabApp] [jupyter_nbextensions_configurator] enabled 0.4.1
[I 20:58:41.980 LabApp] JupyterLab extension loaded from C:\Users\HiFrank\
anaconda3\lib\site-packages\jupyterlab
[I 20:58:41.980 LabApp] JupyterLab application directory is C:\Users\HiFra
nk\anaconda3\share\jupyter\lab
[I 20:58:41.996 LabApp] Serving notebooks from local directory: D:\Jupyter
LearningCodes
[I 20:58:41.996 LabApp] The Jupyter Notebook is running at:
[I 20:58:41.996 LabApp] http://localhost:8888/
[I 20:58:41.996 LabApp] Use Control-C to stop this server and shut down al
```

图 7-3

类似于 Jupyter Notebook，运行上述命令后，将通过默认浏览器打开 JupyterLab，如图 7-4 所示。

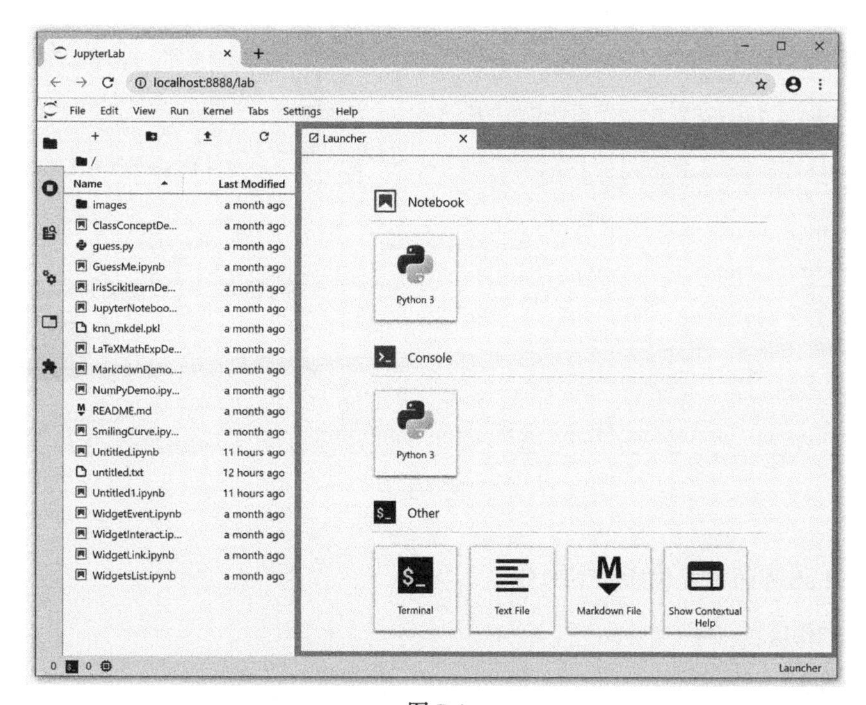

图 7-4

7.2 使用 JupyterLab

JupyterLab 是 Jupyter 的服务器扩展，所以 JupyterLab 包括了我们此前学习的 Jupyter

Notebook 的所有功能与特点，同时提供了更好的集成性和更强大的功能。基于此，本节讲述 JupyterLab 的功能及应用，但不再像第 2 章一样详细讲述，相信大家可以基于此前的知识快速掌握 JupyterLab。

7.2.1 JupyterLab 界面

JupyterLab 的界面如图 7-5 所示。

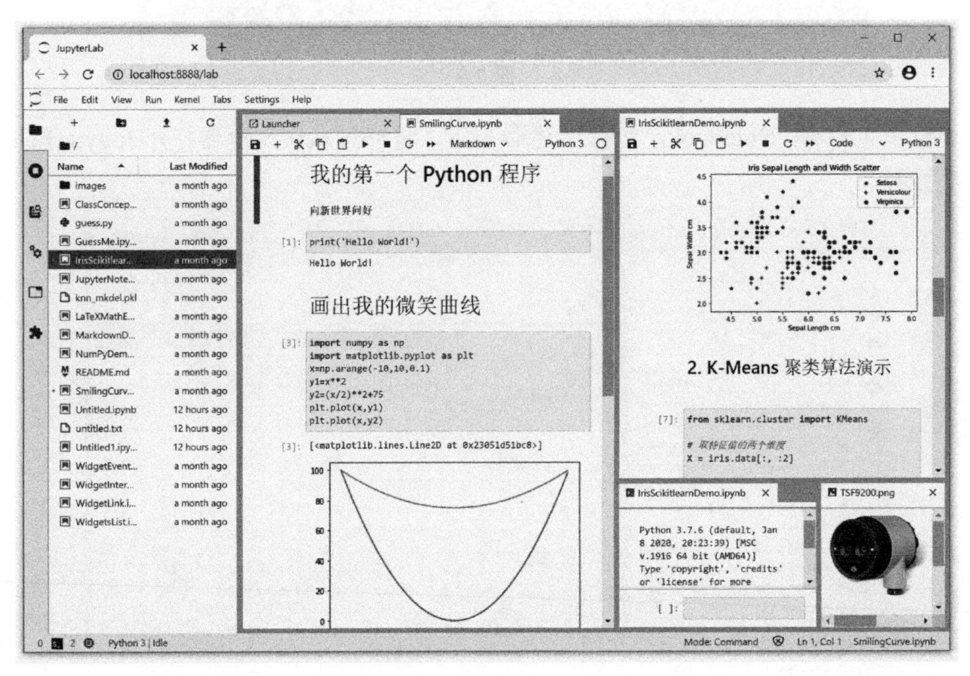

图 7-5

JupyterLab 界面主要包括如下部分：

- 主工作区；
- 左边栏；
- 菜单栏；
- 状态栏。

下面我们分别简单介绍各部分的内容。

1. 主工作区

主工作区是 JupyterLab 的主体部分。在主工作区中可以编辑和运行 Notebook 以及其他文件。另外，在主工作区中也可以打开终端界面、代码控制台界面等。

在此前的 Jupyter Notebook 页面中，我们打开的多个 Notebook 或者其他文件以及终端等，每一个都是当前浏览器的一个页面。而从图 7-5 中我们可以看到，在 JupyterLab 中，它们被组织在一个界面中，可以通过拖曳等方式重新组织或调整其显示位置和层次。

通过主工作区，我们可以同时展示多个相关的文档或命令页面，也可以用多种方式打开同一个文档，从而能非常高效地处理工作。

当然，如果我们希望在主工作区中只显示一个文档，以便专注于单一工作，则可以将其设置为单文档模式。操作方式为单击 **View** 菜单→**Single-Document Mode**，如图 7-6 所示。

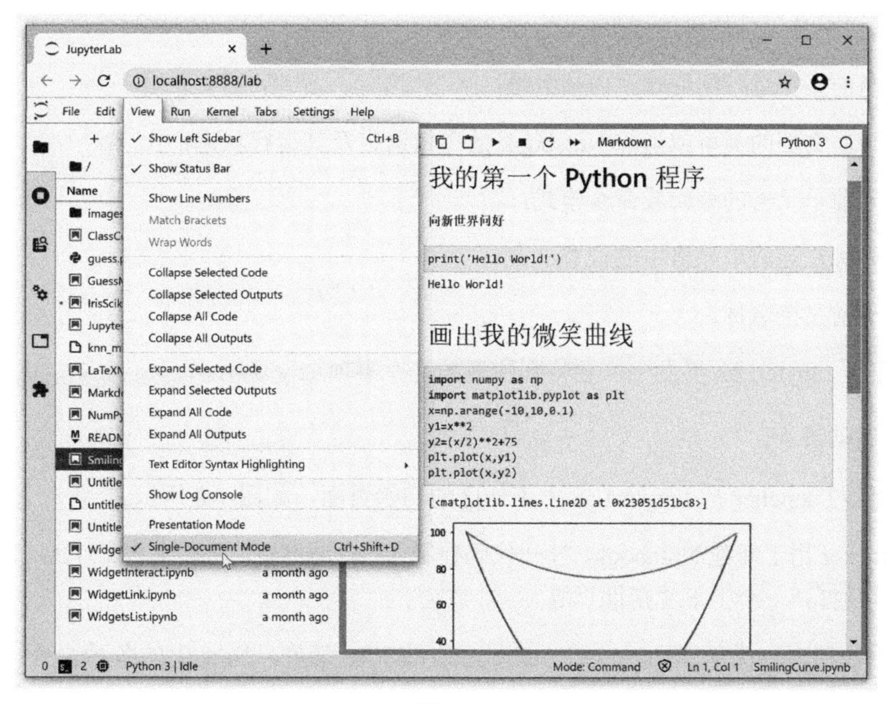

图 7-6

2. 左边栏

左边栏包括许多常用功能的标签页，如文件列表、正在运行的内核及终端、命令、Notebook 工具、扩展管理器等。

3. 菜单栏

菜单栏包括 File（文件）、Edit（编辑）、View（视图）、Run（运行）、Kernel（内核）、Tabs（标签页）、Settings（设置）、Help（帮助）菜单。

各菜单的概念与功能基本与 Jupyter Notebook 中的一致，我们不再赘述。一些特定的功能（如 Launcher 等）我们将在相关内容中描述。

4. 状态栏

JupyterLab 的状态栏显示了 JupyterLab 及当前文档的状态信息，如图 7-7 所示。

图 7-7

状态栏中各信息的描述如下：

- 当前正在运行的终端及内核数量；
- 当前文档的类型或当前 Notebook 的内核语言及其运行状态；
- 当前单元格的编辑或命令模式；
- 光标在当前单元格中的位置；
- 当前文档名称。

下面对 JupyterLab 界面中需要特别注意的几个事项加以说明。

1. 启动器

启动器 Launcher 是 JupyterLab 主工作区的初始页面，如图 7-8 所示。

Launcher 用于新建 Notebook、打开代码控制台、启动终端、新建文本文件或 Markdown 文档，以及打开一个上下文帮助页等。

上述各项内容类似于 Jupyter Notebook 中的 **File** 菜单→**New** 中的各种命令，此处不赘述。

Launcher 中的最后一项 Show Contextual Help 是一个很有用的功能，可以为我们显示 Notebook 中的代码帮助文档，如图 7-9 所示。

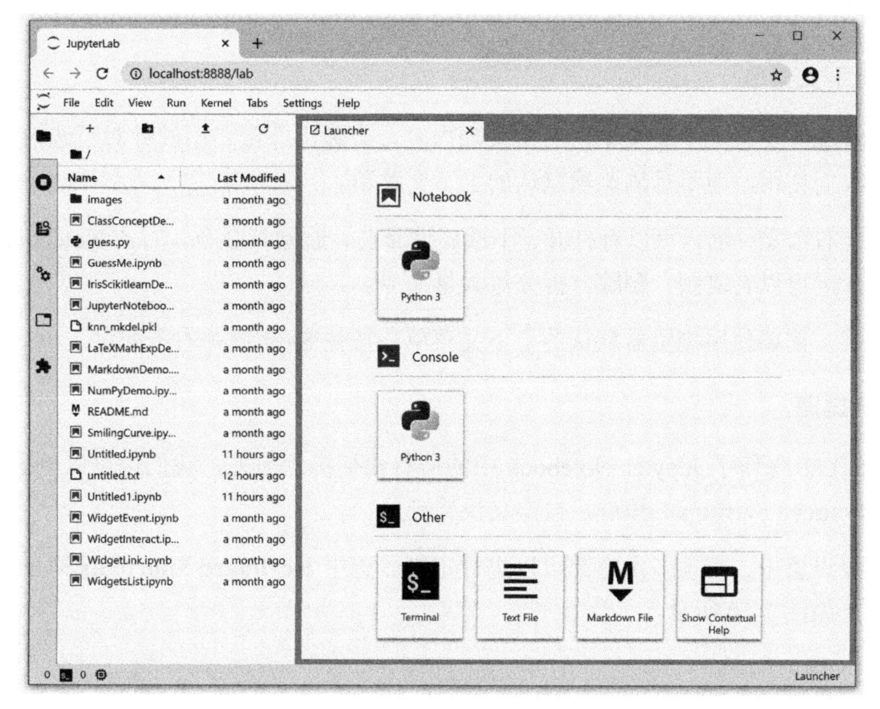

图 7-8

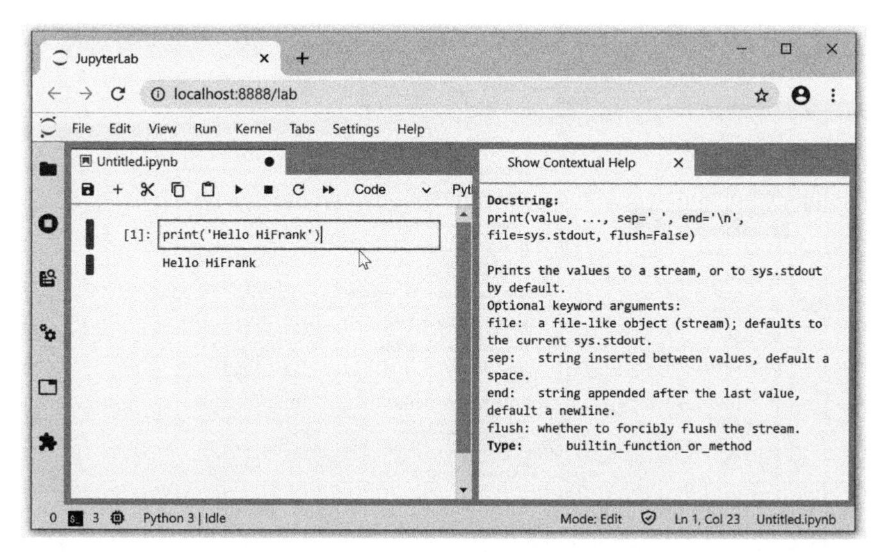

图 7-9

在图 7-9 中，右侧是我们打开的 Show Contextual Help 上下文帮助页，左侧是一个 Notebook。当我们选中 Notebook 中的代码，如 `print()`时，上下文帮助页中即显示了该代码的语法说明。

2．上下文菜单

JupyterLab 支持上下文菜单，右击某项内容，会弹出非常实用的针对所选内容的上下文菜单供我们使用，而不是浏览器默认的上下文菜单。

例如，右击文件名，可以有打开、下载、重命名、删除等命令。右击 Notebook 中的某个单元格，则可以有复制、删除、拆分等大量命令。

如果确实需要使用浏览器默认的上下文菜单，按住 Shift 键并右击即可。

3．快捷键

JupyterLab 保留了 Jupyter Notebook 中的所有快捷键。另外，我们也可以单击 **Settings** 菜单→**Advanced Settings Editor**，自定义快捷键。

在高级设置中，有很多内容都可以进行定制。选中 **Keyboard Shortcuts** 即可对快捷键进行定制，如图 7-10 所示。

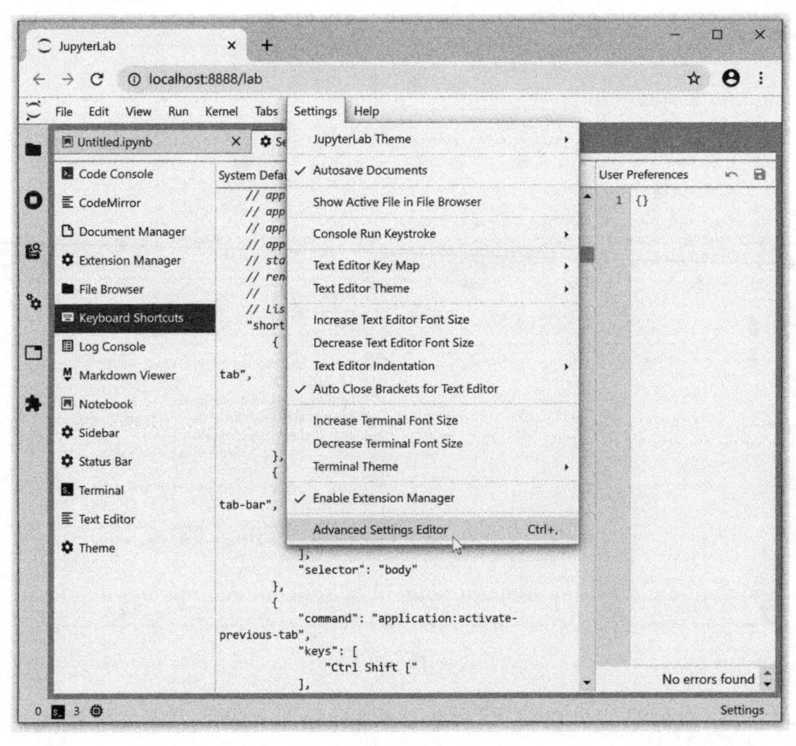

图 7-10

4. Theme

JupyterLab 可以方便地设置背景主题，通过 **Settings** 菜单→**JupyterLab Theme**，即可选择主题。我们可以将其设置为目前程序员流行使用的深色背景，如图 7-11 所示。

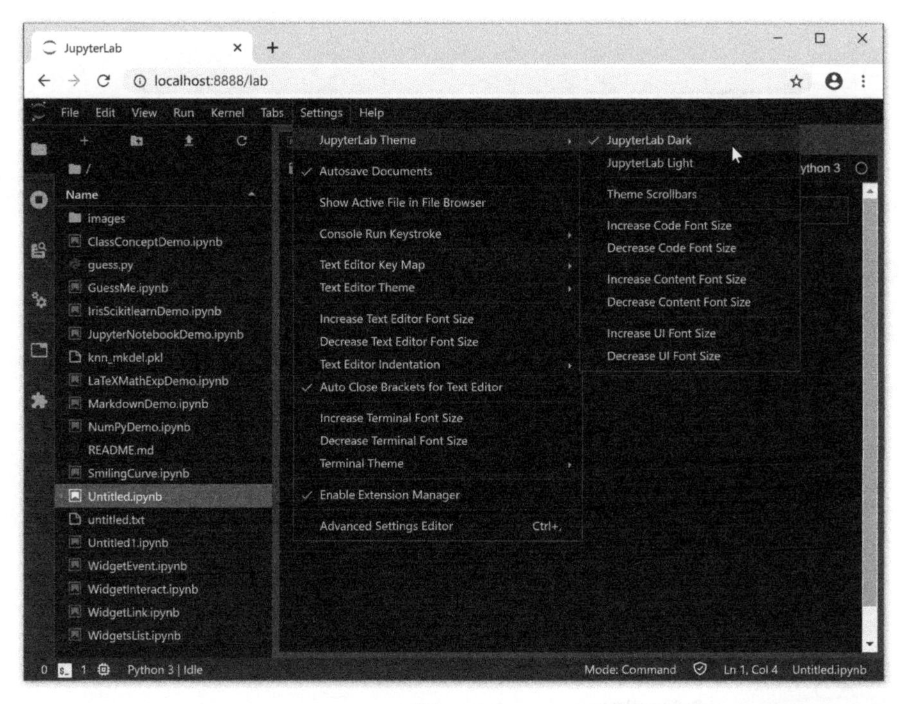

图 7-11

7.2.2 JupyterLab 功能与操作

通过 7.2.1 节 JupyterLab 界面的内容，我们了解到 JupyterLab 是 Jupyter Notebook 的功能及界面的扩展与改进。基于我们已经掌握的有关 Jupyter Notebook 的概念与经验，本节我们简要讲述 JupyterLab 的功能与操作。

1. 文件

JupyterLab 的文件操作与在 Jupyter Notebook 仪表板中对文件的操作类似，但 JupyterLab 提供了更好的使用体验。

通过 JupyterLab 的 **File** 菜单，我们可以新建 Notebook 或其他类型的文件、打开文件、加载文件、保存文件、导出 Notebook 等。这些操作与 Jupyter Notebook 的类似，此处不再赘述。

通过 JupyterLab 左边栏的 **File Browser** 标签页，我们也可以进行多种文件操作。在 **File Browser** 标签页上方的工具栏中，可以打开新的启动器 Launcher、新建文件夹、上传文件等，右击任一文件，还可以进行打开、重命名、删除、复制、粘贴、下载等操作，如图 7-12 所示。

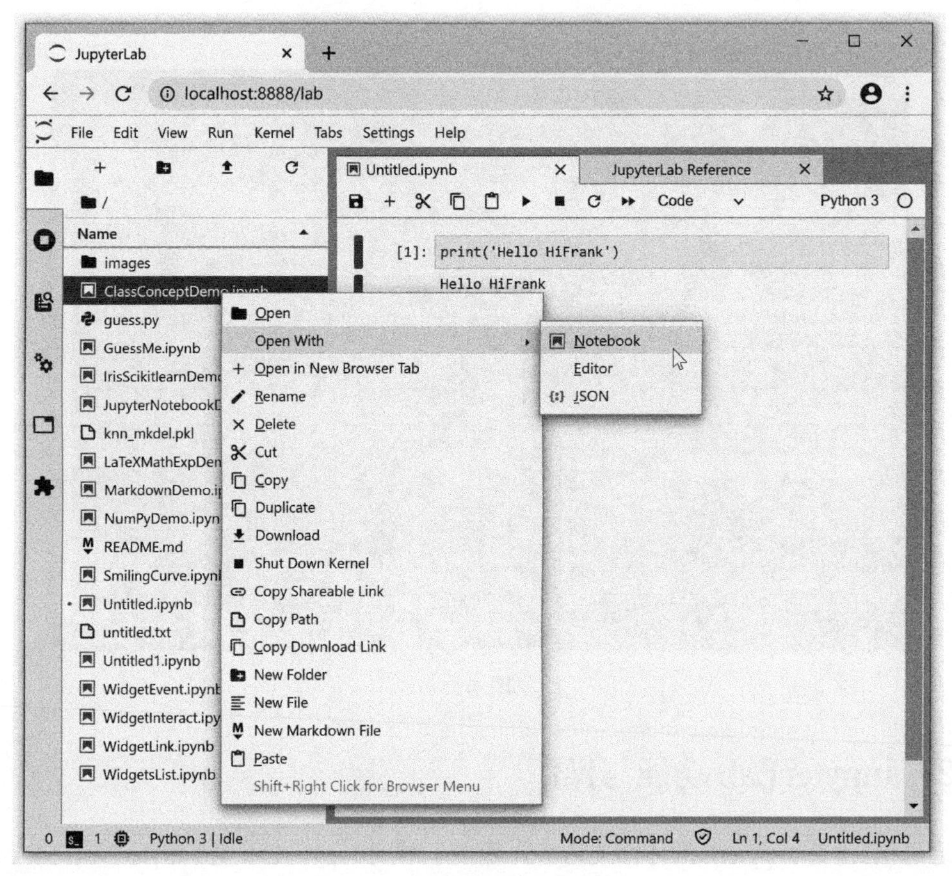

图 7-12

在 JupyterLab 中，一个文件可以同时用多种方式打开。例如，同一个 Notebook 文件，可以同时用 Notebook 方式、编辑器方式、JSON 方式打开。这非常便于我们编辑文档或调试代码。示例如图 7-13 所示。

而对于 Markdown 文件，则可以同时用文本编辑器和 Markdown 预览模式打开。这只是 JupyterLab 的一个小功能，却为我们提供了一个实时的 Markdown 所见即所得的编辑工具，如图 7-14 所示。

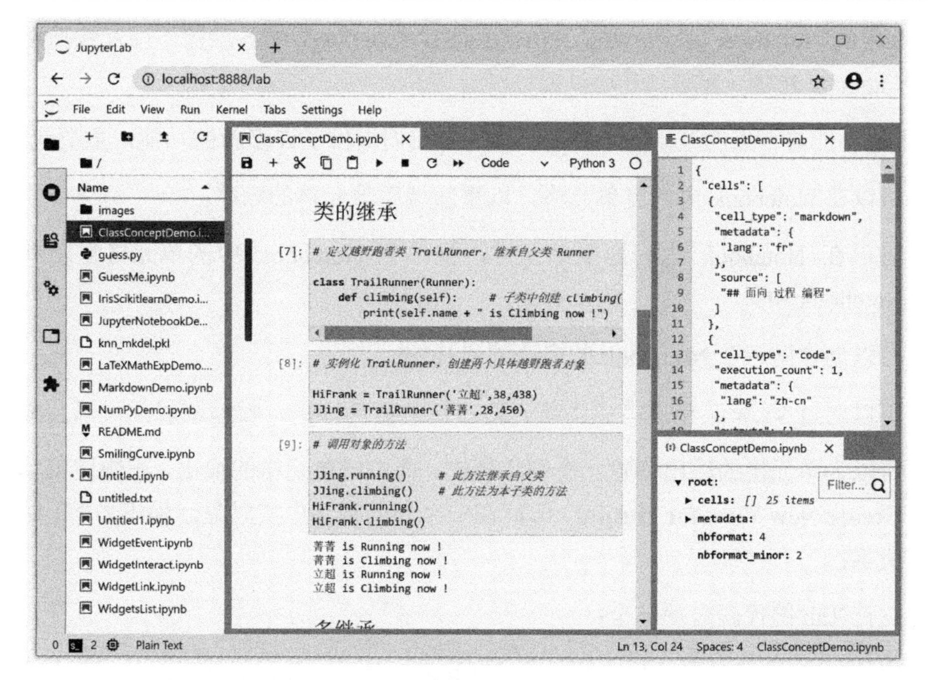

图 7-13

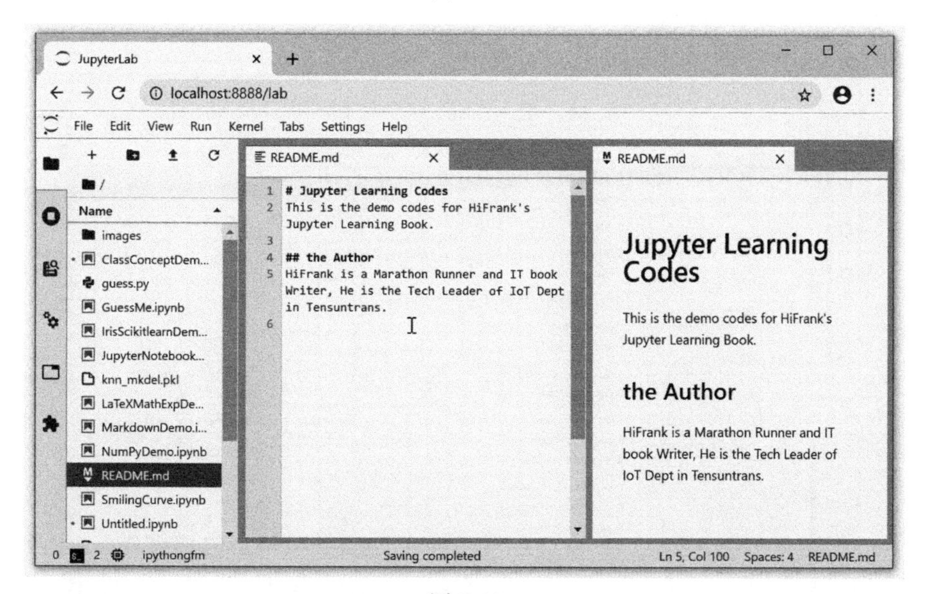

图 7-14

2. Notebook

JupyterLab 的主要功能依然是编辑和运行 Notebook。JupyterLab 中的 Notebook 与 Jupyter

Notebook 中的 Notebook 完全一致。JupyterLab 中 Notebook 的各项操作以及快捷键等也与 Jupyter Notebook 中的一致。

在上述功能与特点的基础上，JupyterLab 为我们提供了许多新的功能，主要包括：

- 可以在 Notebook 内拖曳单元格，以重新调整单元格的顺序；
- 可以在 Notebook 之间拖曳单元格，将一个 Notebook 中的单元格复制到另一个 Notebook 中；
- 可以创建同一个 Notebook 的多个同步视图；
- 可以通过 **View** 菜单或者单击单元格左侧的蓝色标记，收缩或展开代码及输出；
- 可以为单元格的输出创建一个同步视图，即右击单元格的输出，在快捷菜单中选择 **Create New View for Output**，即可在一个新的视图中实时显示输出内容，如图 7-15 所示；
- 支持 Tab 键代码自动补全；
- 支持 Tooltip 工具提示框，即使用 Shift+Tab 键可以打开所选对象的信息提示。

以上各功能请读者自行测试。

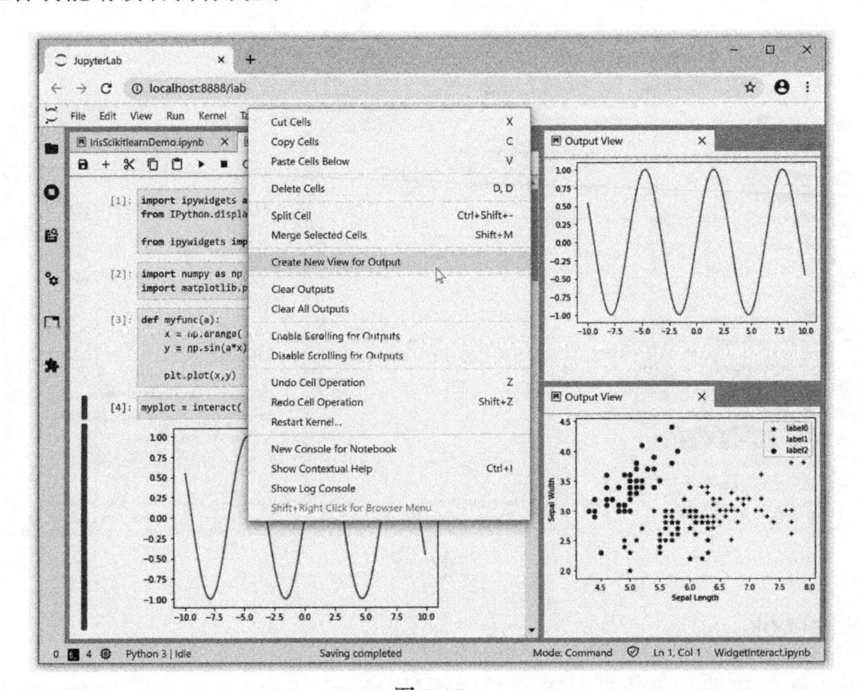

图 7-15

3. 文本编辑器

JupyterLab 中提供了专业的文本编辑器。Notebook 文件、纯文本文件、Markdown 文件、各种源代码文件等都可以用文本编辑器打开和编辑。

JupyterLab 的文本编辑器支持代码高亮，并可设置多种代码主题，还可以设置缩进方式为用 Tab 键缩进或空格缩进，对于空格缩进可以设置空格数。

另外，文本编辑器还提供了多种键盘映射（keyboard map）方式，包括 JupyterLab 文本编辑器默认键盘映射、Sublime、Vim 及 Emacs 等键盘映射方式。

上述设置可以通过 Settings 菜单的 Text Editor Key Map、Text Editor Theme、Text Editor Indentation 等进行设置，如图 7-16 所示。

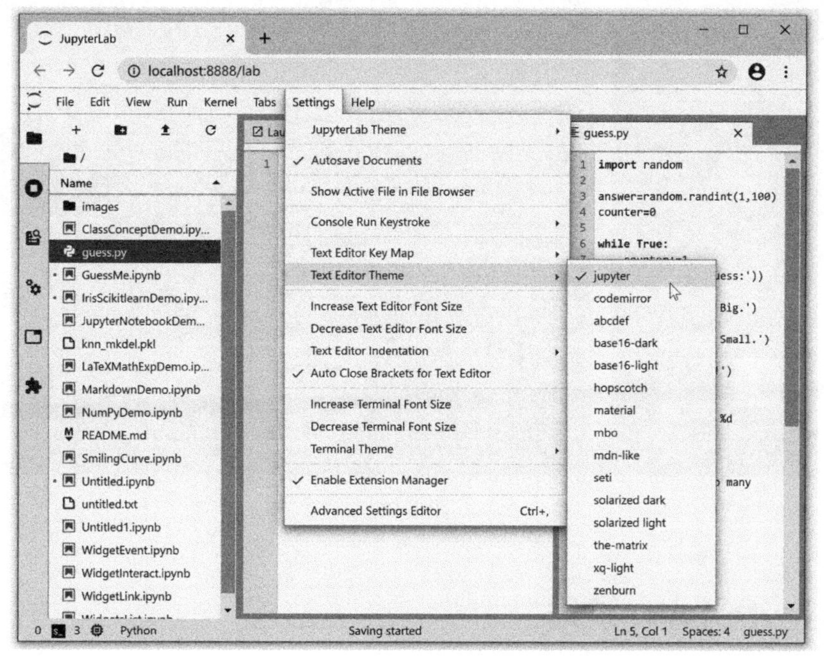

图 7-16

4. 代码控制台

代码控制台用于在 Notebook 的内核中交互运行代码。我们可以在代码控制台中运行测试代码，或者通过上下方向键查看 Notebook 中单元格代码的执行历史记录等。

5. 终端

JupyterLab 中的终端提供对系统 Shell 的支持，如 Linux 操作系统的 Bash 或者 Windows

操作系统的 PowerShell。

终端界面如图 7-17 所示。

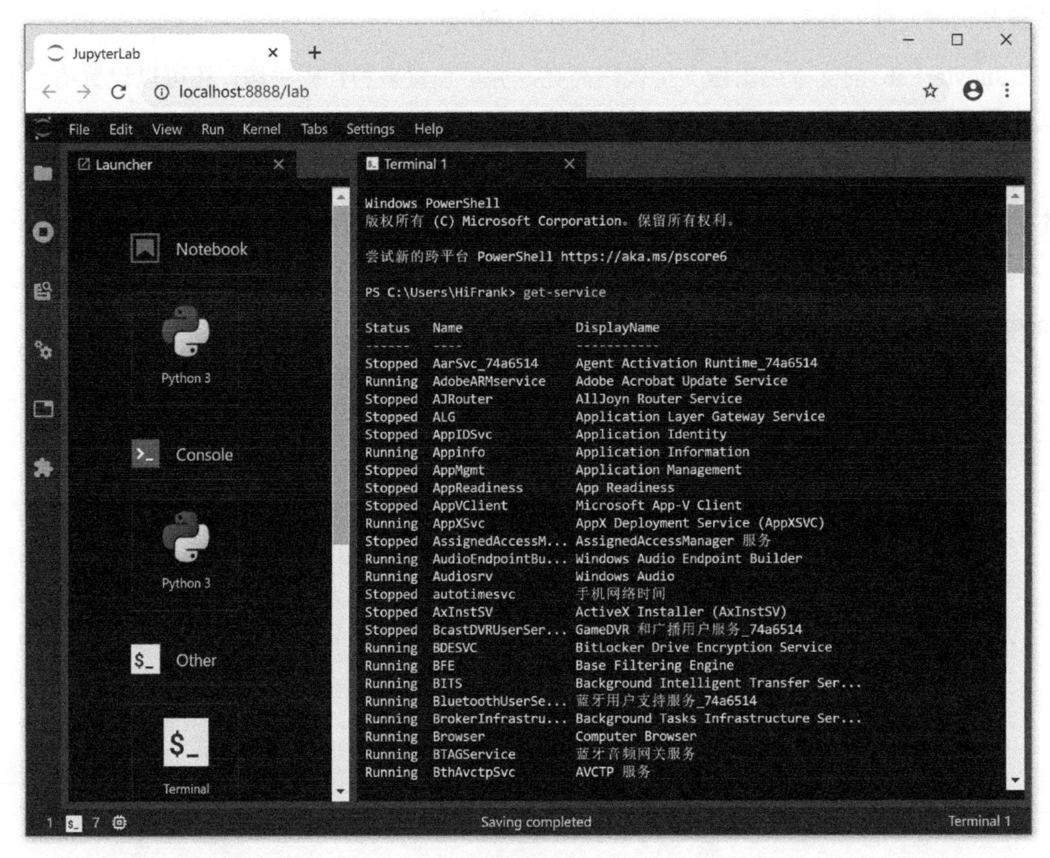

图 7-17

7.3 JupyterLab 扩展

类似于 Jupyter Notebook 的扩展功能，JupyterLab 也具有很好的扩展性。第三方开发了大量实用的 JupyterLab 扩展。对于 JupyterLab 不需要使用 pip 安装扩展，直接通过左边栏搜索和启用所需的扩展即可。本节简述常用的 JupyterLab 扩展。

7.3.1 使用 Extension Manager

在 JupyterLab 中，可以使用 Extension Manager 来启用和管理扩展。

1. 启用 Extension Manager

在 JupyterLab 的左边栏中，单击 **Extension Manager** 图标，即可打开 Extension Manager，如图 7-18 所示。

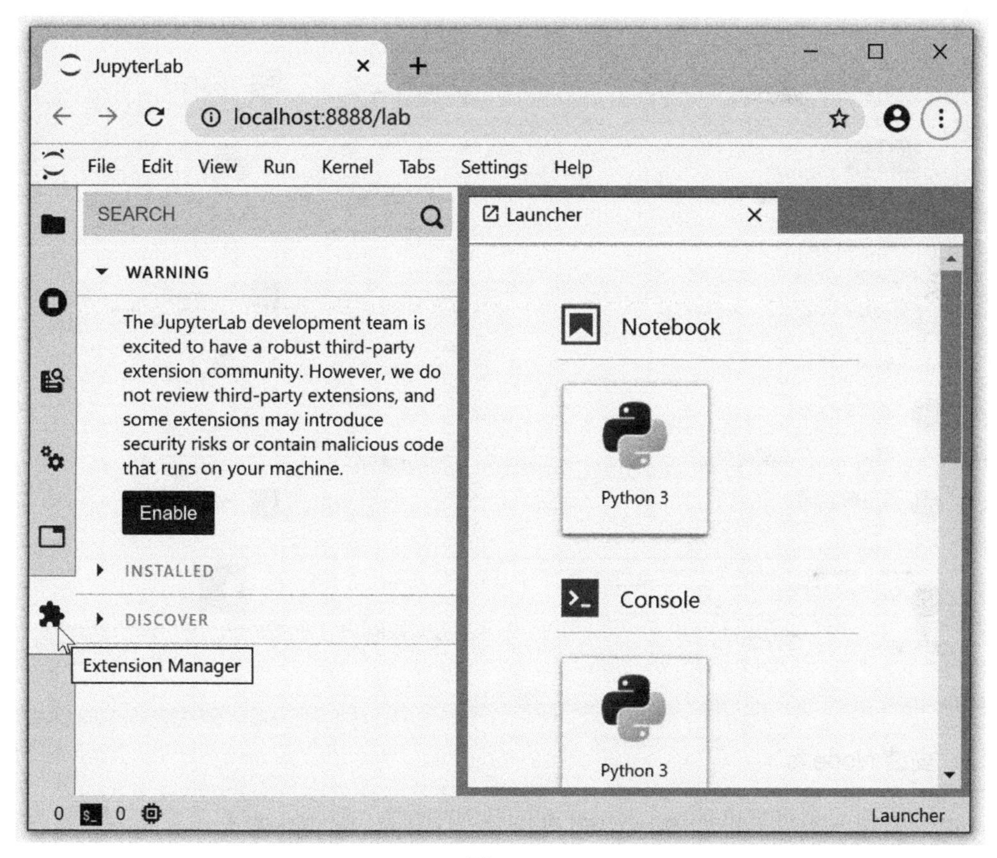

图 7-18

如果左边栏中没有 **Extension Manager** 图标，在 **Settings** 菜单下选中 **Enable Extension Manager** 即可。

默认情况下，JupyterLab 扩展是禁用的。如图 7-18 中警告信息所述，JupyterLab 开发团队对拥有强大的第三方扩展社区感到兴奋。但是，开发团队不能查看第三方扩展，某些扩展可能会引入安全风险或导致恶意代码被执行。所以，读者应对使用扩展可能带来的风险有一定的认识，最好使用一些成熟的被广泛使用的扩展。

单击 **Enable**，即可启用扩展。此时，在 **DISCOVER** 下列出了大量的扩展，我们只需要选择相应的扩展，单击 **Install** 即可安装和使用该扩展，如图 7-19 所示。

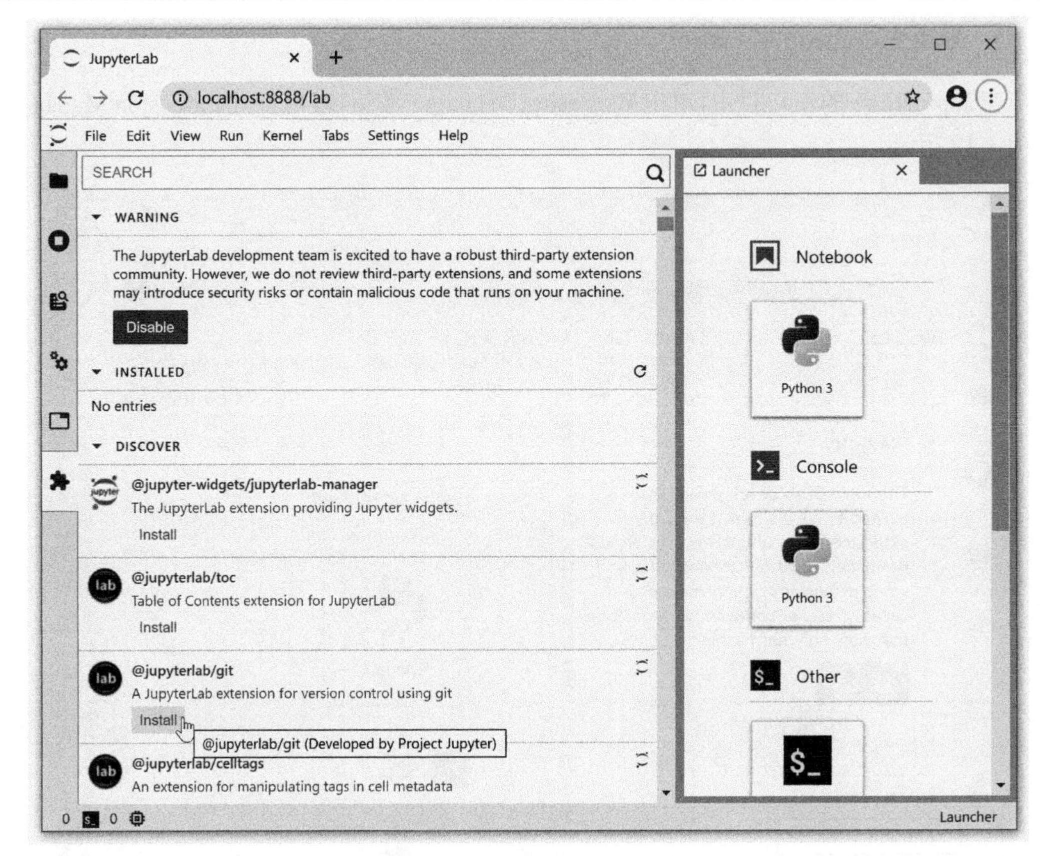

图 7-19

2．安装 Node.js

JupyterLab 扩展是标准的 JavaScript npm 包，在安装 JupyterLab 扩展之前，首先需要安装 Node.js。

我们可以直接通过 Node.js 官网下载并安装 Node.js，也可以使用 Anaconda 进行安装。

使用 Anaconda 进行安装的界面如图 7-20 所示。

在安装完成 Node.js 后，即可利用 JupyterLab 的 Extension Manager 安装和使用扩展了。

3．安装扩展

根据具体扩展的不同，可能需要不同的安装操作。

下面以安装 Git 扩展为例讲述 JupyterLab 扩展的安装步骤。

当我们单击@jupyterlab/git 下的 **Install** 按钮，开始安装 Git 扩展时，系统会提示我们通

过 `pip install jupyterlab-git` 命令安装相应的服务器扩展，如图 7-21 所示。

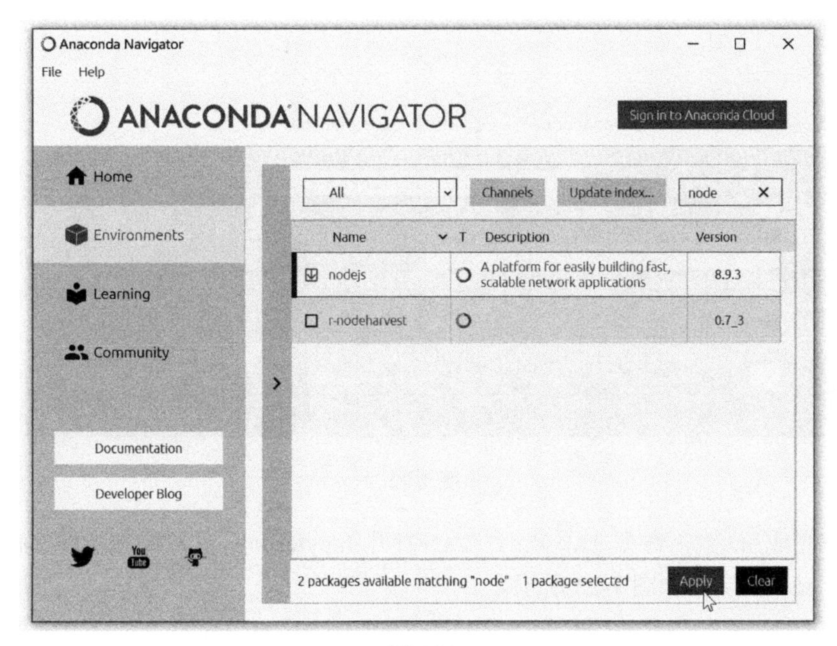

图 7-20

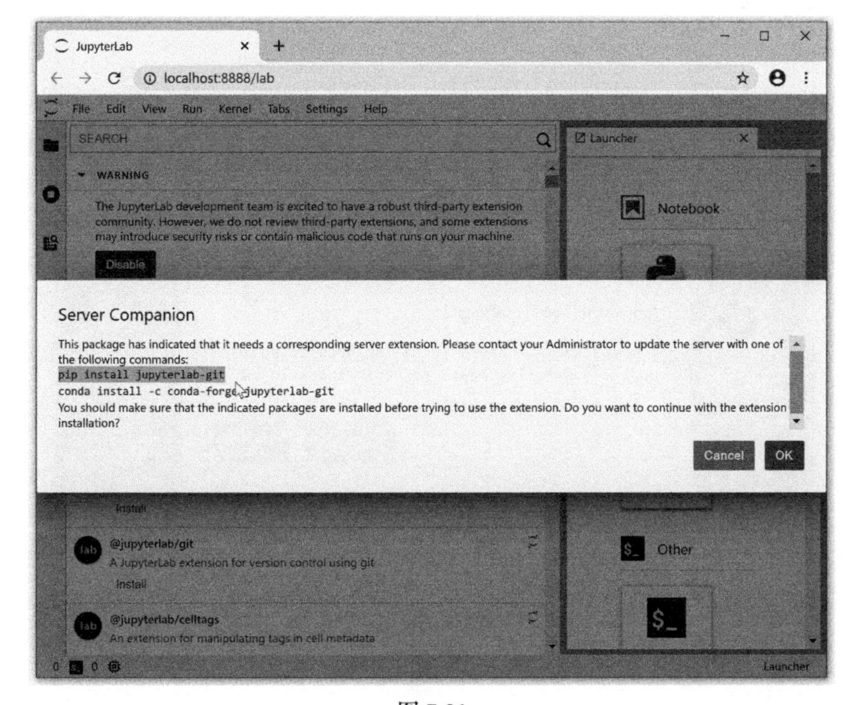

图 7-21

我们在命令提示符窗口输入 `pip install jupyterlab-git` 进行安装，如图 7-22 所示。

```
选择Anaconda Prompt (anaconda3) - pip  install jupyterlab-git
(base) C:\Users\HiFrank> pip install jupyterlab-git
Collecting jupyterlab-git
  Downloading jupyterlab_git-0.20.0-py3-none-any.whl (209 KB)
     |████████████████████████████████| 209 KB 855 bytes/s
Requirement already satisfied: notebook in c:\users\hifrank\anaconda3\lib\
site-packages (from jupyterlab-git) (6.0.3)
Collecting nbdime~=2.0
  Downloading nbdime-2.0.0-py2.py3-none-any.whl (5.3 MB)
     |██                              | 491 KB 6.6 KB/s eta 0:12:15
```

图 7-22

在安装完成后，输入命令 `jupyter lab` 打开 JupyterLab，此时系统可能会出现“Build Recommended”提示，如图 7-23 所示。

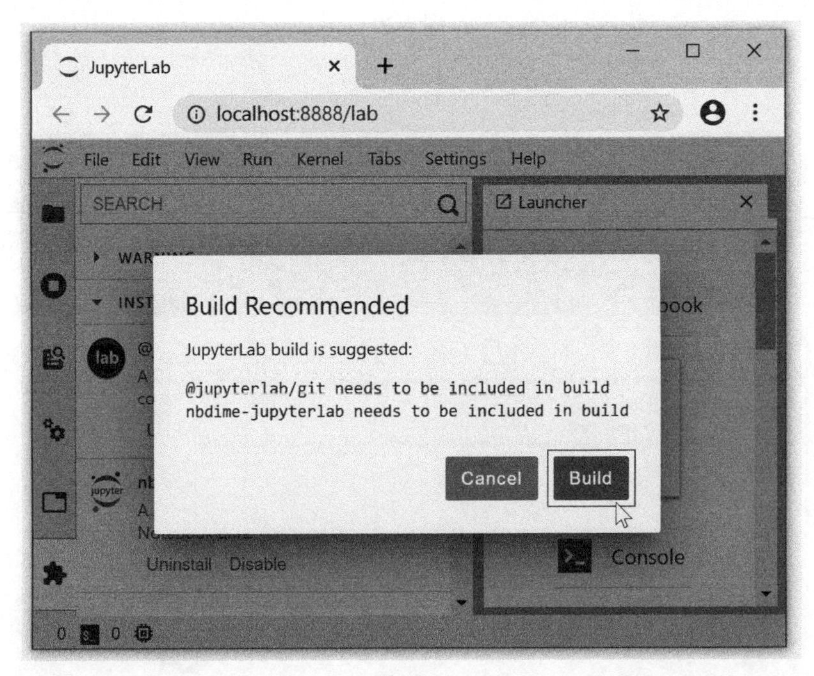

图 7-23

单击该提示框的 **Build** 按钮按要求完成 Build 后，系统提示 Build 完成，单击 **Reload** 进行重新加载，如图 7-24 所示，即可正常运行 JupyterLab 并使用 Git 扩展了。

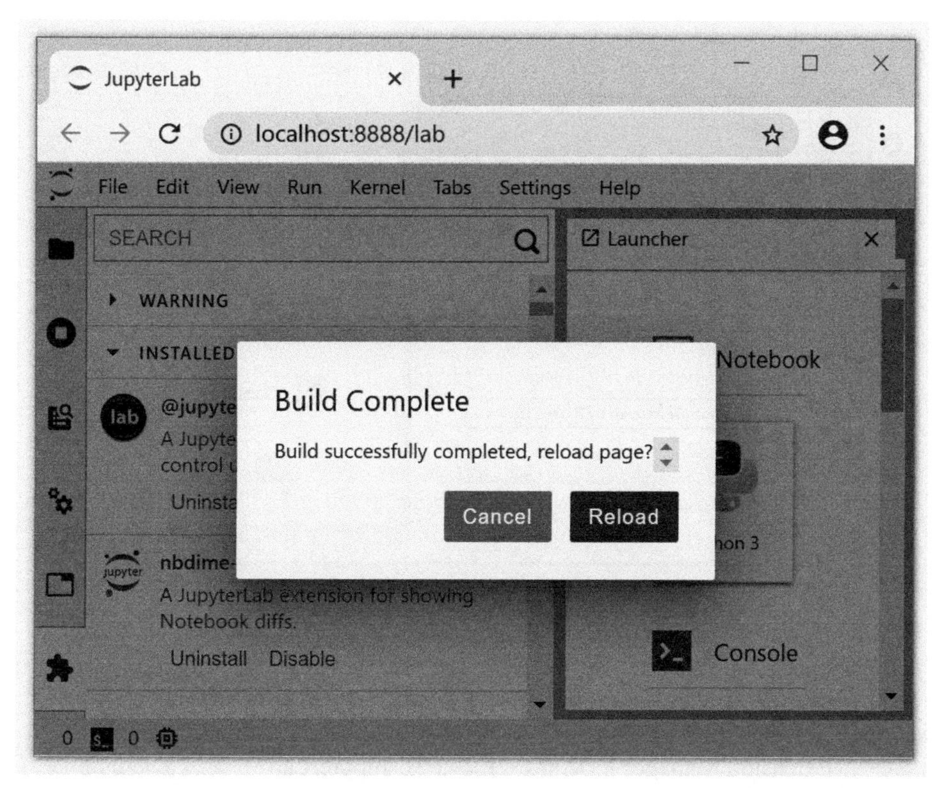

图 7-24

在本例中，我们安装了 Git 扩展。完成所有安装、Build 及 Reload 过程后，在 JupyterLab 的左边栏增加了一个 Git 图标，同时，菜单栏中也会增加一个 Git 菜单。

当然了，并不是所有扩展的安装过程都如 Git 这般复杂，大多数情况下我们只需要单击该扩展下的 **Install** 按钮，即可自动完成安装，并提示 **Rebuild**，我们完成 Rebuild 并 **Reload** 后即可使用相应的扩展了。

如图 7-25 所示，我们安装另一个扩展：目录插件 toc。直接单击该扩展下的 **Install** 按钮即可开始安装，然后单击 **Rebuild** 即可完成安装过程。

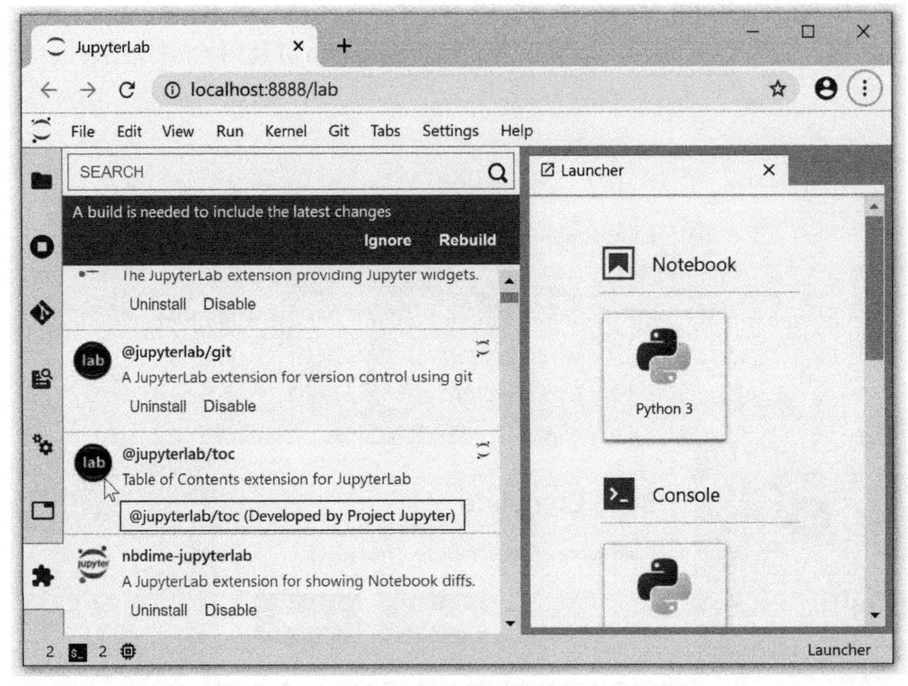

图 7-25

7.3.2 常用扩展举例

在掌握了 Extension Manager 的功能，了解了在 JupyterLab 中安装扩展的通用方法后，我们简要介绍几个很有用的扩展。大家也可以探索、发掘更多有价值的扩展。

1. Git

7.3.1 节我们通过详细的步骤，演示了安装 Git 扩展的过程。安装完成后，JupyterLab 左边栏增加了一个 Git 图标，菜单栏中增加了 **Git** 菜单，界面如图 7-26 所示。

Git 扩展为我们提供了完善的版本控制功能。我们可以使用 git init 命令创建版本库，使用 clone git repo 命令克隆版本库，也可以添加远程版本库，或者进行 Push、Pull 等操作。还可以管理分支 Branch，查看变更及历史、进行提交等各项操作。

另外，使用 Git 菜单中的 **Open Git Repository in Terminal** 命令，还可以打开 Git 的终端命令界面。

对于版本库中的文件，我们可以直接在 JupyterLab 中打开。如果是 Notebook 文件，还可以直接运行。

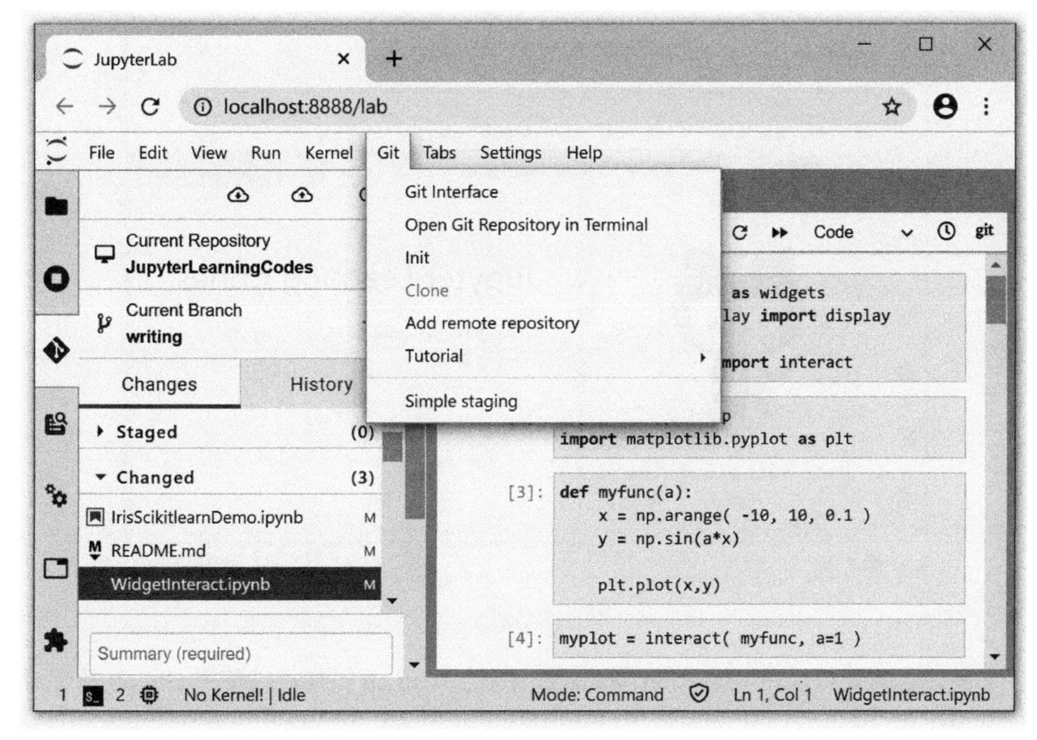

图 7-26

细心的读者可能会注意到，我们安装 Git 的时候，还自动安装了 nbdime 扩展工具，如图 7-22 所示。nbdime 可以用于显示 Notebook 的变更。单击代码文件右上角的 🕓 图标或 **git** 图标（如图 7-26 右上方所示），可以分别显示当前保存的版本与 Checkpoint 检查点或者与 git HEAD 之间的差异。

总之，JupyterLab 的 Git 扩展为我们集成了基于 Git 的强大的版本控制功能，相信具有 Git 使用经验的读者都会喜欢并使用此扩展。

2. GitHub

JupyterLab 的 GitHub 扩展使我们可以连接到 GitHub，检索并查看 GitHub 上的项目。

使用命令 `pip install jupyterlab_github` 安装 GitHub 扩展，并 Build 和 Reload 后，即在左边栏中增加了一个 GitHub 图标。

在 GitHub 扩展中，我们输入 GitHub 的 User 或 Org 名，即可检索相应的 GitHub 项目，查看其中的文件等，如图 7-27 所示。

图 7-27

另外，大家还可以在 Extension Manager 中找到 GitLab 扩展，请使用 GitLab 的读者自行安装使用。

3. toc

目录插件 toc 为我们提供了基于 Notebook 中 Markdown 标题层次的目录功能，它与我们在 5.1.2 节中所讲述的 toc（Table of Contents）概念一致，但充分利用了左边栏功能，使界面更加友好，如图 7-28 所示。

4. Drawio

Drawio 是一个功能强大的流程图工具。

安装 Drawio 扩展后，在 JupyterLab 的启动器 **Launcher** 页面，会增加一个 **Diagram** 图标，单击该图标即可打开一个流程图页面。也可以单击 **File** 菜单→ **New** → **Diagram**，打开流程图页面，如图 7-29 所示。其具体功能，请读者自行探索。

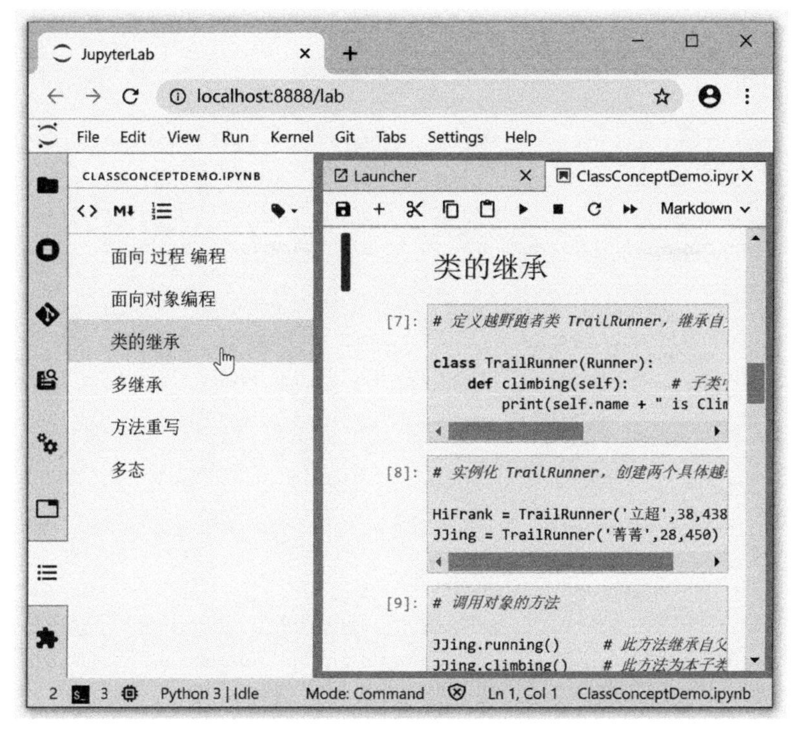
JupyterLab
localhost:8888/lab
File
Edit
View
Run
Kernel
Git
Tabs
Settings
Help
CLASSCONCEPTDEMO.IPYNB
面向 过程 编程
面向对象编程
类的继承
多继承
方法重写
多态
Launcher
ClassConceptDemo.ipyr
Markdown
类的继承
[7]: # 定义越野跑者类 TrailRunner，继承自
class TrailRunner(Runner):
def climbing(self):
print(self.name + " is Clim
[8]: # 实例化 TrailRunner，创建两个具体越
HiFrank = TrailRunner('立超',38,438
JJing = TrailRunner('菁菁',28,450)
[9]: # 调用对象的方法
JJing.running()
# 此方法继承自父
2
3
Python 3 | Idle
Mode: Command
Ln 1, Col 1
ClassConceptDemo.ipynb

图 7-28

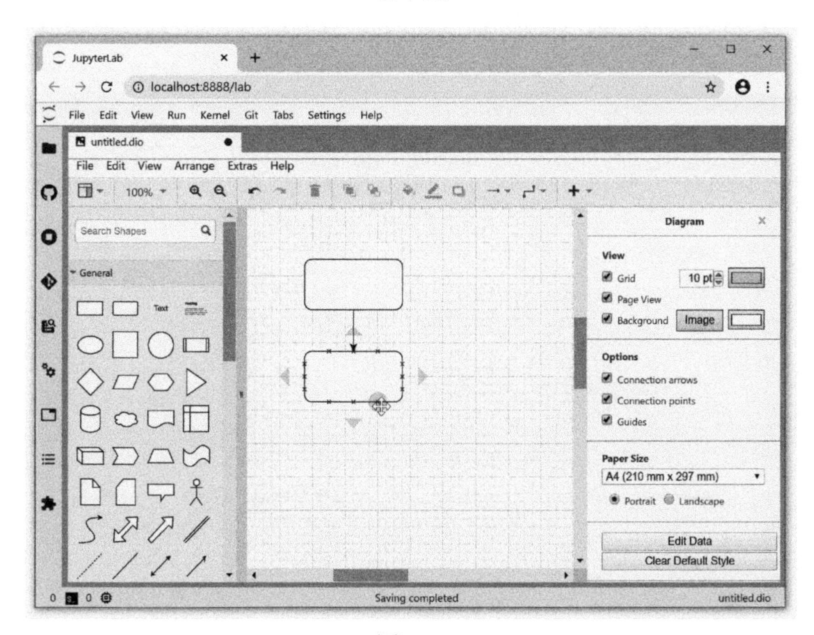
JupyterLab
localhost:8888/lab
File
Edit
View
Run
Kernel
Git
Tabs
Settings
Help
untitled.dio
File
Edit
View
Arrange
Extras
Help
100%
Search Shapes
General
Text
Diagram
View
Grid
10 pt
Page View
Background
Image
Options
Connection arrows
Connection points
Guides
Paper Size
A4 (210 mm x 297 mm)
Portrait
Landscape
Edit Data
Clear Default Style
Saving completed
untitled.dio

图 7-29

第 8 章 JupyterHub

在前文中我们系统地学习了 Jupyter Notebook 及 JupyterLab 的安装过程与使用方法，我们可以在电脑上安装 Jupyter Notebook 或 JupyterLab，充分使用其方便、强大的功能开展科学计算等各种工作。

JupyterHub 则用于管理部署在服务器或云上的 Jupyter Notebook 和 JupyterLab，从而可以让多个用户通过网络同时访问 Jupyter Notebook 或 JupyterLab，共享计算环境和资源。利用 JupyterHub，可以在教学、科研、企业研发等场景中，在服务器或云上部署 Jupyter，供多人使用，而不需要每人各自在自己的电脑上独立安装 Jupyter。

本章介绍 JupyterHub 的概念与架构，并讲述小规模部署 JupyterHub 的过程等。

8.1 JupyterHub 的概念与架构

在部署 JupyterHub 之前，我们有必要了解 JupyterHub 的概念与架构。

8.1.1 JupyterHub 的概念

JupyterHub 可以部署在公有云、私有云或者物理机上，并可以通过预配置数据科学环境为内部或互联网用户提供 Jupyter Notebook 或 JupyterLab 环境。

JupyterHub 具有很好的定制性和扩展性，可以支持几十人的小规模场景，也可以支持数十万用户的场景。

JupyterHub 具有如下主要特点。

- **可定制性**：JupyterHub 通过 Jupyter 服务器支持数十种内核，并可用于多种用户界面，如 Jupyter Notebook、JupyterLab、RStudio 等。

- **支持多种验证方式**：JupyterHub 支持多种身份验证方式，从而实现访问安全，它支持的验证方式包括 PAM、OAuth 及 GitHub 等。
- **可扩展性**：JupyterHub 可以安装在单台服务器上，支持近百个用户的场景；也可以使用容器技术，运行在 Kubernetes 环境中，支持数万名用户的场景。
- **开源**：JupyterHub 完全开源，并可运行在多种云计算环境中。

8.1.2 JupyterHub 的架构

JupyterHub 是将 Jupyter Notebook 及 JupyterLab 用于多用户场景的方案。JupyterHub 是一个多用户 Hub，用于生成、管理和代理单用户的 Jupyter Notebook 的多个实例。

JupyterHub 包括 4 个子系统。

- 一个 Hub，该 Hub 是一个 Tornado 进程，是 JupyterHub 的核心子系统。
- 一个可配置的 HTTP 代理，该代理用于接收来自客户端浏览器的请求。
- 一个由 Spawners 监管的多个单用户 Jupyter Notebook 服务器。
- 一个身份验证类，用于管理用户验证与访问。

除此之外，我们还可以通过配置文件增加配置项，以及通过管理面板管理用户内核。

JupyterHub 的架构如图 8-1 所示。

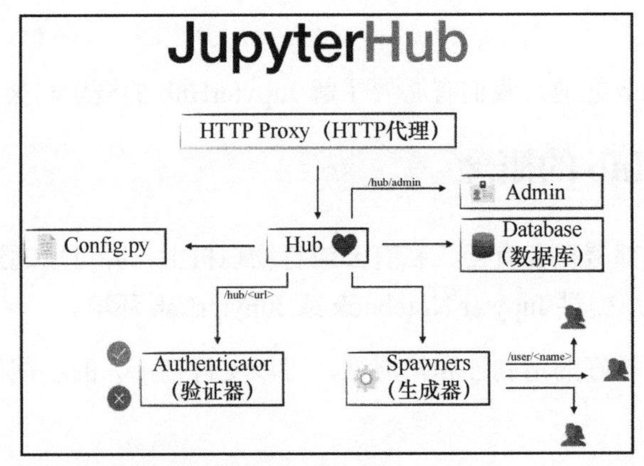

图 8-1（来源：Jupyter 官方文档）

JupyterHub 执行如下功能。

- Hub 发起一个 Proxy。
- 默认情况下 Proxy 将所有客户端请求转发给 Hub。
- Hub 处理用户登录，并按需创建单用户 Notebook Server。
- Hub 配置 Proxy，以将 URL 前缀转发给单用户 Notebook Server。

8.1.3 JupyterHub 的部署方式

Jupyter 社区提供了两种 JupyterHub 发行版，用于不同规模的部署场景。

（1）**Zero to JupyterHub for Kubernetes**。该方式通过 Docker 在 Kubernetes 上部署 JupyterHub，用于为大量用户场景提供高效的可扩展性和可维护性。

（2）**The Littlest JupyterHub**。该方式简称 TLJH，即 JupyterHub 最小部署方式，可以简单地将 JupyterHub 部署在一台服务器或虚拟机上，最多可支持近百个用户的场景。

8.2 安装 JupyterHub 最小环境

JupyterHub 需要安装在 UNIX 或 Linux 操作系统上，官方推荐安装在 Ubuntu 18.04 以上的版本。

本节以作者在 Microsoft Azure 上的一台 Ubuntu 18.04 虚拟机为例，演示在 Linux 上安装 JupyterHub 的较简单的过程。

图 8-2 展示的是作者在 Microsoft Azure 上的 Ubuntu 虚拟机的基本信息。

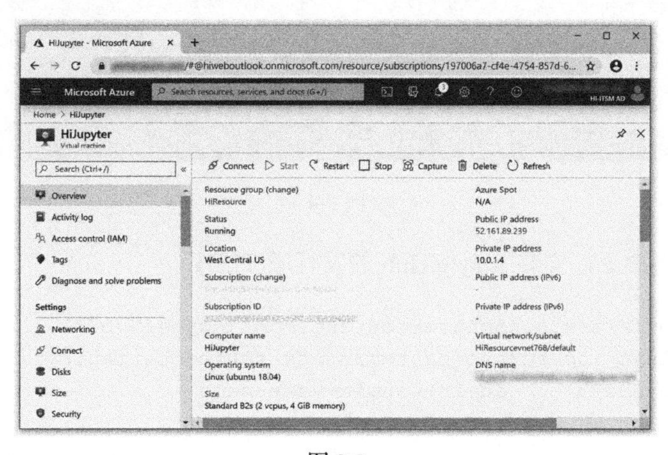

图 8-2

按照下列步骤，可以在 Microsoft Azure 云平台上用较简洁的方式安装 JupyterHub。

（1）用 SSH 连接到 Ubuntu 虚拟机，如图 8-3 所示。

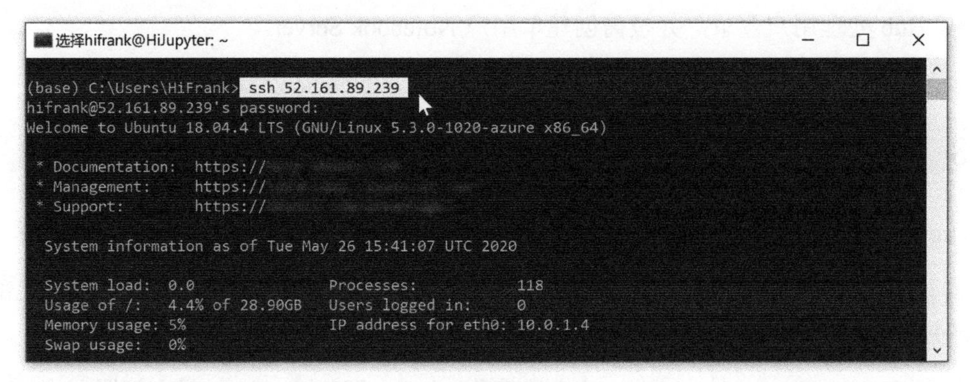

图 8-3

（2）安装 Python 3、Python3-dev、Git 以及 Curl：

```
$ sudo apt install python3 python3-dev git curl
```

（3）安装过程如图 8-4 所示。

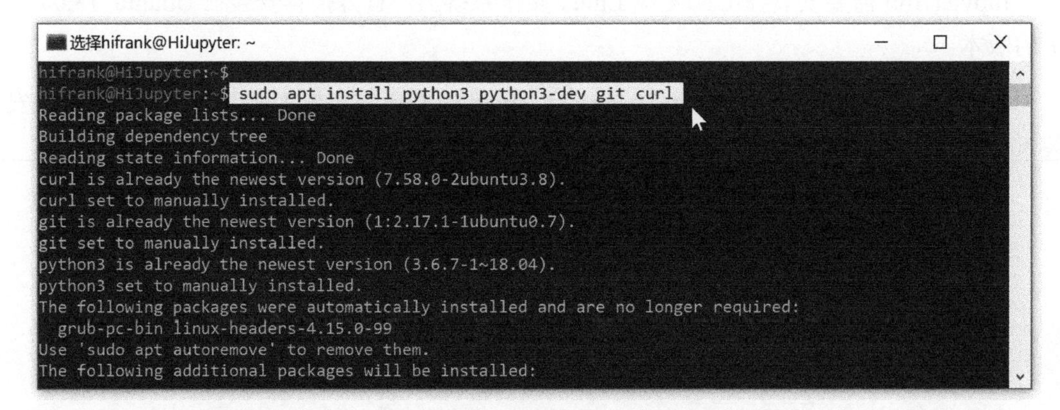

图 8-4

（4）输入如下命令，安装 JupyterHub 的发行版 TLJH：

```
$ curl https://raw.githubusercontent.com/jupyterhub/
  the-littlest-jupyterhub/master/bootstrap/bootstrap.py |
  sudo -E python3 - --admin <admin-user-name>
```

（5）注意需要将`<admin-user-name>`改为你的 Linux 上的 root 用户名或有 root 权限

的用户名。本例中用户名为 HiFrank，如图 8-5 所示。

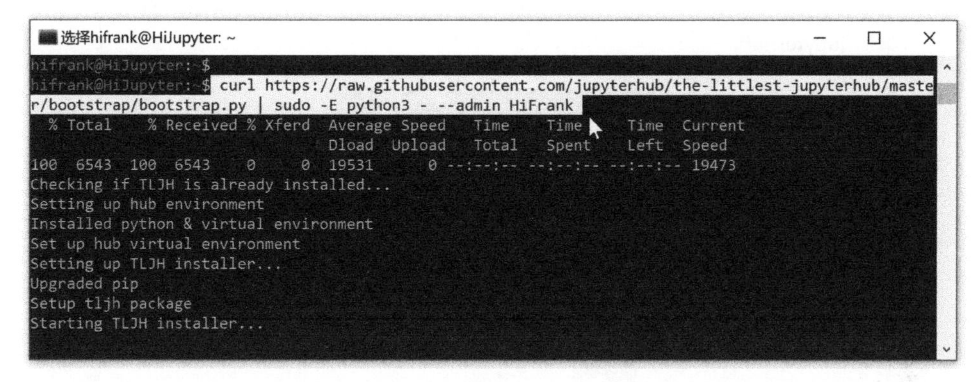

图 8-5

（6）在上述命令正确执行完成后，会显示“Done!”提示，即完成了 TLJH 的安装，如图 8-6 所示。

```
选择hifrank@HiJupyter: ~
Starting TLJH installer...

Setting up admin users
Granting passwordless sudo to JupyterHub admins...
Setting up user environment...
Downloading & setting up user environment...
Setting up JupyterHub...
Downloading traefik 1.7.18...
Created symlink /etc/systemd/system/multi-user.target.wants/jupyterhub.service → /etc/systemd/system/jupyterhub.service.
Created symlink /etc/systemd/system/multi-user.target.wants/traefik.service → /etc/systemd/system/traefik.service.
Waiting for JupyterHub to come up (1/20 tries)
Done!
hifrank@HiJupyter:~$
```

图 8-6

（7）在浏览器地址栏中，输入该 Linux 虚拟机的 IP 地址，即可打开 JupyterHub 的登录页面，如图 8-7 所示。

提示

由于我们只是用较简洁的方式安装了 TLJH，没有配置证书及 HTTPS，所以浏览器地址栏会有安全提示，本例中可以忽略。

如果你正确完成安装，但是浏览器无法连接到登录页面，则可能需要在云平台中配置网络端口规则，打开 TCP 80 端口。

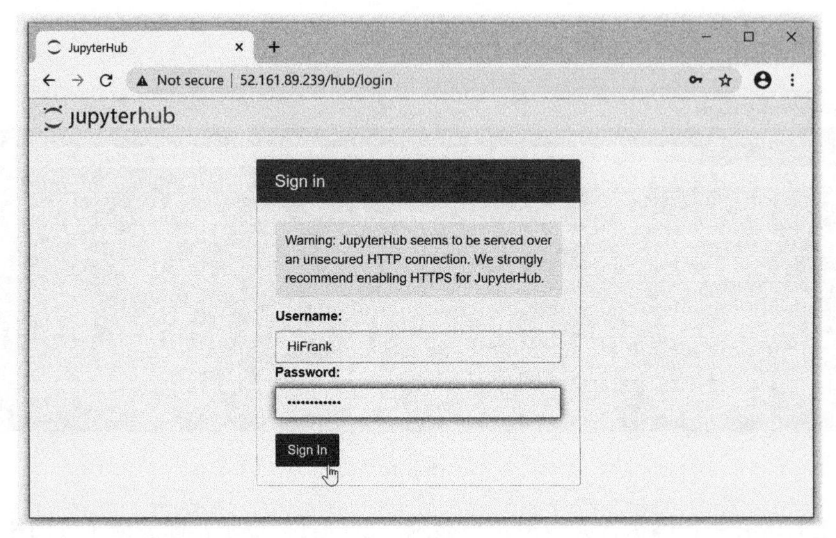

图 8-7

（8）登录 JupyterHub 后，即进入了大家熟悉的 Jupyter Notebook 页面，用户即可通过浏览器连接到 Linux 服务器上的 Jupyter 环境，像此前一样使用 Jupyter Notebook 开展工作了，如图 8-8 所示。

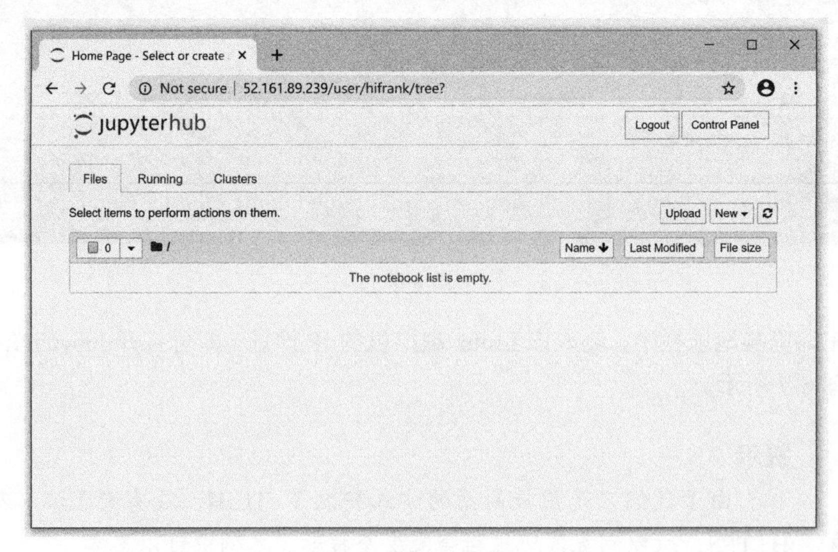

图 8-8

（9）单击 JupyterHub 页面右上角的 **Control Panel** 按钮，可以进入控制面板页面，如图 8-9 所示。

图中显示两个按钮 **Stop My Server** 和 **My Server**。此处的“Server”指的是在

JupyterHub 上，为当前用户启用的一个 Jupyter Notebook 服务器实例，其示意请参见图 8-1 中右下角的 Spawners 部分。

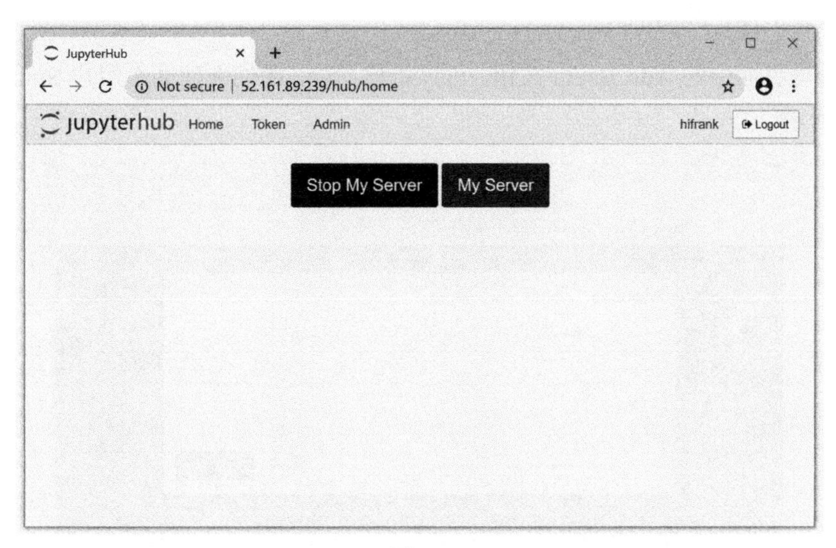

图 8-9

单击 **Stop My Server** 可以关闭当前用户的 Notebook 服务器。单击 **My Server** 可以进入当前用户的 Jupyter Notebook 环境，即图 8-8 所示的登录后的页面。

如果当前登录用户具有管理员权限，则在控制面板页面有一个 **Admin** 菜单，单击可打开管理页面，如图 8-10 所示。

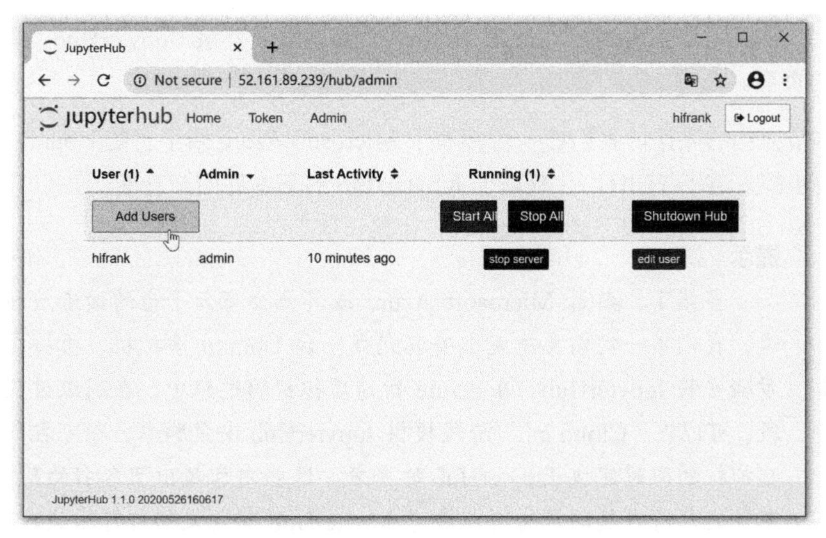

图 8-10

在管理页面中，显示了所有用户列表，可以启用或停止用户的 Jupyter 服务器实例。本例中目前只有 hifrank 一个用户，且其 Jupyter 服务器实例正在运行，故显示了 **stop server** 按钮，可以用于停止其实例。

单击管理页面中的 **Add Users** 按钮，可以新建用户，我们新建两个用户 Smile 和 Rhea，如图 8-11 所示。

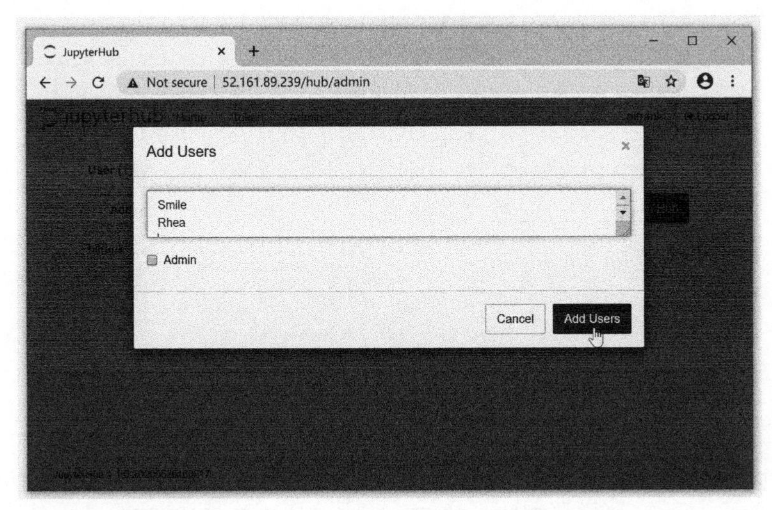

图 8-11

我们可以用新建的用户登录 JupyterHub。当新用户第一次登录时，可以设置自己的口令，此后即可用该口令登录 JupyterHub 了。

图 8-12 展示的是使用用户 Smile 在另一个浏览器中登录 JupyterHub，并新建一个 Notebook 的页面。

通过本节介绍的操作，我们在一台部署于 Microsoft Azure 云平台的 Ubuntu 服务器上，用较简单的步骤安装了 TLJH，并熟悉了 JupyterHub 的基本界面与功能。

提示

当然了，熟悉 Microsoft Azure 或其他公有云平台的读者应该知道，我们不一定需要先完全安装完成一台 Ubuntu 虚拟机，再按上述步骤安装 JupyterHub。在 Azure 新建虚拟机的过程中，在高级设置阶段，可以在“Cloud init”阶段提供 JupyterHub 安装脚本，即可在新建虚拟机的同时完成 JupyterHub 的安装。这些内容超出了本书的范围，不赘述。有兴趣的读者可以参考 JupyterHub 官方文档自行测试。

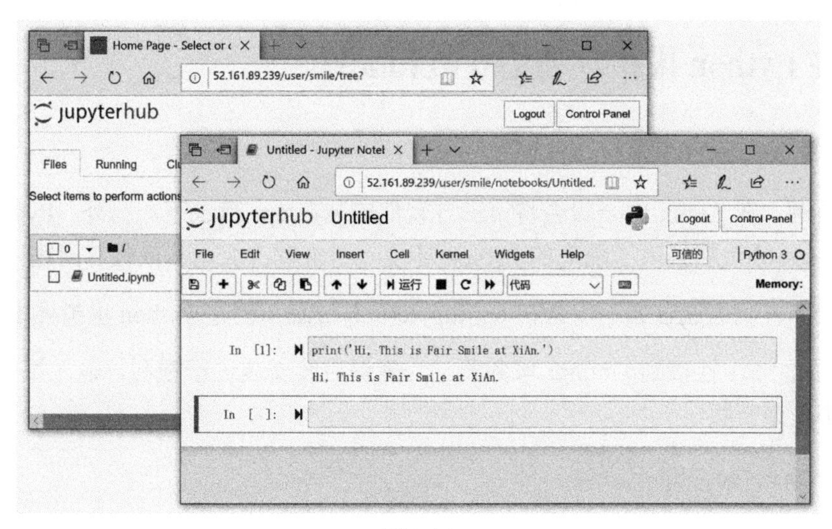

图 8-12

8.3 安装 JupyterHub + JupyterLab 环境

8.2 节我们用较简单的步骤安装了 TLJH，对 JupyterHub 的安装过程及应用界面有了基本的认识。

在这些认知的基础上，本节用较详细的步骤讲述安装 JupyterHub + JupyterLab 的过程。讲述安装过程，一方面能使我们对 JupyterHub 架构有更深入的认识，另一方面有助于我们搭建真正实用的、用于团队 JupyterLab 的小规模 JupyterHub 应用环境。

8.3.1 基本概念与过程

本节将详细讲述在 Ubuntu 操作系统上一步步手动安装 JupyterHub + JupyterLab 的过程，并对这些步骤做出说明，帮助读者更进一步理解相关概念。这将为读者进一步理解 Jupyter 架构和配置满足特定需求的 JupyterHub 环境奠定基础。

本节讲述的主要安装过程如下：

- 在 Python 虚拟环境 virtualenv 中安装 JupyterHub 和 JupyterLab；
- 在全局环境中安装 conda；
- 为所有用户创建共享的 conda 环境；

- 用户创建自己的专属 conda 环境。

8.3.2　在 Python 虚拟环境中安装和配置

1. 安装 JupyterHub 及 JupyterLab

按照惯例，在 Linux 中一般会将第三方软件安装在/opt 目录下。另外，Python 的虚拟环境 virtualenv 为我们提供了隔离的 Python 环境，用来解决版本、依赖等问题。

在本例中，我们通过如下步骤在/opt/jupyterhub 目录下创建 Python 虚拟环境。

（1）通过 SSH 连接到 Ubuntu 服务器。为确保后续安装过程顺利，输入如下命令以确保所有包都是最新版：

```
$ sudo apt-get upgrade
```

（2）安装 Python3-venv 包：

```
$ sudo apt-get install python3-venv
```

（3）在/opt/jupyterhub 目录下创建 Python 虚拟环境：

```
$ sudo python3 -m venv /opt/jupyterhub/
```

（4）在创建好的虚拟环境中安装基本的 Python 包。首先安装 Wheel，然后安装 JupyterHub 和 JupyterLab，最后安装 ipywidgets。命令如下：

```
$ sudo /opt/jupyterhub/bin/python3 -m pip install wheel
$ sudo /opt/jupyterhub/bin/python3 -m pip install jupyterhub jupyterlab
$ sudo /opt/jupyterhub/bin/python3 -m pip install ipywidgets
```

在上述过程中，我们安装了必要的包，包括打包工具 Wheel 和 Widgets，以及 JupyterHub 和 JupyterLab。但我们没有安装任何用于科学计算的包，这些包将在后面另行安装。

JupyterHub 默认需要 configurable-http-proxy，而 configurable-http-proxy 需要 nodejs 及 npm。为此，我们必须安装这些组件。

（1）通过如下命令安装 nodejs 及 npm：

```
$ sudo apt install nodejs npm
```

（2）通过如下命令安装 configurable-http-proxy：

```
$ sudo npm install -g configurable-http-proxy
```

通过上述步骤，基本完成了安装。我们没有为各条命令逐一截图，其中一个安装界面如图 8-13 所示。

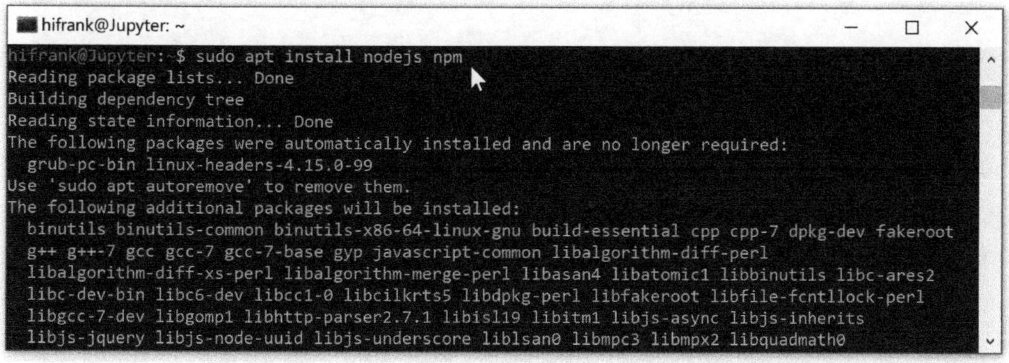

```
hifrank@Jupyter: ~
hifrank@Jupyter:~$ sudo apt install nodejs npm
Reading package lists... Done
Building dependency tree
Reading state information... Done
The following packages were automatically installed and are no longer required:
  grub-pc-bin linux-headers-4.15.0-99
Use 'sudo apt autoremove' to remove them.
The following additional packages will be installed:
  binutils binutils-common binutils-x86-64-linux-gnu build-essential cpp cpp-7 dpkg-dev fakeroot
  g++ g++-7 gcc gcc-7 gcc-7-base gyp javascript-common libalgorithm-diff-perl
  libalgorithm-diff-xs-perl libalgorithm-merge-perl libasan4 libatomic1 libbinutils libc-ares2
  libc-dev-bin libc6-dev libcc1-0 libcilkrts5 libdpkg-perl libfakeroot libfile-fcntllock-perl
  libgcc-7-dev libgomp1 libhttp-parser2.7.1 libisl19 libitm1 libjs-async libjs-inherits
  libjs-jquery libjs-node-uuid libjs-underscore liblsan0 libmpc3 libmpx2 libquadmath0
```

图 8-13

2. 配置 JupyterHub

为方便统一维护，我们将所有配置文件放在虚拟环境的`/opt/jupyterhub/etc/`的各子目录下，过程如下。

（1）通过如下命令创建一个子目录，用于放置 JupyterHub 的配置文件：

```
$ sudo mkdir -p /opt/jupyterhub/etc/jupyterhub/
$ cd /opt/jupyterhub/etc/jupyterhub/
```

（2）通过如下命令创建 JupyterHub 的默认配置文件：

```
$ sudo /opt/jupyterhub/bin/jupyterhub --generate-config
```

上述命令将在当前目录下创建一个名为 jupyterhub_config.py 的文件。我们可以编辑该配置文件，设定相应配置。例如，使用文本编辑器 Nano 打开该文件，指定为用户生成的实例的默认 URL 为`/lab`。

（3）编辑 jupyterhub_config.py 文件，设置`c.Spawner.default_url = '/lab'`，如图 8-14 所示。

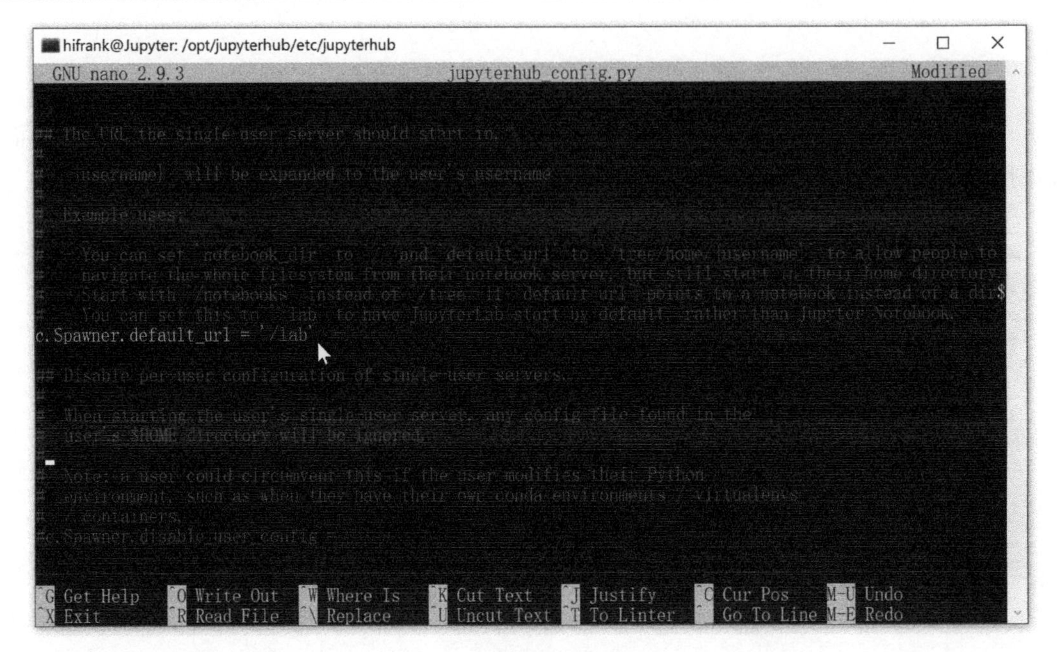

图 8-14

3. 设置 systemd 服务

下面我们通过 systemd 将 JupyterHub 设置为一个系统服务。

（1）使用如下命令在虚拟环境中为服务文件创建一个文件夹。

```
$ sudo mkdir -p /opt/jupyterhub/etc/systemd
```

（2）在上述文件夹中，新建一个空白服务文件 jupyterhub.service，命令如下：

```
$ cd /opt/jupyterhub/etc/systemd
$ sudo nano jupyterhub.service
```

（3）在打开的 jupyterhub.service 文件中，输入如下内容：

```
[Unit]
Description=JupyterHub
After=syslog.target network.target

[Service]
User=root
Environment="PATH=/bin:/usr/local/sbin:/usr/local/bin:/usr/sbin:/usr/
bin:/opt/jupyterhub/bin"
```

```
ExecStart=/opt/jupyterhub/bin/jupyterhub -f
/opt/jupyterhub/etc/jupyterhub/jupyterhub_config.py

[Install]
WantedBy=multi-user.target
```

编辑界面如图 8-15 所示。

图 8-15

（4）保存上述文件后，输入如下命令，将上述服务文件连接到系统服务。让 systemd 重新加载配置文件，并启用该服务。

```
$ sudo ln -s /opt/jupyterhub/etc/systemd/jupyterhub.service
  /etc/systemd/system/jupyterhub.service
$ sudo systemctl daemon-reload
$ sudo systemctl enable jupyterhub.service
```

至此，完成了 JupyterHub 的配置过程，当系统重启时，将会启用 JupyterHub 服务。我们也可以通过如下命令直接启用该服务。

```
$ sudo systemctl start jupyterhub.service
```

（5）通过如下命令，检查 JupyterHub 服务的运行状态。

```
$ sudo systemctl status jupyterhub.service
```

如果正常运行，则界面应如图 8-16 所示。

```
选择hifrank@Jupyter: /opt/jupyterhub/etc/systemd
hifrank@Jupyter:/opt/jupyterhub/etc/systemd$
hifrank@Jupyter:/opt/jupyterhub/etc/systemd$ sudo systemctl start jupyterhub.service
hifrank@Jupyter:/opt/jupyterhub/etc/systemd$
hifrank@Jupyter:/opt/jupyterhub/etc/systemd$ sudo systemctl status jupyterhub.service
● jupyterhub.service - JupyterHub
   Loaded: loaded (/opt/jupyterhub/etc/systemd/jupyterhub.service; enabled; vendor preset: enabled
   Active: active (running) since Wed 2020-05-27 14:58:01 UTC; 31s ago
 Main PID: 30038 (jupyterhub)
    Tasks: 10 (limit: 4680)
   CGroup: /system.slice/jupyterhub.service
           ├─30038 /opt/jupyterhub/bin/python3 /opt/jupyterhub/bin/jupyterhub -f /opt/jupyterhub/e
           └─30076 node /usr/local/bin/configurable-http-proxy --ip --port 8000 --api-ip 127.0.0.1

May 27 14:58:02 Jupyter jupyterhub[30038]: 14:58:02.844 [ConfigProxy] info: Proxy API at http://12
May 27 14:58:03 Jupyter jupyterhub[30038]: 14:58:03.145 [ConfigProxy] info: 200 GET /api/routes
May 27 14:58:03 Jupyter jupyterhub[30038]: [I 2020-05-27 14:58:03.146 JupyterHub app:2556] Hub API
```

图 8-16

比较直接的测试方式，当然是直接打开我们已经安装完成的 JupyterHub。在浏览器中，输入 http://<服务器 IP 地址>:8000，可转到 JupyterHub 登录页面，如图 8-17 所示。

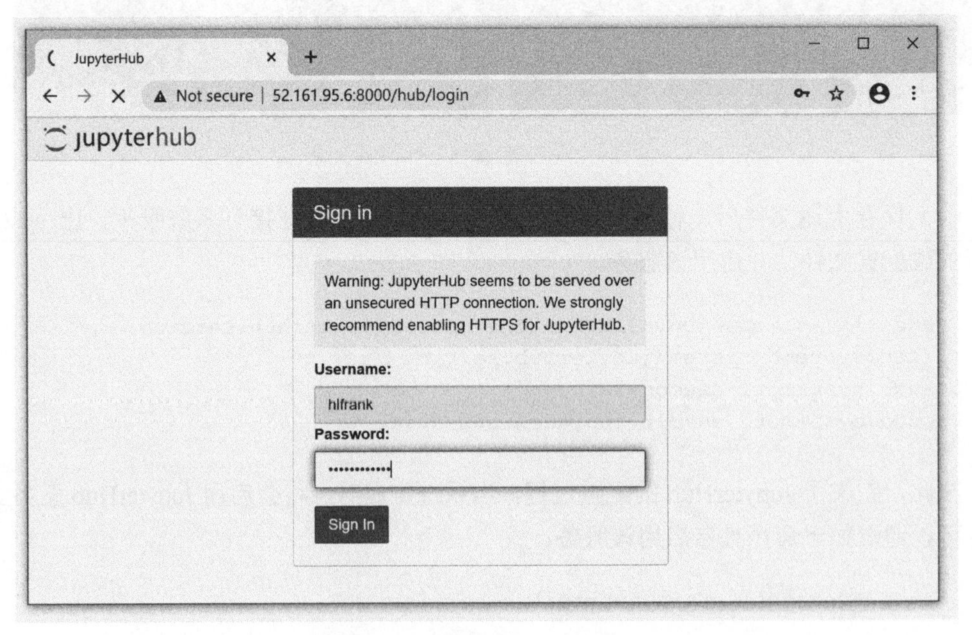

图 8-17

登录后，页面如图 8-18 所示。可以看到，登录后的页面与我们在第 7 章已经熟悉使用的 JupyterLab 一致。

也许你会注意到，在图 8-18 的 **File** 菜单中，有一个 **Hub Control Panel** 命令，单击它可打开 JupyterHub 控制面板。

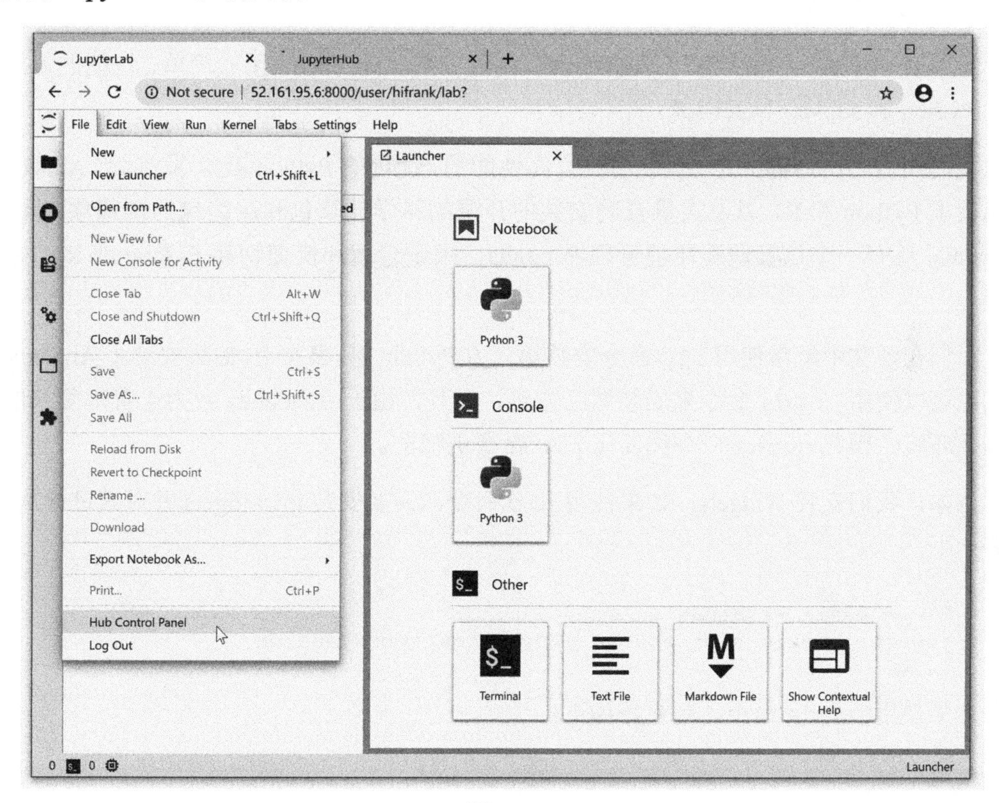

图 8-18

注意，本节介绍的所安装的 JupyterHub，其身份验证方式默认为 PAM，即使用 Linux 操作系统的用户，而不是 8.2 节在 JupyterHub 中创建的用户，所以在控制面板中并没有新建用户的功能。

8.3.3 管理 conda 环境

通过前文介绍的步骤，我们安装好了 JupyterHub + JupyterLab 环境，可以实现基本的 JupyterLab 应用了。例如，可以通过启动器 Launcher 新建 Jupyter Notebook，编写代码并运行。

但是，读者可以通过测试发现，我们此前学习 Notebook 时所熟悉的科学计算的功能，在目前我们安装的环境中都还不具备。例如，在新建的 Notebook 中可以运行简单的代码，但还不能使用 NumPy、Matplotlib 等科学计算包。

接下来我们将安装 conda，并配置和管理 Python 包，进一步完善其功能。

1. 关于 conda

在本书一开始我们就接触了 Anaconda，通过安装 Anaconda，用较简单、快捷的方式安装了 Python 和 Jupyter Notebook。

我们知道，Anaconda 是一个开源的、高性能的、优化的 Python 及 R 发行版。Anaconda 中包括了 Python 和 R，以及大量自动安装的开源的科学计算包和这些包的依赖项。同时，Anaconda 还有一个包管理及环境管理器 conda，用于管理和快速切换 Python 或 R 的包及环境。

我们在前文中经常使用 `pip` 命令安装第三方 Python 包。事实上，如果安装了 Anaconda，我们也可以使用 `conda` 命令来安装第三方包。而且，由于 Anaconda 致力于管理复杂的包依赖及环境，因此 `conda` 命令往往比 `pip` 命令更简洁。

例如，我们安装 Widgets，如果使用 `pip` 命令，需要安装 ipywidgets 并对其进行启用，命令如下：

```
> pip install ipywidgets
> jupyter nbextension enable --py widgetsnbextension
```

如果使用 `conda` 命令，则命令如下：

```
> conda install -c conda-forge ipywidgets
```

为了让读者阅读流畅并快速掌握 Jupyter 知识，前文没有提及 `conda` 概念及命令，所有安装操作都使用了更经典的 `pip` 命令。

此处我们补充讲解 `conda` 的几个基本概念。

- conda 环境是一个包括特定的 conda 包（conda package）及其依赖项的集合的文件夹或目录。多个 conda 环境之间可以互不干扰地各自运行及维护。例如，可以用一个 conda 环境运行和维护 Python 2.7 及其包，而用另一个环境运行和维护 Python 3.7 及其包。
- conda 包是一个包括软件安装和运行所需的所有内容的压缩文件。有了 conda 包，就不再需要为了安装一个软件而手动查找和安装多个多种版本的依赖项。conda 包一般包括系统级的库、Python 或 R 语言模块、可执行程序以及其他组件。
- conda 仓库（conda repository，或简写作 conda repo），包括了 7500 多个开源的认证

的包。我们可以使用 `conda install` 命令将其中所需的包安装到本地机器上。

- miniconda 是一个很小的 Anaconda 引导安装文件。miniconda 仅包括 Python、conda 及其依赖项以及少量的有用的包，如 pip、zlib 等。

在本节中，我们将介绍在 Ubuntu 上安装 conda，并使用 conda 安装和管理 Python 环境。

2. 在全局系统中安装 conda

我们将在 Ubuntu 上安装 conda Debian 包。首先，我们需要将 Anaconda 的 public GPG key 安装到受信存储中。

（1）继续进行 8.3.2 节 JupyterHub + JupyterLab 安装后的操作。通过 SSH 连接到 Ubuntu 服务器，输入如下命令：

```
$ curl https://repo.anaconda.com/pkgs/misc/gpgkeys/
  anaconda.asc | gpg --dearmor > conda.gpg
$ sudo install -o root -g root -m 644 conda.gpg
```

运行结果如图 8-19 所示。

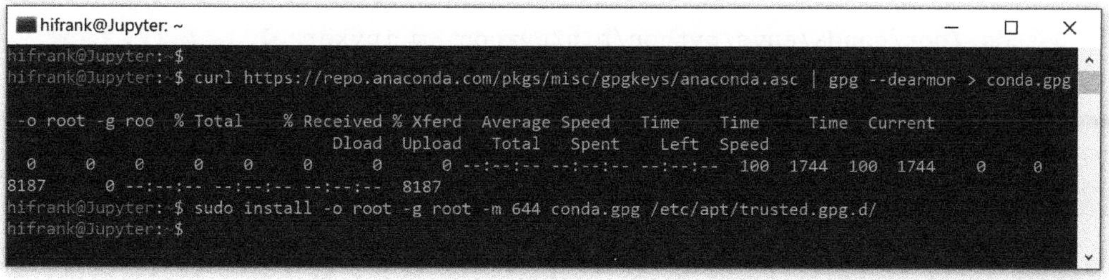

```
hifrank@Jupyter: ~
hifrank@Jupyter:~$
hifrank@Jupyter:~$ curl https://repo.anaconda.com/pkgs/misc/gpgkeys/anaconda.asc | gpg --dearmor > conda.gpg

 -o root -g roo  % Total    % Received % Xferd  Average Speed   Time    Time     Time  Current
                                 Dload  Upload   Total   Spent    Left  Speed
  0     0    0     0    0     0      0      0 --:--:-- --:--:-- --:--:--   100  1744  100  1744    0     0
8187      0 --:--:-- --:--:-- --:--:--  8187
hifrank@Jupyter:~$ sudo install -o root -g root -m 644 conda.gpg /etc/apt/trusted.gpg.d/
hifrank@Jupyter:~$
```

图 8-19

（2）输入如下命令，添加 Debian Repo：

```
$ sudo echo "deb [arch=amd64]
  https://repo.anaconda.com/pkgs/misc/debrepo/conda stable
  main" > /etc/apt/sources.list.d/conda.list
```

（3）安装 conda：

```
$ sudo apt update
$ sudo apt install conda
```

此时，我们已经将 conda 安装到了/opt/conda/目录中。之后我们就可以在/opt/conda/bin/conda 目录中使用 conda 命令了。

为便于使用，我们为 conda shell 建立一个软链接。

（4）使用如下命令为 conda shell 建立一个到用户 profile 的链接：

```
$ sudo ln -s /opt/conda/etc/profile.d/conda.sh
  /etc/profile.d/conda.sh
```

3．为所有用户安装默认的 conda 环境

使用如下命令，为 conda 环境创建一个目录：

```
$ sudo mkdir /opt/conda/envs/
```

在该目录中创建 conda 环境：

```
$ sudo /opt/conda/bin/conda create --prefix
  /opt/conda/envs/python python=3.7 ipykernel
```

使用如下命令，在系统范围内安装 ipykernel：

```
$ sudo /opt/conda/envs/python/bin/python -m ipykernel
  install --prefix /usr/local/ --name 'python' -display
  -name "Python (default)"
```

8.3.4 设置反向代理

到目前为止，我们已经完成了 JupyterHub + JupyterLab 的安装。在浏览器中，输入 http://<服务器 IP 地址>:8000，可转到图 8-17 所示的 JupyterHub 登录页面。

但从网络架构的角度讲，我们此前的所有操作，相当于在内网的一台 Ubuntu 服务器上完成了 JupyterHub + JupyterLab 的部署。我们可以使用默认的 8000 端口访问 JupyterHub 了。

对于较完善的网络拓扑架构，我们应该有一台位于边缘的反向代理服务器，用于接收客户端的请求并转发到内网的 JupyterHub 服务器上，再将结果转发给客户。

在本例中，我们在当前的 Ubuntu 服务器上，安装 Nginx 作为反向代理，将本机 8000 端口对外映射为公网 IP 的 80 端口，以提供面向互联网用户的基于 HTTP 的 JupyterHub 服务。

（1）安装 Nginx：

```
$ sudo apt install nginx
```

由于一台服务器上可能有不止一个服务，为此，我们在 URL 中增加“/jupyter”作为 JupyterHub 的路径。

用 Nano 等编辑工具，在 JupyterHub 配置文件/opt/jupyterhub/etc/jupyterhub/jupyterhub_config.py 中，找到 `c.JupyterHub.bind_url`，将其改为 `c.JupyterHub.bind_url = 'http://:8000/jupyter'`，如图 8-20 所示。

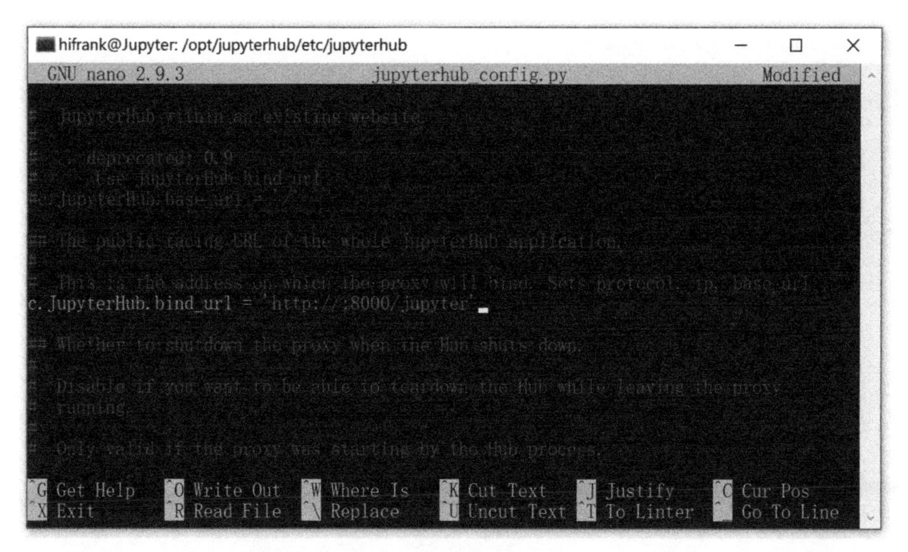

图 8-20

接下来，我们需要配置 Nginx，将所有来自客户端的访问/jupyter 路径的请求，转发到本机 8000 端口。

（2）编辑 Nginx 配置文件/etc/nginx/sites-available/default，将如下内容添加到该文件中：

```
location /jupyter/ {
  # NOTE important to also set base url of jupyterhub
  # to /jupyter in its config

  proxy_pass http://127.0.0.1:8000;

  proxy_redirect   off;
  proxy_set_header X-Real-IP $remote_addr;
  proxy_set_header Host $host;
```

```
    proxy_set_header X-Forwarded-For
       $proxy_add_x_forwarded_for;
    proxy_set_header X-Forwarded-Proto $scheme;

    # websocket headers
    proxy_set_header Upgrade $http_upgrade;
    proxy_set_header Connection $connection_upgrade;

}
```

结果如图 8-21 所示。

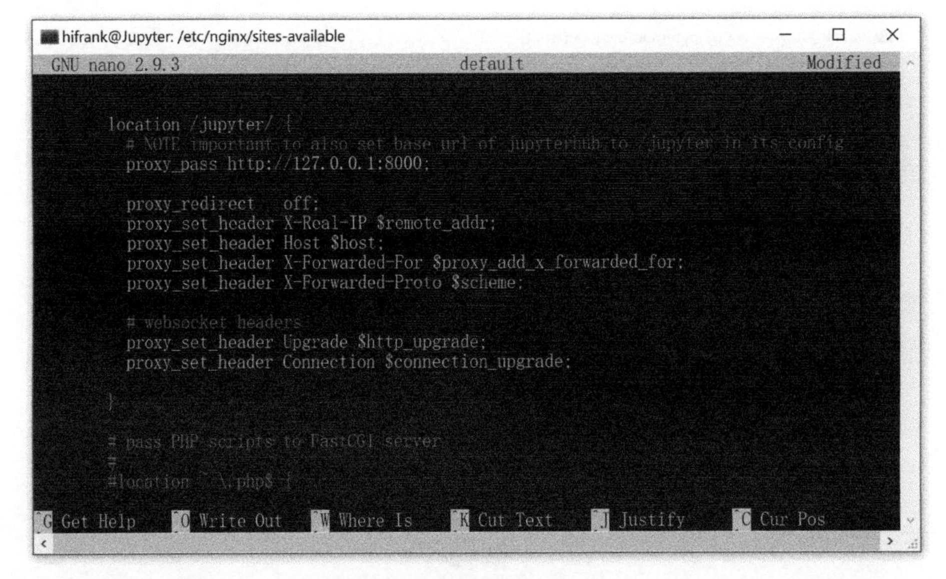

图 8-21

（3）使用如下命令检查 Nginx 是否配置正常：

```
$ nginx -t
```

（4）重启 Nginx 服务，完成配置：

```
$ sudo systemctl restart nginx.service
```

检查 Nginx 配置并重启服务界面如图 8-22 所示。

在完成上述配置后，我们即可在客户端的浏览器中输入该 Ubuntu 的公网 IP 地址，实现已经安装完成的 JupyterHub + JupyterLab 的功能了。

```
hifrank@Jupyter: /etc/nginx/sites-available
hifrank@Jupyter:/etc/nginx/sites-available$
hifrank@Jupyter:/etc/nginx/sites-available$ sudo nginx -t
nginx: the configuration file /etc/nginx/nginx.conf syntax is ok
nginx: configuration file /etc/nginx/nginx.conf test is successful
hifrank@Jupyter:/etc/nginx/sites-available$ sudo systemctl restart nginx.service
hifrank@Jupyter:/etc/nginx/sites-available$
```

图 8-22

至此，我们完成了基于 Nginx 的反向代理的配置。本例中，我们只是简单地将本地 127.0.0.1 的 8000 端口通过 Nginx 映射为公网 IP 的 80 端口/jupyter 路径。事实上，我们还可以配置更多内容，例如配置服务器证书及 HTTPS、配置防火墙等，这些内容已超出本书主题，不赘述。

完成反向代理设置后，在浏览器地址栏内输入服务器公网 IP 地址及路径，就可以打开 JupyterHub + JupyterLab 页面，开展各项具体工作了，如图 8-23 所示。

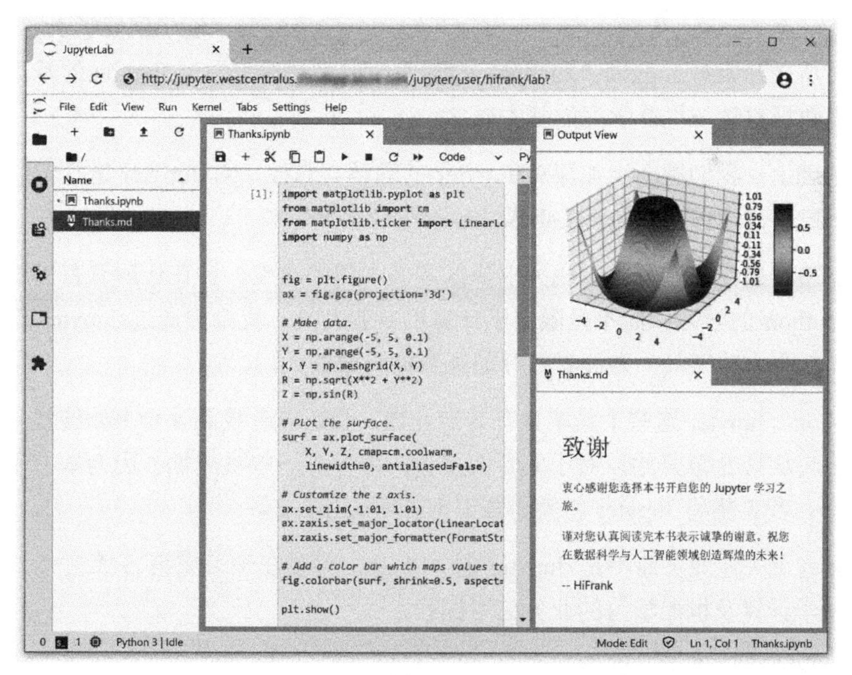

图 8-23

另外，JupyterHub 提供了 Zero to JupyterHub with Kubernetes 部署方式。该方式适用于针对大量用户的可扩展的应用场景。其中涉及有关 Docker、Kubernetes、Helm 等容器技术的一系列内容，已超出本书主题，不赘述。有兴趣的读者可以参考 JupyterHub 官方文档。

后记

我们一起完成了本书所有内容的学习。

我们从一个 Jupyter 及 Python“小白”开始，一步步深入，逐步展开了 Jupyter 学习与应用之旅。从最开始对 Jupyter Notebook 的感性认识，到逐步学习 Python 的基本知识，再到开始涉猎数据科学与机器学习的基本概念。

在此基础上，我们进一步加深对 Jupyter 的理解与掌控，对 Jupyter 进行定制、扩展；并紧跟技术发展，掌握了 JupyterLab 及 JupyterHub。

在讲述整个操作的过程中，我力求降低本书入门的难度，旨在让所有有兴趣的读者都可以开始 Python 的学习，而不是限定于计算机专业人员。我希望通过 Jupyter 这种简单、易用而又功能强大的工具，为读者打开通往数据科学的大门。

但 Python、Jupyter 这些工具毕竟有其专业性，我还没有找到让全书始终浅显易懂、易读的好方法。从第 5 章开始，对于非专业读者，内容有一些挑战性。因为本书是一本关于 Jupyter 的书，我希望将 Jupyter 相关的知识都有所表述。

如果读者更关注业务而不是 Jupyter 技术本身，可以在学习完第 5 章之后，转向基于 Python 的科学计算及机器学习的业务应用探索。

最后，祝各位读者学习进步！

冯立超

2020 年 10 月